U0246576

特高压交流输电线路工程设计
典型案例

国网经济技术研究院有限公司　文卫兵　主编

中国电力出版社
CHINA ELECTRIC POWER PRESS

内 容 提 要

本书以促进设计质量和水平的持续提升、保障工程本质安全、提升工程建设效益为目的，集中介绍了特高压交流输电线路工程的设计典型案例。

全书共分为工程概述篇、线路电气篇、线路结构篇与环保水保篇。工程概述篇简要介绍了已建成的 8 项主要特高压交流输电线路工程的概况。线路电气篇、线路结构篇与环保水保篇通过选取若干典型案例，阐述特高压交流输电线路工程设计中需要重点关注的问题，以及相应的原则、方法和解决方案。

本书可供特高压线路工程设计人员使用，也可供从事电力建设运维的单位及科研院所的相关人员参考。

图书在版编目（CIP）数据

特高压交流输电线路工程设计典型案例 / 国网经济技术研究院有限公司，文卫兵主编.
—北京：中国电力出版社，2018.7
　ISBN 978-7-5198-2264-4

　Ⅰ．①特… Ⅱ．①国… ②文… Ⅲ．①特高压输电–交流输电–输电线路–线路工程–工程
设计–案例 Ⅳ．①TM726.1

　中国版本图书馆 CIP 数据核字（2018）第 164802 号

出版发行：中国电力出版社
地　　址：北京市东城区北京站西街 19 号（邮政编码 100005）
网　　址：http://www.cepp.sgcc.com.cn
责任编辑：罗　艳（yan-luo@sgcc.com.cn，010–63412315）　高　芬
责任校对：黄　蓓　李　楠
装帧设计：张俊霞
责任印制：邹树群

印　　刷：三河市万龙印装有限公司
版　　次：2018 年 7 月第一版
印　　次：2018 年 7 月北京第一次印刷
开　　本：710 毫米×980 毫米　16 开本
印　　张：17.5
字　　数：312 千字
印　　数：0001—1500 册
定　　价：128.00 元

前　言

　　2015 年 9 月 26 日，习近平总书记在联合国发展峰会上提出："中国倡议探讨构建全球能源互联网，推动以清洁和绿色方式满足全球电力需求。"2017 年 5 月 14 日，习近平总书记在"一带一路"国际合作高峰论坛上再次强调："要抓住新一轮能源结构调整和能源技术变革趋势，建设全球能源互联网，实现绿色低碳发展。"

　　全球能源互联网是以特高压电网为骨干网架，以输送清洁能源为主导的全球能源配置平台。因此，特高压电网的发展为构建全球能源互联网、推动能源清洁绿色发展以及"建设美丽中国""实现伟大梦想"创造了有利条件。

　　国家电网有限公司自 2004 年起，立足自主创新，历时 5 年，建成并成功投运了我国自主研发、设计、制造和建设的第一条全世界电压等级最高的晋东南—南阳—荆门 1000kV 特高压交流试验示范工程。该工程的建成，标志着我国在基础设施建设领域取得又一世界级重大创新和突破，成就举世瞩目。随后，皖电东送淮南—皖南—浙北—上海、浙北—福州等 1000kV 特高压交流工程相继建成投运，我国特高压交流电网进入快速发展、规模化建设阶段。截至 2017 年底，国家电网有限公司在运、在建和获得核准的特高压交流工程，累计输电线路长度达 11000km。

　　本书以清洁绿色发展、智能和谐发展、安全高效发展为主线，以促进设计质量和水平的持续提升、保障工程本质安全、提升工程建设效益为目的，较为全面、系统地介绍了特高压交流输电线路工程的设计原则与相关理论，集中介绍了特高压交流输电线路工程的设计典型案例。

　　全书共分为工程概述篇、线路电气篇、线路结构篇与环保水保篇。工程概述篇简要介绍了已建成的 8 项主要特高压交流输电线路的概况。线路电气篇、线路结构篇与环保水保篇通过选取若干典型案例，阐述特高压交流输电线路工程设计过程中需要重点关注的问题，以及相应的设计原则、方法和解决方案。

　　全书共分为四篇。其中，工程概述篇简要介绍了已建成的 8 项主要特高压交流输电线路工程的概况；线路电气篇分为八章，分别阐述了路径选择，通道设计，气象条件选择，导、地线选择，绝缘子和金具串设计，绝缘配合、防雷和接地设计，杆塔型式及规划，对地距离及交叉跨越等方面的设计基本原则、方法及典型案例；线路结构篇分为七章，分别阐述了杆塔荷载、杆塔结构、杆塔材料、基础选型、基础材料、基础优化、基础机械化施工等方面的设计基本原则、方法及典型案例；环保水保篇分为两章，分别阐述了特高压交流线路工程建设过程中环境保护、水土保持方面的相关制度、要求以及各参建单位的工作内容与工作方式，并通过典型案例重点阐述了线路穿越自然保护区、生态脆弱区等区段时的相关环水保防治措施。

全书的分工如下：文卫兵负责全书的章节安排以及工程概述篇、环保水保篇的编写；程述一、李铁鼎主要参与编写工程概述篇；程述一、向城名、邹熠主要参与编写线路电气篇有关章节；侯中伟、石磊、赵光泰主要参与编写线路结构篇有关章节；侯中伟、余亮主要参与编写环保水保篇有关章节，李显鑫负责书稿的校审工作。

全书从构思到成稿的整个过程得到了电力规划设计总院李永双、杨靖波教高，华北电力设计院有限公司马志坚教高，华东电力设计院有限公司薛春林教高、袁志磊高工，西北电力设计院有限公司王虎长、朱永平教高，东北电力设计院有限公司张国良教高，中南电力设计院有限公司赵全江教高，西南电力设计院有限公司王劲教高，河北省电力勘测设计研究院李占岭教高，四川电力设计咨询院有限责任公司赵庆斌教高，国家电网公司交流建设分公司王艳博士等专家的帮助与指导，在此表示衷心的感谢。书中吸纳了国家电网公司特高压交流输电线路工程设计的最新成果，并参考了诸多专家学者的成果，不能一一列举，在此一并致谢。

由于特高压交流工程设计技术发展迅速，加上作者水平有限，书中难免存在不妥与不足之处，敬请各位读者批评指正！

编　者
2018 年 5 月

目　录

工程概述篇

为构建全球能源互联网，推动能源清洁绿色发展，国家电网有限公司（简称国家电网公司）立足自主创新，大力推进特高压和智能电网建设，取得了丰硕成果。2004～2009年，历时5年，我国自主研发、设计、制造和建设的第一条全世界电压等级最高、输电能力最强的晋东南—南阳—荆门1000kV特高压交流试验示范工程建成并成功运行。该工程的建成，标志着我国在特高压交流输电领域的技术水平不断提升，大范围配置资源的能力大幅优化，可靠性、先进性、经济性和环境友好性得到全面验证。这是我国在基础设施建设领域取得的又一世界级重大创新和突破，成就举世瞩目。

随后，皖电东送、浙北福州等1000kV特高压交流输变电工程相继建成投运，我国特高压交流电网进入快速发展，规模化建设阶段。截至2018年6月底，国家电网有限公司在运、在建和获得核准线路长度超过10000km。

以下对晋东南—南阳—荆门等8项1000kV特高压交流输电线路工程简介如下：

1. 晋东南—南阳—荆门1000kV特高压交流试验示范工程（简称试验示范工程）

试验示范工程起于山西晋东南1000kV变电站，经河南南阳1000kV开关站，止于湖北荆门1000kV变电站，线路全长644.7km，其中黄河大跨越长3.7km（跨越档距450m—1220m—995m—986m），汉江大跨越长3.0km（跨越档距706m—1650m—600m），途径山西、河南、湖北3省，22个行政区，全线按单回路设计，工程于2006年8月开工建设，2009年1月6日投入运行。主要工程信息详见表1-1-1，试验示范工程如图1-1-1所示。

表1-1-1 工程信息一览表

工程名称	晋东南—南阳—荆门1000kV特高压交流试验示范工程		
起止点	山西晋东南1000kV变电站—河南南阳1000kV开关站—湖北荆门1000kV变电站		
技术参数	一般线路	黄河大跨越	汉江大跨越
1 线路长度（km）	638	3.7	3.0
2 回路型式	单回路		
3 海拔高度（m）	0～1500	0～120	0～60
4 基本风速（m/s）	27、30、31	31	30
5 设计覆冰（mm）	10	15（验冰30）	15（验冰30）
6 导线型号	8×LGJ-500/35	6×AACSR/EST-500/230	6×AACSR/EST-500/230
7 地线型号	JLB20A-170	JLB20-240	JLB20A-240

	技术参数	一般线路	黄河大跨越	汉江大跨越
7	地线型号	OPGW-175	OPGW-24B1-254	OPGW-24B1-240
8	地形比例（%）	平地	28.4	
		丘陵	24.3	
		河网泥沼	7.2	
		山地	19.5	
		高山大岭	20.6	

图1-1-1 试验示范工程

该工程是世界第一个投入商业运行的特高压交流输变电工程，是国家电网百万伏级特高压试验示范工程，具有技术创新的示范效应和重要的社会影响。

2. 皖电东送淮南至上海特高压交流输电示范工程（简称皖电东送工程）

皖电东送工程起于安徽淮南1000kV变电站，经安徽皖南1000kV变电站、浙江浙北1000kV变电站，止于上海沪西1000kV变电站，线路全长2×650.6km，其中，淮河大跨越长2.4km（跨越档距530m—1300m—615m），长江大跨越长3.2km（跨越档距710m—1817m—653m），途径安徽、浙江、江苏、上海4省市，全线按同塔双回路设计。工程于2011年10月开工建设，2013年9月25日投入运行。主要工程信息详见表1-1-2，皖电东送工程如图1-1-2所示。

表 1-1-2　　　　　　　　　工 程 信 息 一 览 表

工程名称	皖电东送淮南至上海特高压交流输电示范工程		
起止点	安徽淮南 1000kV 变电站—安徽皖南 1000kV 变电站—浙江浙北 1000kV 变电站—上海沪西 1000kV 变电站		
技术参数	一般线路	淮河大跨越	长江大跨越
1　线路长度（km）	2×645.0	2.4	3.2
2　回路型式	双回路		
3　海拔高度（m）	0~100		
4　基本风速（m/s）	27、30、32	30	33
5　设计覆冰（mm）	10、15	15（验冰25）	15（验冰30）
6　导线型号	8×LGJ-630/45 8×JL1/LHA1-465/210	6×AACSR/EST-640/290	6×AACSR/EST-640/290
7　地线型号	JLB20A-240	OPGW-350	OPGW-350
	OPGW-240	OPGW-350	OPGW-350
8　地形比例（%）　平地	35.8		
丘陵	26.3		
河网泥沼	28.8		
山地	9.1		

图 1-1-2　皖电东送工程

该工程由我国自主设计、制造和建设，是世界第一个商业化运行的同塔双回路 1000kV 特高压交流输电工程、我国特高压交流电网大规模建设的示范工程，是电力发展史上的重要里程碑。

3. 浙北—福州特高压交流输变电工程（简称浙北福州工程）

浙北福州工程起于浙江浙北 1000kV 变电站，经浙中、浙南 1000kV 变电站，止于福建福州 1000kV 变电站。线路全长 2×603km，途经浙江和福建两省，采用同塔双回路与两个单回路混合架设，其中单回路长度约 2×442.5km，同塔双回路长度约 2×160.5km。工程于 2013 年 04 月 11 日开工建设，2014 年 12 月 26 日投入运行。主要工程信息详见表 1−1−3，浙北福州工程如图 1−1−3 所示。

表 1−1−3　　　　　　　　　　工 程 信 息 一 览 表

	工程名	浙北—福州特高压交流输变电工程			
	起止点	浙江浙北 1000kV 变电站—浙中 1000kV 变电站—浙南 1000kV 变电站—福建福州 1000kV 变电站			
1	线路长度（km）	2×442.5			2×160.5
2	回路型式	单回路			双回路
3	海拔高度（m）	0～1500			0～500
4	基本风速（m/s）	27、30、32			27、30
5	设计覆冰（mm）	10、15	20（中、重）	30	15（验冰 30）
6	导线型号	8×JL/G1A−500/45	8×JL/G1A−500/65	8×JLHA2/G3A−500/45	8×LGJK/G1A−530（630）/45 8×JL/G1A−630/45 8×JL/G2A−630/80（富春江跨越）
7	地线型号	JLB20A−170	JLB20A−240	JLB20A−240	JLB20A−185
		OPGW−175	OPGW−240	OPGW−240	OPGW−185
8	地形比例（%） 平地	5.6			
	丘陵	13			
	河网泥沼	13.4			
	山地	45.9			
	高山大岭	22.1			

图 1-1-3　浙北福州工程

　　该工程是继试验示范工程、皖电东送工程之后，国家电网公司投资建设的第3个1000kV特高压交流输电线路工程，是华东特高压交流主骨干网架的重要组成部分。工程建成投运后提高了浙江与福建联网输电能力，加强了华东电网接受区外输电能力，增强了华东电网安全稳定水平和抵御严重故障的能力，提升了沿海核电群应对突发事故能力，满足了福建电网盈余电力送出需要，对发挥福建与华东主网间的错峰调峰、跨流域补偿、余缺调节等联网效益具有重要意义。

　　4. 淮南—南京—上海1000kV交流特高压输变电工程（简称北环工程）

　　北环工程起于安徽淮南1000kV变电站，经江苏淮安、泰州和苏州1000kV变电站，止于上海沪西1000kV变电站。线路全长2×739.2km，其中一般线路长度约730.7km，淮河大跨越长度约2.7km（跨越档距604m—1490m—567m），苏通GIL综合管廊长度约5.8km，途经安徽、江苏、上海3省（直辖市），全线按双回路设计。工程于2014年7月25日开工建设，2016年11月投入运行（不包括GIL综合管廊所在的泰州—苏州段）。主要工程信息详见表1-1-4，北环工程如图1-1-4所示。

表 1-1-4　　　　　　　　工 程 信 息 一 览 表

	工程名	淮南—南京—上海1000kV交流特高压输变电工程		
	起止点	安徽淮南1000kV变电站—江苏淮安1000kV变电站—江苏泰州1000kV变电站—江苏苏州1000kV变电站—上海沪西1000kV变电站		
	技术参数	一般线路	淮河大跨越	苏通GIL综合管廊
1	线路长度（km）	730.7	2.661	5.8

	技术参数	一般线路	淮河大跨越	苏通 GIL 综合管廊
2	回路型式	双回路（695.1km） 四回路（35.6km）	双回路	双回路
3	海拔高度（m）	0～200		
4	基本风速（m/s）	27、29、30、32	30	—
5	设计覆冰（mm）	10	15（验冰 25）	—
6	导线型号	8×JL1/G1A－630/45 8×JL1/LHA1－465/210	6×JLHA1/HEST－500/230	—
7	地线型号	JLB20A－185	OPGW－300	—
		OPGW－185	OPGW－300	—
8	地形比例（%）	平地	51.3	
		丘陵	3.0	
		河网泥沼	41.3	
		一般山地	4.4	

图 1-1-4　北环工程

该工程是华东特高压骨干网架的重要组成部分，与皖电东送工程一起，形成贯穿皖、苏、浙、沪负荷中心的华东特高压交流环网。工程 GIL 综合管廊计划 2019 年建成投运，届时，将实现华东特高压合环运行，进一步增强长三角地区电网互联互通、相互支援的能力，在满足华东地区用电负荷增长需求的同时，进一步促进区外来电的规模化利用，有效推动"西电东送"国家战略的实施。

5. 锡盟—山东 1000kV 特高压交流输变电工程（简称锡盟山东工程）

锡盟山东工程起于内蒙古自治区锡盟 1000kV 变电站，经河北承德串补站、北京东 1000kV 变电站，止于山东济南 1000kV 变电站。线路总长度 2×719.3km，途经内蒙古、河北、天津、山东 4 省（自治区、直辖市），采用同塔双回路与两个单回路混合架设，其中单回路长度约 2×312.1km，同塔双回路长度约 2×407.2km。工程于 2014 年 11 月 4 日开工建设，2016 年 07 月 31 日投入运行。主要工程信息详见表 1-1-5，锡盟山东工程如图 1-1-5 所示。

表 1-1-5　　　　　　　　　工 程 信 息 一 览 表

	工程名	锡盟—山东 1000kV 特高压交流输变电工程	
	起止点	内蒙古自治区锡盟 1000kV 变电站—河北承德串补站—北京东 1000kV 变电站—山东济南 1000kV 变电站	
1	线路长度（km）	2×312.1	2×407.2
2	回路型式	单回路	双回路
3	海拔高度（m）	0～1800	0～500
4	基本风速（m/s）	29、30	27、29、30
5	设计覆冰（mm）	10	10
6	导线型号	8×JL1/G1A-630/45	8×JL1/G1A-630/45
7	地线型号	JLB20A-170	JLB20A-185
		OPGW-175	OPGW-185
8	地形比例（%）	平地	58.9
		河网泥沼	4.9
		丘陵	6.4
		山地	18.5
		高山大岭	11.3

图 1-1-5 锡盟山东工程

该工程是国家电网特高压骨干网架的重要组成部分,其建成对促进锡盟能源基地开发,加快内蒙古资源优势向经济优势转化,满足京津冀鲁地区用电负荷增长需求,落实国家大气污染防治行动计划,改善大气环境质量具有重要意义。

6. 蒙西—天津南 1000kV 特高压交流输变电工程(简称蒙西天津南工程)

蒙西天津南工程起于内蒙古自治区蒙西 1000kV 变电站,经山西晋北、北京西 1000kV 变电站,止于天津南 1000kV 变电站。线路全长 2×627.6km,途经内蒙古、山西、河北和天津 4 个省(自治区、直辖市),采用同塔双回路与两个单回路混合架设,其中单回路长度约 2×322.1km,同塔双回路长度约 2×305.5km。工程于 2015 年 3 月 27 日开工建设,2016 年 11 月 24 日投入运行。主要工程信息详见表 1-1-6,蒙西天津南工程如图 1-1-6 所示。

表 1-1-6   工 程 信 息 一 览 表

	工程名	蒙西—天津南 1000kV 特高压交流输变电工程	
	起止点	内蒙古自治区蒙西 1000kV 变电站—山西晋北 1000kV 变电站—北京西 1000kV 变电站—天津南 1000kV 变电站	
1	线路长度(km)	2×322.1	2×305.5
2	回路型式	单回路	双回路
3	海拔高度(m)	0～2000	0～1500

工程名	蒙西—天津南 1000kV 特高压交流输变电工程		
起止点	内蒙古自治区蒙西 1000kV 变电站—山西晋北 1000kV 变电站—北京西 1000kV 变电站—天津南 1000kV 变电站		
4	基本风速（m/s）	29、30		29、30
5	设计覆冰（mm）	10	15	10
6	导线型号	8×JL/G1A－630/45	8×JL/G1A－630/55	8×JL/G1A－630/45 8×JL1/LHA1－465/210
7	地线型号	JLB20A－170	JLB20A－170	JLB20A－185
		OPGW－175	OPGW－175	OPGW－185
8	地形比例（%） 平地	45.6		
	河网泥沼	1.6		
	丘陵	3.3		
	山地	36.0		
	高山大岭	13.5		

该工程是国家电网特高压骨干网架的重要组成部分，其建成对促进蒙西、晋北能源基地开发，加快内蒙古自治区和山西的能源优势转化为经济优势，满足京津冀地区用电负荷增长需求，落实国家大气污染防治行动计划，改善大气环境质量具有重要意义。

7. 榆横—潍坊 1000kV 特高压交流输变电工程（简称榆横潍坊工程）

榆横潍坊工程起于陕西榆横 1000kV 开关站，经山西晋中 1000kV 变电站、河北石家庄 1000kV 变电站和山东济南 1000kV 变电站，止于山东潍坊 1000kV 变电

图 1－1－6　蒙西天津南工程

站。线路全长 2×1047.2km，其中黄河大跨越 2×3.4km（跨越档距 624m—1315m—1054m—424m），线路途经陕西、山西、河北、山东 4 省，采用同塔双回路与两个单回路混合架设。工程于 2015 年 5 月 12 日开工建设，2017 年 8 月 14 日投入运行。主要工程信息详见表 1-1-7，榆横潍坊工程如图 1-1-7 所示。

表 1-1-7　　　　　　　工 程 信 息 一 览 表

工程名		榆横—潍坊 1000kV 特高压交流输变电工程		
起止点		陕西榆横 1000kV 开关站—山西晋中 1000kV 变电站—河北石家庄 1000kV 变电站—山东济南 1000kV 变电站—山东潍坊 1000kV 变电站		
	技术参数	一 般 线 路		黄河大跨越
1	线路长度（km）	2×643.5	2×400.3	2×3.4
2	回路型式	单回路	双回路	双回路
3	海拔高度（m）	0～2000		0～100
4	基本风速（m/s）	27、29、30	27、29、30	32
5	设计覆冰（mm）	10、15	10、15	15（验冰 30）
6	导线型号	8×JL1/G1A-630/45 8×JL1/G1A-630/55	8×JL1/G1A-630/45 8×JL1/G1A-630/55 8×JL1/LHA1-465/210	6×JLHA1/G4A-640/170
7	地线型号	JLB20A-170	JLB20A-185	JLB14-300
		OPGW-170	OPGW-185	OPGW-300
8	地形比例（%）	平地	38.2	
		丘陵	3.8	
		河网泥沼	4.6	
		山地	41.4	
		高山大岭	12.0	

该工程是国家电网特高压骨干网架的重要组成部分，其建成对提高陕北、山西地区煤炭基地电力外送能力，满足河北、山东电网负荷增长需求，实现更大范围资源优化配置，落实国家大气污染防治行动计划，改善生态环境质量具有重要意义。

8. 内蒙古锡盟—胜利 1000kV 交流输变电工程（简称锡盟胜利工程）

锡盟胜利工程起于内蒙古自治区胜利 1000kV 变电站，止于锡盟 1000kV 变电站，线路全长 2×234.1km。线路途径内蒙古自治区锡林浩特市、正蓝旗、多伦县，

图 1-1-7　榆横潍坊工程

采用同塔双回路与两个单回路混合架设，其中单回路长度约 2×131.6km，同塔双回路长度约 2×102.5km。工程于 2016 年 4 月 29 日开工建设，2017 年 7 月 1 日投入运行。主要工程信息详见表 1-1-8，锡盟胜利工程如图 1-1-8 所示。

表 1-1-8　　　　　　　　　工 程 信 息 一 览 表

	工程名	内蒙古锡盟—胜利 1000kV 交流输变电工程	
	起止点	内蒙古自治区胜利 1000kV 变电站—锡盟 1000kV 变电站	
1	线路长度（km）	2×131.6	2×102.5
2	回路型式	单回路	双回路
3	海拔高度（m）	1000～1500	
4	基本风速（m/s）	30	
5	设计覆冰（mm）	10	
6	导线型号	JL1/LHA1-465/210	8×JL1/LHA1-465/210
7	地线型号	JLB20A-170	OPGW-185
		OPGW-170	OPGW-185
8	地形比例（%）	平地	36.9
		沙漠	44.2
		丘陵	19.5
		山地	1.4

该工程是国家电网特高压骨干网架的重要组成部分，其建成对提高内蒙古自治区煤炭基地电力外送能力，满足京津冀鲁地区电网负荷增长需求，实现更大范围资源优化配置，落实国家大气污染防治行动计划，改善生态环境质量具有重要意义。

图 1-1-8　锡盟胜利工程

线 路 电 气 篇

第一章 路 径 选 择

　　路径选择是特高压输电线路工程的基础和关键。它不仅直接影响线路建设期的经济性、社会环境和自然环境，而且是确保工程建成后安全稳定运行和以较低的维护、损耗费用经济运行的基本条件，也是工程其他建设和运行条件的决定因素。

　　特高压输电线路工程线路路径选择往往受诸多因素制约，妥善处理线路与制约因素的关系是路径选择的关键内容。经过对常见制约因素的梳理筛选，本章着重介绍线路途经压矿区和采空区、统筹利用走廊资源、穿越机场净空保护范围、妥善处理环境敏感点、谨慎穿越重冰区和优化选择大跨越方案等方面的典型案例，目的是将路径选择的原则性要求以案例的形式呈现，更易于理解，案例的工作思路和处理对策也可供后续工程借鉴。

第一节 路 径 选 择 原 则

　　线路路径选择应在符合法律法规的前提下，综合考虑沿线现有及规划的城镇区、保护区及其他设施，结合地形、地质和水文气象等实际情况，统筹建设、运行等因素，经多方案比选后确定，确保路径方案安全可靠、环境友好、经济合理。

　　一般情况下，路径选择的总体原则可主要归纳为以下几点：

　　（1）根据电力系统规划和各变电站的出线规划，兼顾并预留远期线路的路径通道，统筹协调本期线路与城镇规划、军事设施以及与沿线已建、拟建铁路、公路、管线及其他设施之间的关系，分析与机场等邻近设施的相互影响，综合考虑施工、运行、交通条件和线路长度等因素，进行方案优化。

　　（2）充分考虑沿线地形、地质及水文条件对线路可靠性及经济性的影响，避开不良地质地带，尽量避免经过大档距、大高差、相邻档距相差悬殊地段以及严重覆冰、舞动等微地形、微气象地段。

　　（3）尽量避免从采矿区、采石场及爆炸危险环境等区域通过，尽量避开或缩短重污秽区段，为线路安全、可靠运行创造条件。

　　（4）充分体现以人为本、保护环境的意识，考虑地方民风民俗，尽量避免大面积拆迁民房，尽量避开自然保护区、风景名胜区、饮用水水源保护区、世界自然和文化遗产地等。

当出现执行上述原则存在困难的特殊情况时，应开展深入的调查收资及路径方案论证，采取必要和有效技术措施，并取得相关单位协议后通过。

第二节　典型案例

案例一　压矿区和采空区路径选择

（一）问题描述

试验示范工程晋东南—南阳段自北向南相继穿越山西的沁水煤矿区和河南的偃龙煤矿区，压覆煤矿区的路径长度达 99.6km，包括大面积采空区、规划开采区和正在开采区。

线路压覆矿产影响后期开采时，可能涉及较大金额的压覆矿赔偿费用，且造成国家矿产资源的浪费。线路经过采空区时，可能因为地基沉降或塌陷引发杆塔倾斜或倾覆。必须合理选择压矿区和采空区的路径和塔位，才能保障工程的安全可靠运行。

（二）解决方案与工作内容

为确保途经压矿区和采空区线路的安全性和可行性，线路路径需按以下步骤进行综合分析评估确定：开展深入细致的矿区情况调查，在此基础上研究评估各方案塔位的立塔风险，结合风险防范措施确定最终塔位和路径方案。试验示范工程从各设计阶段主要工作内容、科研课题研究以及工程实施方案等三方面阐述线路途经压矿区和采空区的路径选择方法。

1. 各设计阶段主要工作内容方面

试验示范工程从可行性研究阶段就开始开展压矿区与采空区专项调查评价工作，主要工作内容包括实地收资、调查访问及现场勘测等，对重要区段应用手持全球定位系统（Global Positioning System，GPS）及载波相位差分技术（Real-time kinematic，RTK）实测定位，进行多路径方案优化比选，对采空区线路逐塔定位，逐基塔进行资料收集、稳定性判定和压覆资源调查，在此基础上编写了采空区调查评价专题报告。初步设计阶段进一步实地调查了沿线压覆矿产、小煤矿越界开采、采空区及地面塌陷等情况，重点对寺河、天户等 58 座煤矿进行了详细调查，了解各煤矿开采情况和采空区情况，搜集了部分煤矿开掘平面图及井上下对照图，根据收资和调查，划分出压覆矿产区、正在开采区、现代采空区、古采空区，并对线路压矿与采空状态进行了统计分析，对位于采空区地段的塔位进行了逐基复核，并对局部路径进行了优化。施工图设计阶段围绕采空区进行逐基的物理勘探，逐基量化研究，逐基提出采空区地基处理、基础和杆塔方面的工程实施方案。

2. 科研课题研究方面

根据调查收资的情况，经调研、分析及与矿业部门进行研讨，立项开展了《多种采动影响区特高压线路架设塔基稳定性的量化研究》和《特高压线路采空区基础研究》两个科研项目，针对性地提出了采空区特高压输电线路工程的地基、基础解决方案。《多种采动影响区特高压线路架设塔基稳定性的量化研究》课题通过研究采空区与各种矿柱、采空区与杆塔的变形相互作用规律，评价和预测沿线采动区地表的沉陷变形分布状况和变形发展趋势，选择适合的地表沉陷预计方法和参数，采动影响区塔基稳定性的量化评价方法和指标，研究移动变形和输电线路的相互作用机理，为线路杆塔提高自身的抗变形能力提供有效的技术保证。《特高压线路采空区基础研究》课题主要结合多年超高压线路在采空区采用大板基础等可调式基础型式的设计和运行经验，研究解决采空区塔基部分的不均匀沉降问题，提高塔基的稳定性，降低线路故障率。

3. 工程实施方案方面

按照科研课题得出的地基稳定性量化判定标准，对部分塔基采用注浆处理法进行了地基处理。对于地质处理方法难以实现或不能完全满足稳定要求的情况，通过杆塔基础结构处理，来保证地基少量变形后，不对线路安全运行产生较大影响。杆塔基础型式处理方法主要是通过合理的基础结构设计，提高杆塔基础对地基变形的适应能力和发生地基沉陷后杆塔基础的可调整或可修复能力。

（三）实施效果

设计单位通过深入的调查收资，对沿线矿区情况有了全面准确的掌握，在此基础上进行线路路径优化和塔位初选，并开展科研课题研究，研究成果很好的支撑了工程设计和实施。为确保安全，施工图设计时在科研课题结论基础上稍微增加了裕度。

试验示范工程投运至今，未发生因矿区和采空区影响造成的线路杆塔或基础损坏事件或停电事故。

案例二　合并走廊穿越"两江一湖"风景区

（一）问题描述

富春江—新安江—千岛湖风景名胜区（简称"两江一湖"风景区）是国务院首批公布的 44 个国家级重点风景名胜区之一。"两江一湖"风景名胜区起自富阳东洲沙，止于淳安千岛湖，沿钱塘江流域中上游绵延 200 余公里。由于该景区范围太广，且周边城镇区等限制因素众多，浙北福州工程和当时规划的宁东（灵州）—浙江（绍兴）±800kV 特高压直流输电线路工程均需穿越该景区。如何合理选择穿越路径方案，有效降低工程建设对景区的影响，并取得主管部门的同意许可，是工程亟需解决的突出问题。

（二）路径选择思路及过程

为确保国家重点基础设施工程建设的顺利进行，同时最大限度地保护自然资源，做到资源保护与工程建设的和谐统一，浙北福州工程在开展前期工作时就委托有资质的城乡规划设计院进行规划论证工作，并编制了《特高压线路穿越"两江一湖"风景区选址论证报告》。该论证报告对比了富春江南侧、北侧跨越可行性，提出了浙北福州工程和宁东（灵州）—浙江（绍兴）±800kV 直流输电工程采用合并走廊方案，选择在富阳鹿山场口跨越的路径方案。路径比选过程简述如下：

在富春江北侧，线路航空线以东为杭州市区、长乐森林核心保护区、浙江省科创基地、余杭南湖开发区、老余杭镇、富阳市区、富阳银湖创新创业新城等重要区域，因此富春江北侧线路无法从航空线以东走线，只得向西绕行。

在富春江南侧，线路航空线西侧沿江密布桐庐县城、富春江镇、钦堂乡、乾潭镇及众多饮用水源保护区，且富春江镇西侧段富春江沿线为七里泷景区和严东关景区，属于"两江一湖"核心保护区，线路不可在此跨越富春江，因此在富春江南侧段线路可行的方案为向东绕行，利用富阳、桐庐交界处的山区走线。

跨江点的选择受"两江一湖"核心区布置影响，富春江北连线以西的主要的控制因素是临安市区和富阳市区的向西扩展区域；富春江南连线以东主要的控制因素是桐庐深澳历史文化村、富阳常安飞行基地、龙门古镇景区等区域。结合浙北福州工程和宁东（灵州）—浙江（绍兴）±800kV 特高压直流输电线路工程线路走向，参照"两江一湖"总体规划，将两条线路合并走廊，拟订了方案一、方案二两个方案进行比选，如图 2-1-1 所示。方案一（东方案）利用鹿山西侧长山和场口开发区东侧锣鼓山头跨越富春江，方案二（西方案）利用富阳和桐庐交界处大桐洲跨越富春江。综合考虑两条线路穿越风景区段的长度和线路总长度，统筹考虑线路对风景区的影响，推荐按方案一（即鹿山场口跨越方案）跨越两江一湖景区。

（三）实施效果

富阳鹿山场口跨越的路径方案将线路对风景名胜区的环境影响降到了最低，通过了浙江省建设厅组织的专家评审，且得到国家住房与城乡建设部书面同意的批复，工程得以顺利实施。

采用此穿越方案和绕行方案相比，路径长度缩短数十公里，降低工程投资上亿元，取得了经济效益和社会效益的良好平衡。

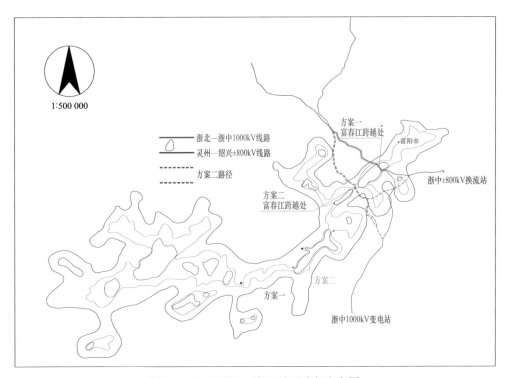

图2-1-1 "两江一湖"景区路径方案图

案例三　特高压交直流输电线路平行共走廊方案

（一）问题描述

锡盟胜利工程路径选择时，多处存在特高压交直流输电线路平行共走廊情况，如图2-1-2所示，受廊道宽度限制，产生了电磁环境、换流站直流偏磁等一系列需考虑和解决的问题。

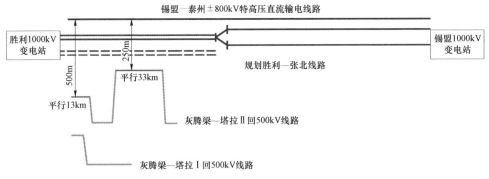

图2-1-2 锡盟胜利工程特高压交直流输电线路并行共走廊示意图

本工程全线基本平行于锡盟—泰州±800kV 特高压直流输电线路工程线路路径走线，如图 2－1－3 所示平行长度约 236.8km，平行间距 80～150m，不仅有交直流混合电场的电磁环境影响，还需考虑交流对直流线路的的感性耦合造成的换流变压器长期承受直流偏磁，需对该偏磁电流进行限制。

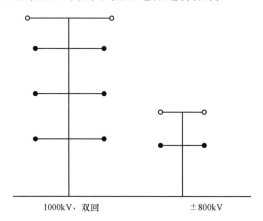

图 2－1－3　1000kV 双回特高压交流输电线路和±800kV 特高压直流输电线路同走廊

在胜利 1000kV 变电站至白音库伦自然保护区间内，需考虑与拟建胜利—张北 1000kV 双回线路东方案（预留方案）共用一个走廊的可能性，如图 2－1－4 和图 2－1－5 所示，即在胜利 1000kV 变电站至白音库伦自然保护区间内，2 条 1000kV 双回线路、1 条±800kV 特高压直流输电线路共 3 条（5 回）特高压交直流线路共用一个走廊通道，多条交直流共用走廊需考虑交直流混合场的电磁环境影响，并满足环境要求和电气绝缘的要求。

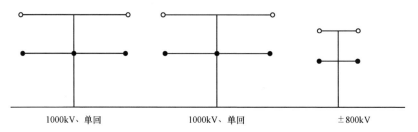

图 2－1－4　两条 1000kV 单回特高压交流与±800kV 特高压直流同走廊

线路从胜利 1000kV 变电站向西南方向出线后，有约 70km 路径在锡盟—泰州±800kV 特高压直流输电线路和灰腾梁—塔拉Ⅱ回 500kV 交流线路之间走线，如图 2－1－6 所示，其中约 33km 较窄段走廊宽度仅 250m，该宽度内需考虑锡盟胜利工程及拟建胜利—张北 1000kV 双回线路（预留方案）的 2 条 1000kV 双回线路平行走线，最小平行距离需满足电气距离要求和施工组塔放线要求。

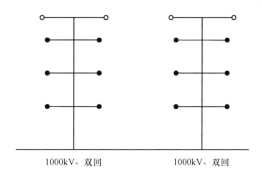

图 2-1-5　两条 1000kV 双回特高压交流同走廊

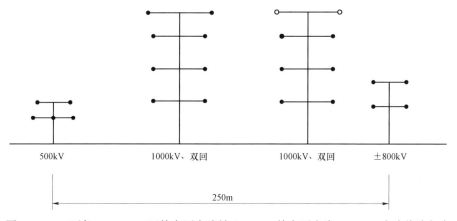

图 2-1-6　两条 1000kV 双回特高压交流被±800kV 特高压直流、500kV 交流线路包夹

本工程单回路段，虽走廊宽度留有裕度，具体设计时杆塔布置也需要充分考虑电气绝缘距离、施工放线、电磁环境、电磁耦合、电气系统不平衡度和暂态稳定的要求。

（二）解决方案及措施

综合考虑电气绝缘距离、电磁环境、施工组塔放线、换流变压器阀侧直流偏磁电流、系统电气不平衡度及电磁暂态稳定等因素，提出本工程线路通道内多回特高压交直流线路通道布置方案和要求：

（1）电气绝缘距离按 GB 50790—2013《±800kV 直流架空输电线路设计规范》和 GB 50665—2011《1000kV 架空输电线路设计规范》要求执行，施工组塔放线所需安全距离根据施工方式确定，有时会成为并行线路间距的控制条件。

（2）受线下工频电场的影响，两条单回交流 1000kV 线路邻近时，中心两相（不同回路相邻的两相）的相序不能相同（即不能采用 ABC－CBA、ABC－CAB、ACB－BCA、ACB－BAC、CBA－ABC、CBA－ACB 六种相序排列方式），且两条 1000kV 单回特高压交流输电线路的导线对地最小高度均不能低于 23m。

（3）为使特高压交、直流线路并行时的混合电场、可听噪声、无线电干扰水平（按晴天控制）满足 GB 50790—2013《±800kV 直流架空输电线路设计规范》和 GB 50665—2011《1000kV 架空输电线路设计规范》要求，导线对地高度和两条线路平行接近距离需满足以下条件：

1）同塔双回交流 1000kV 线路导线对地最小高度为 24m、±800kV 直流线路导线对地最小高度为 18m 时，同塔双回交流 1000kV 与±800kV 直流线路平行接近中心线距不小于 53m。

同塔双回交流 1000kV 线路导线对地最小高度为 21m、±800kV 直流线路导线对地最小高度为 18m 时，同塔双回交流 1000kV 与±800kV 直流线路的平行接近中心线距不小于 62m。

2）两条单回交流 1000kV 线路导线对地最小高度为 23m、±800kV 直流线路导线对地最小高度为 18m 时，单回交流 1000kV 与±800kV 直流线路的平行接近中心线距不小于 74m。

3）当局部地区走廊宽度受限而难以满足电磁环境相关要求时，可通过提高导线对地距离改善电磁环境指标。

（4）为使交流线路并行时的线路工频电场、可听噪声、无线电干扰水平（按晴天控制）满足 GB 50665—2011《1000kV 架空输电线路设计规范》和 GB 50545—2010《110kV～750kV 架空输电线路设计规范》要求：

1）当同塔双回交流 1000kV 线路导线对地最小高度为 21m、500kV 单回线路导线对地最小高度均为 14m 时，同塔双回交流 1000kV 与 500kV 单回线路的平行接近距离不小于 80m。

2）两条同塔双回交流 1000kV 之间平行接近为 80m、线路导线对地最小高度均为 21m 时，工频电场不超过 10kV/m。此时线路可听噪声、无线电干扰满足要求。

3）当局部地区走廊宽度受限而难以满足电磁环境相关要求时，可通过提高导线对地距离改善电磁环境指标。

（5）本工程与锡盟—泰州±800kV 特高压直流输电线路平行距离较长，大于 200km，结合以往研究结论和设计经验，为尽量减小锡盟—泰州±800kV 特高压直流输电线路工程换流变压器直流偏磁电流，采取以下措施：

1）尽量增大交直流平行间距，双回路部分由于走廊宽度限制，本线路与±800kV 特高压直流线路平行的中心间距不宜小于 80m；由于单回路交流线路与直流平行的影响更大，而从走廊情况来看，单回路部分走廊宽度限制较宽松，在条件允许的情况下，适当增大单回路 1000kV 线路与±800kV 特高压直流线路的平行间距，减小对直流线路的影响。

2）从对直流线路的偏磁影响考虑，锡盟—胜利 1000kV 特高压交流输电线路尽量分别在双回路和单回路耦合段内各进行一次全循环换位，这样可较为经济地改善直流线路上的工频感应电流，从而减小换流变压器网侧直流偏磁。

（6）对于本线路东侧平行于锡盟—泰州直流线路、西侧平行于灰腾梁—塔拉Ⅱ回 500kV 线路的线路路段，其中最小走廊宽度 250m 路段约 33km，主要考虑预留 1000kV 走廊，满足最小走廊宽度要求：

1）电磁环境要求：设计规范要求的最小对地高度下，同塔双回交流 1000kV 与±800kV 直流线路的平行接近中心线距不小于 62m，两条同塔双回交流 1000kV 之间平行接近中心线距不小于 80m，同塔双回交流 1000kV 与 500kV 单回线路的平行接近距离中心线距不小于 80m，走廊宽度需不小于 222m，实际走廊宽度可以满足电磁环境要求。

2）电气距离要求：以档距 600m 为例，考虑导线风偏，电气距离要求同塔双回交流 1000kV 与±800kV 直流线路的平行接近中心线距不小于 72m，两条同塔双回交流 1000kV 之间平行接近中心线距不小于 72m，同塔双回交流 1000kV 与 500kV 单回线路的平行接近距离中心线距不小于 72m，走廊宽度不小于 216m，实际走廊宽度可以满足最小电气安全距离要求。

3）对于走廊狭窄路段，从减小风偏影响、尽可能利于施工放线考虑，设计排位时线路塔位尽量与已建线路同步，并避免采用大档距、高塔的设计方案，并按表 2-1-1 要求校核线路中心距离。

（7）交直流线路同廊道架设下，相序排列及换位方式对同走廊直流线路的换流变压器阀侧直流偏磁电流大小、系统的电气不平衡度和系统暂态稳定均有较大影响，需对交流线路的相序排列及换位方式进行合理设计。对锡盟—胜利 1000kV 特高压交流输电线路进行空载线路合闸暂态仿真，锡盟—泰州±800kV 特高压直流输电线路未出现换相失败的情况。对锡盟—胜利±800kV 特高压直流输电线路单相接地进行暂态仿真，断路器分闸—重合闸过程中锡盟—泰州直流线路未出现换相失败的情况。

（8）本工程的相序及换位设计的主要原则总结如下：

1）交直流线路同走廊耦合段内采取均匀换位，具体在双回路约 104km 路段进行一次全换位，单回路约 136km 路段进行一次全换位。

2）从电磁环境考虑，受线下工频电场限值的影响，两条单回交流 1000kV 线路邻近时，中心两相的相序不能相同（即不能采用 ABC－CBA、ABC－CAB、ACB－BCA、ACB－BAC、CBA－ABC、CBA－ACB 六种相序排列方式）。

3）为改善线路不平衡度，双回路宜采取逆相序或异相序布置方式，优先采用逆相序，避免采取同相序布置，且两回线路下相导线的相位不宜相同。

4）同塔双回线路的左右两回线路按中心对称方向换位，按照尽量套用原塔型的原则，前进方向左侧线路逆时针换位，右侧线路顺时针换位。

5）为改善相间电气间隙距离，单回路变双回路时，建议单回路铁塔中相导线与双回路上相导线连接。

推荐全线换位示意图如图 2－1－7 所示。

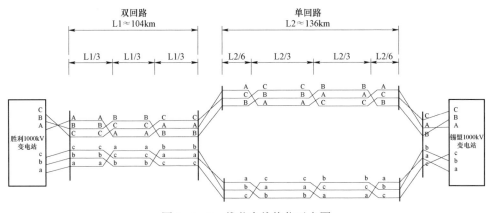

图 2－1－7　推荐全线换位示意图

（三）实施效果

在采用适当换位后，根据锡盟—泰州两侧换流站换流变压器设备的允许偏磁电流限值，并按本线路各段设计平行间距及相序排列，1000kV 特高压交流输电线路正常运行方式和一回停运运行方式下，计算出整流侧换流变压器网侧最大直流偏磁电流为 0.21A，逆变侧换流变压器网侧最大直流偏磁电流为 0.38A，均在允许值内。

通过研究确定的线路换位方案、平行间距、导线对地高度和相序排列，使工程满足了电气绝缘距离、电磁环境、施工组塔放线、换流变压器直流偏磁电流、系统电气不平衡度及电磁暂态稳定的要求。

案例四　穿越机场净空保护范围

（一）基本情况

皖电东送工程淮南—皖南段路径受科学城规划和肥西县规划限制，线路难以完全避开当时在建合肥新桥国际机场的净空保护范围。合肥新桥国际机场位于合肥市肥西县高刘镇和六安市寿县刘岗镇交界处，属民用机场，跑道全长 3400m，为国内 4E 级干线机场。皖电东送工程穿越路径位于机场与通信台之间，需核实线路与机场的相互影响，并取得机场相关协议。

（二）相关要求及协议办理

皖电东送工程设计时，架空输电线路与机场净空保护的要求执行 MH 5001—2006《民用机场飞行区技术标准》和 MH 5002—1999《民用机场总体规划规范》规定。至本书编写时，MH 5001—2006 已更新为 MH 5001—2013《民用机场飞行区技术标准》，考虑到案例分析对后续工程的可借鉴性，本案例按照 MH 5001—2013 相关规定介绍。

按 MH 5002—1999 要求：机场飞行活动区内不允许有架空管线；通过机场附近或进入机场的 110kV 及以上高压架空输电线路距跑道端或跑道中心线的距离不得小于 4km，同时高压架空输电线路距飞机下滑航道的距离不得小于 300m；飞机活动区范围外，如果需要规划架空或地上管线时，应符合机场净空限制的要求及机场导航台站电磁环境要求。

按照 MH 5001—2013 规定，机场障碍物限制面示意如图 2–1–8 所示。

各限制面的范围和障碍物限高要求按表 2–1–1 规定执行。

基于上述要求，在建新桥国际机场对于皖电东送工程路径选择的限制因素主要包括：机场净空区对线路高度的要求；其雷达站和导航台站在电磁影响方面对线路的要求。根据机场主管单位对线路路径意见的复函，本工程路径已基本满足机场净空保护区的要求。

关于电磁影响方面，对新桥机场附近相关设施的详细分布情况进行了详细收资，包含雷达站、导航台、指点信标台和全向信标台。对于其雷达站、导航台和指点信标台，经新桥机场主管单位确认，本工程线路满足其电磁环境要求；对于新桥机场全向信标台，经主管部门确认，其采用多普勒导航设备，本工程线路高度及距离均满足 GB 6364—2013《航空无线电导航台（站）电磁环境要求》和 MH/T 4003—1996《航空无线电导航台和空中交通管制雷达站设置场地规范》（现已更新为 MH/T 4003—2014）中多普勒全向信标台的电磁环境要求。

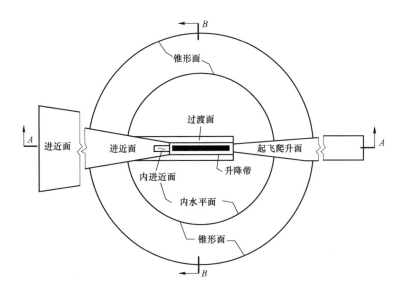

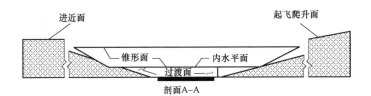

剖面A-A

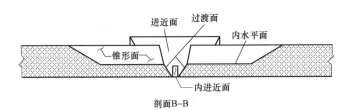

剖面B-B

图 2-1-8　民用机场障碍物限制面示意图

表 2-1-1 进近跑道的障碍物限制面的尺寸和坡度

障碍物限制面及尺寸[a]		跑道类别									
		非仪表跑道				非精密进近跑道			精密进近跑道		
									I 类		II 类或 III 类
		飞行区指标 I				飞行区指标 I			飞行区指标 I		飞行区指标 I
		1	2	3	4	1，2	3	4	1，2	3，4	3，4
锥形面	坡度	5%	5%	5%	5%	5%	5%	5%	5%	5%	5%
	高度 （m）	35	55	75	100	60	75	100	60	100	100
内水平面	高度 （m）	45	45	45	45	45	45	45	45	45	45
	半径 （m）	2000	2500	4000	4000	3500	4000	4000	3500	4000	4000
内进近面	宽度 （m）	—	—	—	—	—	—	—	60	120[b]	120[b]
	距跑道入口距离 （m）	—	—	—	—	—	—	—	60	60	60
	长度 （m）	—	—	—	—	—	—	—	900	900	900
	坡度	—	—	—	—	—	—	—	2.5%	2%	2%
进近面	内边长度 （m）	60	80	150	150	150	300	300	150	300	300
	距跑道入口距离 （m）	30	60	60	60	60	60	60	60	60	60
	散开率（每侧）	10%	10%	10%	10%	15%	15%	15%	15%	15%	15%
	第一段 长度 （m）	1600	2500	3000	3000	2500	3000	3000	3000	3000	3000
	第一段 坡度	5%	4%	3.33%	2.50%	3.33%	2%	2%	2.50%	2%	2%
	第二段 长度 （m）	—	—	—	—	3600[c]	3600[c]	12000[c]	3600[c]	3600[c]	
	第二段 坡度	—	—	—	—	2.50%	2.50%	3%	2.50%	2.50%	
	水平段 长度 （m）	—	—	—	—	8400[c]	8400[c]	—	8400[c]	8400[c]	
	总长度 （m）	—	—	—	—	15000	15000	15000	15000	15000	
过渡面	坡度	20%	20%	14.3%	14.3%	20%	14.3%	14.3%	14.3%	14.3%	14.3%
	内过渡面坡度	—	—	—	—	—	—	—	40%	33.3%	33.3%

障碍物限制面及尺寸ª		跑道类别									
		非仪表跑道				非精密进近跑道			精密进近跑道		
									I 类		II 类或 III 类
		飞行区指标 I				飞行区指标 I			飞行区指标 I		飞行区指标 I
		1	2	3	4	1, 2	3	4	1, 2	3, 4	3, 4
复飞面	内边长度（m）	—	—	—	—	—	—	—	90	120ᵇ	120ᵇ
	距跑道入口距离（m）	—	—	—	—	—	—	—	距升降带端的距离	1800ᵈ	1800ᵈ
	散开率（每侧）	—	—	—	—	—	—	—	10%	10%	10%
	坡度	—	—	—	—	—	—	—	4%	3.33%	3.33%

a 除另有注明外，所有尺寸均为水平度量。
b 飞行区指标 II 为 F 时，该宽度增加到 155m。
c 可变的长度。
d 或距跑道端距离者，两者取小者。

（三）后续工程建议

线路无法避让机场净空保护范围时优先从侧净空区通过，其次选择从端净空区通过。注意区分机场的军用、民用性质和机场等级，核对杆塔限高要求，按规定安装航空障碍标识，同时校核对机场雷达站、导航台、指点信标台和全向信标台等电磁影响，并取得限高和电磁影响两个方面的同意意见。必要时，委托有资质的单位开展航空评估。

案例五 途经石油油田的路径选择

（一）基本情况

北环工程途经的东台市时堰镇、后港镇、海安县李堡镇等处分布有零星石油油田，如图 2-1-9 所示。根据收资调查，线路途经区域油田的开采层在地下约 2500～3200m，分属中国石油化工股份有限公司旗下的江苏油田和华东油田，大部分油田为独立的小规模油井，一般仅有 1～6 台取油井口，在丁谢村、溪南庄南侧附近的油田规模较大，有储油罐，并有管道相通。

（二）相关要求及处理措施

根据 GB 50016—2014《建筑设计防火规范》第 10.2.1 条规定，架空电力线与甲、乙类厂房（仓库），可燃材料堆垛，甲、乙、丙类液体储罐，液化石油气储罐，可燃、助燃气体储罐的最近水平距离应符合表 2-1-2 的规定。35kV 及以上架空电力线与单罐容积大于 200m³ 或总容积大于 1000m³ 液化石油气储罐（区）的最近水平距离不应小于 40m。

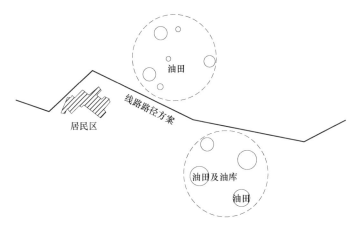

图 2-1-9　北环工程线路避让油田开采区

表 2-1-2　架空电力线与甲、乙类厂房（仓库）、可燃材料堆垛等的
最近水平距离　　　　　　　　　　　　　　　　　　　　　m

名　　称	架空电力线
甲、乙类厂房（仓库），可燃材料堆垛，甲、乙类液体储，液化石油气储罐，可燃、助燃气体储罐	电杆（塔）高度的 1.5 倍
直埋地下的甲、乙类液体储罐和可燃气体储罐	电杆（塔）高度的 0.75 倍
丙类液体储罐	电杆（塔）高度的 1.2 倍
直埋地下的丙类液体储罐	电杆（塔）高度的 0.6 倍

GB 50665—2011《1000kV 架空输电线路设计规范》第 13.0.7 条规定，1000kV 架空输电线路与甲类火灾危险性的生产厂房，甲类物品库房，易燃、易爆材料堆场以及可燃或易燃、易爆液（气）体储罐的防火间距，不应小于杆塔全高加 3m。

交流输电线路与输油管道相邻时会对管道产生电磁影响——包括感性影响、阻性影响和容性影响（容性影响对于埋地管道而言，因大地良好的屏蔽作用而可忽略）。交流输电线路对管道的电磁影响主要涉及对人身安全的影响、对管道安全的影响以及对管道的交流腐蚀等问题。在工程设计和建设中，必须将这种影响控制在允许范围内。由于现行标准未针对石油管线给出明确电磁影响限值，北环工程参考石油行业、铁路行业、电信行业的有关要求，综合分析国内和国际标准相关规定，确定线路对输油输气管线的电磁影响限值见表 2-1-3。

表 2-1-3　　　　　　　　北环工程对油气管道的电磁影响限值

电磁影响	线路运行状态	本工程采用限值
人身安全	正常	60V
	故障	1500V
管道安全	故障	3 层 PE：54kV
	遭受雷击	3 层 PE：109kV
管道交流腐蚀	正常	管地电位≤4V 或管地电位>4V 时，交流电流密度 <3mA/cm²

　　注　表中的 60V 是针对职业人员长时接触的安全电压限值，1500V 是人体瞬间安全电压限值，57kV 是 3 层 PE 管道的工频耐压。

　　根据 GB/T 50698—2011《埋地钢质管道交流干扰防护技术标准》规定，当管道与高压交流输电线路间距大于 1000m 时，不需要进行干扰调查测试；当管道与 110kV 及以上高压交流输电线路靠近时，是否需要进行干扰调查测试可按管道与高压交流输电线路的极限接近段长度与间距相对关系图（见图 2-1-10）确定。

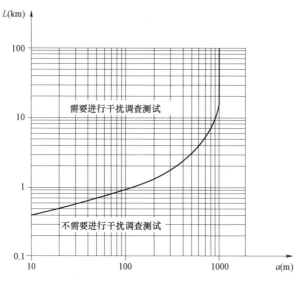

图 2-1-10　极限接近段长度 L 与间距 a 相对关系图

　　根据 GB 50665—2011 第 13.0.8 条规定，1000kV 架空输电线路与地埋输油、输气管道的平行接近距离，应根据线路和管道的具体参数计算确定。

为避免对油田油井开采的影响,北环工程调查了各油田的位置和开采状态,并详细收资了各油田的油井、储油罐和管道的准确位置,线路路径按避让油田开采区处理,经核对,线路对油井(见图2-1-11)和储油罐(见图2-1-12)的距离远大于1.5倍杆塔高度,线路与管道无交叉和长距离平行,无需开展干扰影响测试。

图2-1-11　油田油井　　　　　　图2-1-12　丁谢村油田油罐

(三)后续工程建议

工程经过油田区域时,注意收集油井、储油罐和管道资料,保证其距离要求,对采油机的距离应考虑其检修维护所需的场地空间。对于1000kV特高压交流输电线路对储油罐及油井的距离要求,GB 50016—2014按塔高的1.5倍,GB 50665—2011规定不小于塔高加3m。前者更为严格,条文与电力线路有针对性,且为强制性条文,建议安全距离执行GB 50016—2014的规定。

线路尽量避免与管道长距离平行,无法避免时可结合管道实际情况经计算采取如屏蔽、排流或防腐等防护措施。塔位附近的接地装置尽量远离管道方向埋设。

对于工程中常见的加油站等设施,可按GB 50156—2012《汽车加油加气站设计与施工规范(2014年版)》的要求执行。该规范区分了油罐和加油机,并对油罐进行了细化分级,结合油气回收系统配置情况,进行区别对待。

案例六　重冰区路径选择

(一)基本情况

输电线路覆冰是一种分布相当广泛的自然现象,线路覆冰问题已经成为世界各重冰国家普遍关心和急需解决的难题。重覆冰可能导致线路不平衡张力、过载,甚至倒塔、断线等,也可能导致覆冰闪络等,严重影响线路的安全稳定运行。

浙北福州工程全线分为 10mm 轻冰区、15mm 中冰区、20mm 中冰区、20mm 重冰区和 30mm 重冰区，作为国内第一条通过重冰区的特高压交流输电线路工程，重冰区的路径选择尤为重要。

（二）解决思路及措施

重冰区路径选择优先考虑避冰，当难以避让时，应结合抗冰措施综合考虑路径方案。

在避冰方面，浙北福州工程主要考虑了如下内容：为了防止覆冰倒塔，在满足城市规划的前提下，路径选择尽量避开覆冰严重地段，尽量沿着起伏不大的地形走线，尽量避免横跨垭口、风道和通过湖泊、水库等容易覆冰的地带，尽量避免大档距、大高差、相邻档距悬殊地带，通过山岭地带宜沿背风坡走线，重冰区线路应尽量做到档距均匀，转角不宜过大，档距不宜过大。难以避开确需经过高差较大、相邻档距悬殊、地形相对突出、档距较大、地形复杂和交通困难的地段时，宜缩小耐张段长度。

在抗冰方面，浙北福州工程在全面分析冰区、档距、高差、不平衡张力、脱冰跳跃和杆塔规划等情况后，针对性地采取抗冰措施。浙北福州工程重冰区全部按单回路设计，档距较大时，为满足脱冰跳跃间隙要求，采用的地线支架较高，并适当控制了重冰区档距，脱冰跳跃要求的地线支架高度和水平偏移见表 2-1-4。

表 2-1-4　　　　　　　脱冰跳跃要求的地线支架高度和水平偏移

冰区	海拔高度	杆塔类型	地线支架高度	水平偏移
20mm	1500m	直线塔	7m	4m
30mm	1500m	直线塔	9m	4.5m
		酒杯型耐张塔	16m	4.5m

30mm 冰区下导线脱冰超过干字型耐张塔上导线的垂直距离大于水平距离，要求采用酒杯型耐张塔。重冰区线路还须考虑覆冰和脱冰跳跃时的不平衡张力，根据覆冰和脱冰跳跃情况计算的不平衡张力结果见表 2-1-5。

表 2-1-5　　　　　覆冰和脱冰跳跃情况下的不平衡张力计算结果

不平衡张力类型	冰区	档距	高差	不平衡张力理论值
导线脱冰跳跃不平衡张力	20mm	>900m	平地	可能超过 25%
	30mm	>700m	平地	可能超过 29%

不平衡张力类型	冰区	档距	高差	不平衡张力理论值
杆塔覆冰不平衡张力	20mm	>900m	>90m	可能超过 25%
	30mm	>900m	>90m	可能超过 29%

导线脱冰跳跃不平衡张力超过表 2-1-5 数值时，需要采用加强型杆塔或采用耐张杆塔开断，并合理减小线路档距。杆塔覆冰不平衡张力超过表 2-1-5 数值时，需要采取抗冰加强设计措施。主要采取措施见表 2-1-6。

表 2-1-6　　　　　　　　　重冰区抗冰加强设计措施表

冰　区	抗冰设计加强措施			
20mm	采用耐张塔开断缩小档距在 900m 以内	当档距超过 900m 时直线塔覆冰不平衡张力取 29%	采用 30mm 重冰区直线型	放松导线应力减小覆冰不平衡张力，杆塔验算加强
30mm	采用耐张塔开断缩小档距在 900m 以内	当档距超过 900m 时直线塔覆冰不平衡张力 33%	—	放松导线应力减小覆冰不平衡张力，杆塔验算加强

（三）后续工程建议

重冰区路径选择优先考虑避冰，难以避让时应尽量缩短穿过重冰区的路径长度，选择从冬季背风坡或山体阳坡通过，注意避让微地形微气象区域，并采取有效抗冰措施。重冰区线路耐张段长度不宜超过 3km，且避免出现大档距、大高差和大转角的情况，当条件允许时尽量按单回路走线，以提高重冰区线路安全可靠性。

案例七　汉江大跨越

（一）基本情况

试验示范工程汉江大跨越位于南阳—荆门区段。汉江大跨越是我国首个特高压大跨越工程，是试验示范工程的关键点。合理选择跨江位置不仅对整个线路走向和工程投资有直接影响，而且对工程建成后的安全可靠运行具有重要意义。汉江大跨越实景如图 2-1-13 所示。

（二）解决思路

跨越点的选择应符合跨越所在区域的规划、民航、部队、航道、海事、水利、环保等相关部门的要求，在此前提下，优先选择在地形优越、跨距小，水文、地质条件较好的地方，并与一般线路综合考虑，通过技术经济比较确定推荐方案。

图 2-1-13　汉江大跨越实景图

　　试验示范工程根据南阳和荆门变电站落点的航空线方向，结合一般线路情况，对以钟祥市中山口为中心，溯江而上至丰乐河镇，沿江而下至石牌镇的 60 km 的江段进行了跨越点的选择。经过比较，选择了石牌镇的唐家滩村、文集镇沿山头的沿山村及丰乐河镇的罗家台等跨江方案。因罗家台等跨越点偏离线路航空线较远，对一般线路路径影响较大，最后选择了石牌镇唐家滩和文集镇沿山头两个跨越方案进行进一步比较。

　　1. 大跨越本身方案选择

　　（1）石牌镇跨越方案。石牌镇跨越点位于钟祥市石牌镇唐家滩村，汉江河道在此处呈现出一个巨大的"Z"字形状。该跨越选在"Z"字的尾部，跨越点江水呈南北走向，且河道较为顺直，两岸河堤之间的距离在此处相对收窄，有利于跨越汉江。该跨越点跨距约 1700m。

　　该跨越点西岸从唐家滩村中空档处穿过，由于特高压线路走廊较宽，需拆迁部分民房。跨越点东岸为钟祥市大柴湖镇刘家台村，从该村庄南侧通过。两岸塔位均处于汉江冲积平原，地势平坦。两岸跨江塔位均位于背水面（堤内）。据实地调研了解到，汉江右岸石牌镇附近超过 60 年没有溃堤记录，左岸大柴湖 20 世纪 60 年代溃过堤，但近几十年尚未有过溃堤记录。两岸均为钟祥市汉江分溢洪区，无特殊地形可利用。

　　该跨越方案采用耐—直—直—耐方式。跨越段基本呈东西走向，与冬季的主导大风夹角较大，其上游与本跨越类似走向的中山口大跨越曾多次发生舞动，因此，该方案需考虑采取一定的防舞动措施。

（2）沿山头跨越方案。沿山头跨越点在已建双玉二回 500kV 线路（简称双玉Ⅱ回）沿山头大跨越下游约 1km，位于拟建汉江碾盘山水电水利枢纽工程大坝下游约 600m 处，汉江左岸属伍家庙乡李家台，汉江右岸为文集镇沿山头村，对应的一般线路为西方案。根据碾盘山水电水利枢纽的规划方案，考虑沿山头跨越两岸的地形及特高压走廊预留情况拟定了两个跨越子方案。

1）沿山头跨越子方案一位于双玉跨越下游约 1km 处，距汉江碾盘山水电水利枢纽工程大坝下游约 600m。

跨越河段为汉江Ⅲ级航道，跨越处最高通航水位为 50.72m，要求船桅净空高度 15m。两岸跨越直线塔均位于大堤外汉江迎水面，属滩中立塔。

两岸地质情况不存在影响立塔的不良地质现象，但左右两岸地质情况有一定差异。左岸稳定性较好，右岸岸边有少许崩塌现象发生，右岸跨越塔距岸边有320m。两岸交通条件较好，汽车均可到达塔位附近。

2）沿山头跨越子方案二在方案一的下游，左岸跨越塔在子方案一跨越塔下游约 160m 处，跨越塔和耐张塔塔位均在大堤外汉江迎水面的滩地上。右岸跨越塔在子方案一跨越塔下游约 280m 处的江滩上，右岸耐张塔位于大堤内背水面，该方案大堤情况和地形条件基本与子方案一相同，不同点如下：

a. 左岸跨越塔和耐张塔均在大堤外迎水面。

b. 碾盘山水电水利枢纽工程导流明渠呈流向江心的弧形状，子方案二位于下游侧，因此子方案二跨越档距比子方案一小 50m，跨越档距 1600m，跨越段长2663m。

c. 跨江段线路左岸子堤外（迎水面），左边线 40m 处有一排废弃的养牛的房屋。右岸跨越线路是从沿山村三组东侧走线，距沿山村三组房屋最近距离 70m，对居民影响较小。跨越段线路走廊内没有房屋。

d. 在靠近右岸边，将跨越碾盘山水电水利枢纽永久性船闸的尾部，对枢纽影响小于子方案一。

e. 左岸河滩较宽，两个子方案的水文条件相当。右岸靠近沿山头的地形、地质条件较好，塔位越靠近沿山头越安全，子方案二在子方案一的下游，距沿山头较远，受洪水冲刷的影响较大，塔位水文、地质条件不如子方案一。另外随着碾盘山水电水利枢纽的建设，将会大大改善洪水冲刷问题。

f. 在右岸一般线路为了避让房屋回到规划路径上来，需要增加一个转角。

与子方案一相似，子方案二左岸也存在跨越耐张塔附近与双玉Ⅱ回 500kV 线路交叉的问题，但从子方案二耐张塔布置情况来看，跨越双玉Ⅱ回比子方案一有利。

汉江上的中山口大跨越是国内较早发生舞动现象的大跨越工程,大跨越跨越点的选择应尽可能避开易发生舞动的区域。沿山头跨越方案线路呈北南走向,与该处冬季的主导大风夹角较小,导线不易发生舞动,对今后的安全运行有利。

沿山头跨越点的两个子方案均与规划的碾盘山水电水利枢纽及其辅助设施有关,经协调,对沿山头跨越的两方案均无大的矛盾,同意跨越方案。

2. 结合一般段线路比选大跨越方案

石牌跨越方案对应一般线路路径东方案,沿山头跨越方案对应一般线路路径西方案,在沿山头跨越点因两种不同塔位选择形成了沿山头跨越子方案一和沿山头跨越子方案二。对跨越方案结合一般线路情况的技术比较见表2—1—7。

表2—1—7　　　　　　　　汉江跨越方案技术条件比较表

项目		一般线路路径东方案	一般线路路径西方案	
跨越方案		石牌跨越方案	沿山头跨越子方案一	沿山头跨越子方案二
大跨越地点		东岸:柴湖镇刘家台村 西岸:石牌镇唐滩村	北岸:中山镇武庙村 南岸:文集镇沿山村一组	北岸:中山镇武庙村 南岸:文集镇沿山村一组
跨越方式		耐—直—直—耐	耐—直—直—耐	耐—直—直—耐
跨越塔位置		两岸跨越直线塔均在堤外滩上立塔	两岸跨越直线塔均在堤外滩上立塔	左岸耐张塔和跨越塔均在堤外滩上立塔,右岸跨越塔在堤外滩上立塔
跨越档距(m)		600—1700—600	706—1650—600	560—1600—503
跨越耐张段长度(m)		2900	2956	2663
直线跨越塔呼高(m)		178	168	165
房屋拆迁		右岸房屋拆迁较多	右岸有少量房屋拆迁	左岸子堤外有养牛屋
杆塔占地情况	左岸	一般农田	一般农田	一般农田
	右岸	一般农田	耐张塔处为杨树林	一般农田
跨越处重要设施		无	碾盘山水电水利枢纽	碾盘山水电水利枢纽
一般线路与大跨越进出线走廊情况		走线方便	左岸跨越耐张塔附近与双汉Ⅱ回交叉,一般线路走线有一定影响	左岸跨越耐张塔附近大堤内与双汉Ⅱ回交叉,一般线路走线有一定影响
地质条件		两岸均为冲积软弱土层	两岸为冲洪积地层	两岸为冲洪积地层
水文条件		两岸均为汉江民堤,跨越塔均在堤外滩上	两岸均为汉江民堤,跨越塔均在堤外滩上	两岸均为汉江民堤,跨越塔均在堤外滩上

项　目	一般线路路径东方案	一般线路路径西方案	
施工、运行条件	运行条件较好	运行条件较好	运行条件较好
交通条件	较好，车辆均能到达塔位附近	较好，车辆均能到达塔位附近	较好，车辆均能到达塔位附近

　　两个跨越点的水文、地质、交通等条件相当。石牌跨越点跨距较大，跨越段投资比沿山头跨越点投资高约 80 万元；石牌跨越方案对应的一般线路路径东方案经过大柴胡移民区和钟祥市南湖风景区，并从世界文化遗产明显陵附近通过，因此不建议采用石牌跨越方案。沿山头跨越方案除与双汉Ⅱ回有交叉外，不影响一般线路路径成立的重要设施，工程投资较少，建设条件较好，因此建议采用沿山头跨越方案。沿山头跨越点子方案一比子方案二跨距大，投资比子方案二略高，但子方案二地质条件和水文条件不如子方案一，从工程技术角度而言两方案均可行。本工程最终推荐采用沿山头跨越点子方案一，跨越汉江方案二预留给第二回特高压线路跨越汉江。

　　（三）后续工程建议

　　大跨越路径方案的选择应结合一般段线路路径走向综合考虑，优先选择跨越档距小或可利用地势降低杆塔高度的大跨越点，建议关注大跨越段塔位的稳定性，施工和运维检修便利性，导、地线选型和防振防舞措施等。对于大跨越位置选择困难地段，若电网规划有后续跨越要求，建议与后期工程统筹考虑跨越位置或适当考虑预留回路。

第三节　小　　结

　　输电线路路径选择应符合"清洁绿色发展、智能和谐发展、安全高效发展"的主线，立足其电能输送的功用属性，追求线路的安全可靠、经济合理、资源节约、环境友好、运维方便。

　　针对矿区的路径选择，应先向国土资源部门搜集沿线矿产资源分布的资料，并现场调查核实，开展压覆矿评估工作，摸清矿的种类、范围、权属、开采状态、开采方式、采深采厚等信息；路径选择时优先避让矿区，无法避让时，结合矿产信息采取跨越或地基处理及采用特殊杆塔、基础等措施，并与相关单位签订协议，保证线路安全。

　　针对统筹利用线路走廊资源方面，应积极与地方政府和有关主管部门沟通，找出相互影响较小的方案，体现资源节约和环境友好的理念。必要时，委托有资质的城乡规划设计单位进行统筹论证。虽然在统筹的过程中可能稍微增加了某一线路的路径长度和投资，但有利于景区、自然生态保护区的环境保护、土地资源的节约和后期规划利用，还便于后期电网工程的建设和运行维护，具有良好的社会、经济和环境综合效益。

针对线路经过机场净空保护范围情况，应先收集机场军民用性质、权属、等级、净空区范围、跑道情况及电磁敏感设备位置等信息，按需开展航空评估工作，优化路径方案和塔位、塔高。在此基础上取得机场主管部门同意意见，减少线路与机场的相互影响，保障航空与电网安全。

针对油田、油气管线等，应收集油井、储油罐和管道等的布置情况，在此基础上开展路径选择，再征求权属单位和主管部门意见。必要时开展评估工作。

针对重冰区的路径选择，应结合冰区划分和微地形微气象的识别一起考虑，优先采用避开重冰区的路径方案或缩减在重冰区内走线长度，对重冰区线路开展专题设计研究，采取缩短耐张段长度、水平布置相导线、加大金具强度等抗冰措施，提高线路安全性。

针对大跨越路径方案选择，应结合一般段线路路径走向综合考虑，优先选择跨越档距小或可利用地势降低杆塔高度的大跨越点，建议关注大跨越段塔位的稳定性、施工和运维检修便利性、大跨越杆塔设计、导、地线选型和防振措施等。对于大跨越位置选择困难地段，若电网规划有后续跨越要求，建议与后期工程统筹考虑跨越位置或适当考虑预留回路。

路径选择的限制因素较多，本章不再赘述各种因素，总体原则参照本章第一节。宜借助航拍、卫片、激光雷达、倾斜摄影、断面提取和优化排位等技术手段，通过现场收资调研，从整体路径和局部路径方面不断优化选择。

路径选择的总体思路可总结为"三清楚一落实"（情况清楚、规矩清楚、程序清楚、工作落实），原则可总结为远近结合、统筹兼顾，做到"两较两最"（路径较短、投资较省、影响最小、对策最优）。

第二章 通 道 设 计

通道设计是对线路路径的细化设计和方案落实。随着国民经济的不断发展和现代化建设不断推进，我国输电走廊资源日益紧张，1000kV特高压交流输电线路工程输送容量大、输送距离长、线路廊道宽，导致路径受限因素大幅增多，走廊通道问题更加突出。走廊通道问题对路径可行性、合理性、工程投资和建设进度有较大影响，做好通道设计工作是掌握走廊清理情况和解决走廊通道问题的主要措施，对工程建设至关重要。

本章介绍了通道设计的主要思路，并选择并行线路之间的房屋拆迁原则、单双回路选择、压缩走廊宽度、减少林木砍伐等方面的典型案例进行分析。

第一节 通 道 设 计 思 路

一、通道设计外部解决方案

通道设计涉及内容较广，常见的通道障碍设施主要有房屋、树木、工厂、企业、加油加气站、采石场、炸药库、养殖场、矿区、各类交通设施、各类保护区（含文物）、寺庙、坟墓、油（气）管道、电力线路、通信线路等。针对沿线各种障碍、限制和敏感因素，常规外部解决方案主要采取评价（估）、保护、避让、清理、协调通过、关停或赔偿等措施，这些措施的执行有法规、规范可依或侧重协调工作，受篇幅所限，此处不一一展开论述。

二、通道设计自身解决方案

随着经济和社会的不断发展，输电线路的走廊越发紧张，清理和协调等外部解决方案的成本不断提高。特高压交流输电线路工程从资源节约、环境友好、安全可靠和便于施工运维的角度，通过工程本身的技术创新和设计优化，提出了一系列通道问题解决方案。

通过优化并行线路的间距、杆塔高度和相序排列等，减小走廊宽度和拆迁范围；因地制宜采用单双回路，应对通道中的地形、气象恶劣和交通困难等问题；采用同塔四回路或串型优化，应对通道设计中的走廊宽度受限和拆迁困难等问题；采用特殊塔型降低线路和杆塔高度，解决限高区的通道可行性问题。

第二节 典型案例

本章案例选择除案例一外，其余主要侧重于采用技术手段解决通道中存在的问题，为后续工程提供思路和借鉴。为免重复，涉及杆塔规划和设计解决通道问题的相关内容见第七章。

案例一 并行区段房屋拆迁

（一）基本情况

当特高压交流输电线路并行或与其他电压等级线路并行走线时，应制定两条线路之间的房屋拆迁原则，做好不同工程之间的房屋拆迁工作衔接，避免重复拆迁或漏拆情况发生。

北半环工程沿线有大量区段与其他高压输电线路并行走线，特别是与 500kV 线路平行走线长度达到近 200km，因此有必要对 1000kV 线路与 500kV 线路并行走线问题进行分析。

（二）解决思路及原则

1000kV 双回线路与 500kV 线路平行走线时，可听噪声及无线电干扰水平对平行走廊的宽度不起控制作用，走廊宽度主要由大风风偏后水平距离及地面电场强度确定。

1. 最大风偏条件下线路的水平距离

GB 50665—2011《1000kV 架空输电线路设计规范》规定，在路径受限制地区，如果两线路杆塔位置交错排列，在最大风偏情况下，导线间最小水平距离应不小于 13m。

取 1000kV 双回路 I 串典型塔导线挂点距塔中心距离为 16.6m，V 串典型杆塔导线挂点距塔中心距离为 13.6m，500kV 双回路 I 串典型杆塔导线挂点距塔中心距离为 10.3m，1000kV 线路悬垂串采用复合绝缘子，串长约为 10.5m，导线型号为 JL/G1A－630/45，基本风速为 32m/s，得到风偏后线路水平距离确定的 1000kV 与 500kV 线路平行走线时的平行距离（中心线间距离）见表 2-2-1。

表 2-2-1　　　　　风偏后水平距离确定的线路平行距离　　　　　　　　m

最大档距	平行走廊宽度（I 串）	平行走廊宽度（V 串）
500m	61.5	58.7
550m	64.1	61.4
600m	67.0	64.2

注　V 串平行走廊宽度主要由 500kV 线路风偏后对 1000kV 线路的距离确定。

2. 工频场强

进行场强计算时，相序排列会对线下电场分布产生一些影响，因此考虑了两种相序情况，并在 1000kV 线路和 500kV 线路不同对地距离组合情况下进行了计算，结果如图 2-2-1 和图 2-2-2 所示。

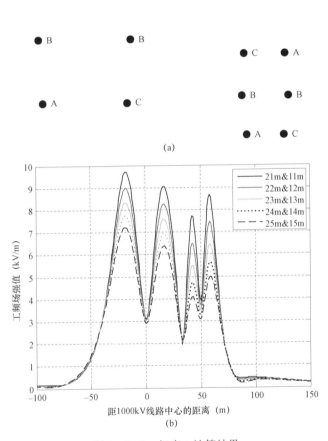

(a)

(b)

图 2-2-1　相序 1 计算结果

（a）相序 1 的布置示意图；（b）相序 1 下的工频电场分布曲线（回间距 40m）

根据上述计算结果可以得到以下初步结论：

（1）当采取相序 1 时，两回线路邻近时，对两条线路中间的电场实际上是相互抵消的，因此只要保证任意一条线路单独存在时其高度满足线下工频电场要求，则在此参数下两条线路邻近时线下工频电场合成值也不会超标。

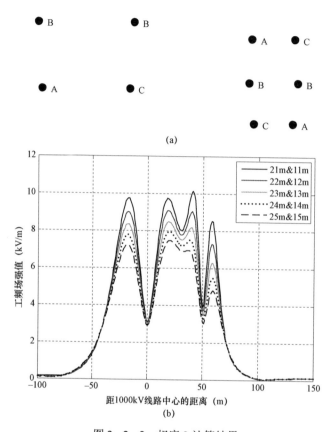

图 2-2-2　相序 2 计算结果

（a）相序 2 的布置示意图；（b）相序 2 下的工频电场分布曲线（回间距 40m）

（2）当采用相序 2 时，与相序 1 的情况刚好相反，由于相序相同，两条线路中间的电场是各自电场的叠加，此时两条线路需满足一定的距离方能使其线下电场满足要求。

考虑比较严重的相序情况，计算得到对于 1000kV 双回线路 I 串塔，地面电场强度限值（按照非居民区考虑取 10kV/m）要求的两线路平行距离约为 55m；对于 1000kV 双回线路 V 串塔，地面电场强度限值要求的两线路平行距离约为 50m。

根据上述分析可知，1000kV 交流双回线路与 500kV 线路平行走线时，其平行间距（中心线间距离）主要由大风风偏后水平距离要求确定。对于 I 串塔，最小平行间距不宜小于 65m；当路径通道紧张或拆迁量较大时，可通过将 1000kV 杆塔与 500kV 杆塔同步排列、减小杆塔使用档距等方式适当减小平行间距，但不宜小于 55m。对于 V 串塔最小平行间距不宜小于 60m，当路径通道紧张时，可通过将 1000kV 杆塔与 500kV 杆塔同步排列减小平行间距，但不宜小于 50m。具体距离应根据实际工程情况计算确定。

（三）实施原则

经论证，北环工程确定的并行廊道拆迁原则如下：

（1）与已建 500kV 及以上线路同走廊架设的拆迁原则：

1）为了减少房屋拆迁量，应尽量缩短两并行线路间的平行距离（中心线间距离）；

2）平行距离小于 80m 时，则两线之间的房屋由本工程拆迁；

3）平行距离不小于 80m 时，应根据各地政策情况确定。

（2）与同期建设的 500kV 及以上线路同走廊架设拆迁原则由相关工程建设单位协商确定。

（3）与 220kV 及以下线路同走廊架设时，原则上按照 1000kV 线路单独的拆迁通道宽度拆迁。

走廊宽度为按照相关规范和电磁环境要求得出的理论数值，在实际房屋拆迁时，应结合地方规定和现场实际情况（如理论拆迁边界与房屋重叠情况、主辅房分布情况等）确定拆迁范围。

对于并行线路的拆迁责任划分，一般按照后建者承担主要拆迁责任的原则执行。

案例二 因地制宜采用单、双回路

（一）基本情况

浙北福州工程和榆横潍坊工程沿线地形均包括平地、丘陵、山地和高山大岭。有走廊开阔地段，也有廊道紧张地段。这两工程从系统和调度角度均可采用同塔双回路。在工程设计时，综合考虑沿线走廊限制、地形条件、交通条件和覆冰厚度等因素，因地制宜地采用单、双回路方案。

（二）解决思路

由于同塔双回钢管塔在压缩线路走廊、减少工程拆迁和降低工程政策处理难度等方面具有优势，浙北福州工程选择在平地及平缓丘陵地段采用同塔双回路钢管塔架设。

但双回路钢管塔存在单件质量大、塔材运输容易受运输条件限制等问题，考虑到单回路塔在塔材运输、降低工程投资等方面具有优势，故在交通困难、地形条件较差的山区等地段采用两个单回路角钢塔架设。

此外，浙北福州工程全线约 65% 为重覆冰区，脱冰跳跃是重覆冰线路主要运行特性之一。导线覆冰后，随着冰凌增大，导线上势能和弹性能相应增加，气温回升或风振影响使得档内导线上冰凌脱落。此时，导线上原储有的势能、弹性能将迅速转化为动能和新的势能，使导线向上弹起。随着能量的不断交换，导线往复上下波动，并在风力叠加作用下左右摆动，由于空气阻力、线股摩擦力和绝缘子串摆动惯性力等制约，跳跃幅值迅速衰减，达到新条件下的稳定状态。为了减少或避免导线闪络事故，导线之间及导、地线之间应有足够的垂直线距和水平位移，以满足导线之间或导、地线之间在不同期脱冰时静态和动态接近的电气间隙要求。

随着覆冰厚度和档距的增加，脱冰跳跃幅度也相应增大，垂直排列的双回路的塔头层间距往往受脱冰跳跃间隙距离控制，容易发生闪络跳闸，采用导线水平排列的单回路铁塔有效增大了导线脱冰跳跃时的线间距离，大大降低了脱冰闪络的可能性，并大幅降低了线路冰灾倒塔的可能，避免出现双回路同时停电的情况，因此，浙北福州工程在重覆冰区也采用单回路架设。

榆横潍坊工程前期从晋冀省界至冀家村乡段约 2×8.2km 按两个单回路并行设计。后经多次现场踏勘，发现山势陡峭，山体多为两面或者三面绝壁的地形，一个山体难以找到两个合适的塔位；同时受南北四个景区的影响，走廊宽度有限，不具备开设两个线路通道的可能性，最终将该段合并为同塔双回路架设。

（三）实施效果

浙北福州工程因地制宜采用单、双回路，有效解决了部分区段廊道资源紧张、拆迁困难、施工运输困难、重冰区等难题，降低了工程造价，并提高了工程安全可靠性。

榆横潍坊工程在绝壁山体塔位有限区域采用同塔双回路，减少了塔位数量，解决了线路走廊可行性问题。

案例三　采用 GIL 综合管廊穿越长江

（一）问题描述

北环工程需在苏州和南通之间通过长江。可研阶段，采用架空跨越方案，跨越 5km 宽的长江，可研方案主档跨距 2150m，跨越塔塔高 346m，需要在长江建设跨越塔 3 基（简称苏通大跨越）。可研方案取得了环保、水保、国土、交通及地方政府所有协议，并通过核准。

苏通大跨越位于长江下游徐六泾河道，这段河道是长江入海前的最后一段，长江上游水道在此处迅速收窄，徐六泾河道下游又迅速变宽。这里是长江最为繁忙的"黄金"航道，江面仅有 4.7km，每天有 3000 多艘船只往来。面对这样的现实，在施工许可办理过程中，江苏海事局提出：为保障通航安全，要求增大跨越档距，减少江中立塔数量，同时增加基础防撞能力，满足通航安全要求。

（二）解决方案

苏通大跨越为北环工程通道控制节点，为顺利推进工程建设，参建各方积极与有关部门沟通，寻求解决方案。

2015 年 1 月，按照地方海事、港口主管部门要求，为减少对航道影响、提高通航安全性，江中立塔数量由可研方案的 3 基减少到 2 基，最大跨越档距由 2150m 增大至 2600m、跨越塔高由 346m 提高至 455m，塔重由 6000t 增至 12000t，基础尺寸由 90m×90m 增加至 120m×130m，单基跨越塔基础混凝土由 10 万 m³ 增加至 20 多万 m³，架空方案已无明显投资优势。2015 年 11 月，交通运输部组织对《苏通长江大跨越工程航道条件与通航安全影响评价报告》进行评审，评审意见要求补充论证架空方案不可替代性的合理分析，并提供相关支撑性文件。

2016 年 1 月，水利部长江水利委员会组织对《苏通长江大跨越工程防洪报告》进行了评审，评审意见提出，鉴于工程河段河势敏感、综合开发利用率要求高，建议开展隧道穿越方案研究工作。

基于以上情况，在前期研究的基础上，紧急启动了备选方案（GIL 综合管廊过江方案）的研究论证工作，并于 2016 年 1 月 6 日召开淮南—南京—上海 1000kV 交流特高压输变电工程苏通长江过江方案专家评审会，会议认为，在综合考虑技术、安全、工期、投资、港口规划调整、社会影响等因素，推荐采用 GIL 综合管廊过江方案（简称苏通 GIL 综合管廊工程）。

苏通 GIL 综合管廊工程上层敷设两回（6 相）1000kV 气体绝缘金属封闭线路（GIL），下层预留两回 500kV 电缆以及通信、有线电视等市政通用管线，位图起于南岸（苏州）引接站，止于北岸（南通）引接站，隧道长 5530.5m，盾构机直径 12.1m，是穿越长江大直径、长距离过江隧道之一。综合管廊线位图如图 2-2-3 所示，综合管廊横断面图和纵剖面图分别如图 2-2-4 和图 2-2-5 所示。

（三）实施效果

苏通 GIL 综合管廊工程减少了建设期对航道航运的影响，并避免了运行中的船只撞击等一系列风险，取得了各主管部门意见，解决了过江通道的通过性问题，使得工程得以顺利实施，计划于 2019 年建成投运。工程还为市政管线、500kV 电缆线路提供了预留通道，为两岸电力、通信等网络的近距离直接互联创造了条件。

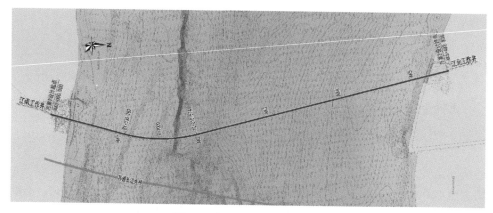

图 2-2-3　综合管廊线位图

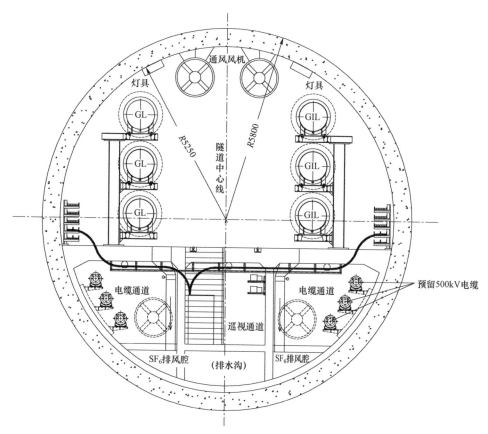

图 2-2-4　综合管廊横断面图

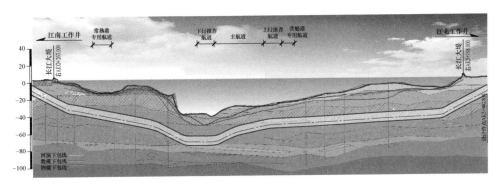

图 2-2-5 综合管廊纵剖面图

北环工程中苏通 GIL 综合管廊工程是世界上首次在重要输电通道中采用特高压 GIL 技术，新建盾构隧道穿越长江，是目前世界上电压等级最高、输送容量最大、技术水平最高的超长距离 GIL 创新工程。通过工程的实施，推动了我国 GIL 综合管廊技术的进步。

案例四　采用混压同塔四回路缩减走廊资源

（一）问题描述

北环工程途经的上海嘉定区是上海国际汽车城所在地，企业众多，土地资源非常紧缺，上海市规划部门已无法再为北环工程开辟新的线路走廊。

鉴于该区域当时已有牌渡 5903 线和牌渡 5913 线等两条平行的单回 500kV 线路，北环工程只得借牌渡 5913 线走廊建设。

（二）解决思路及效果

为避免牌渡 5903 线和牌渡 5913 线长时间同时停电，北环工程先在 5903 线走廊上新建 500kV 同塔双回路，将 5903 线和 5913 线合并为同塔双回路，随后再于原 5913 线走廊上新建 1000kV 和 500kV 同塔四回路。该建设方案解决了北环工程的廊道问题，且为此段新增预留了两回 500kV 线路通道。

同塔四回路采用了如下缩减走廊资源措施：

1. 1000kV 相导线采用 V 串伞形布置，500kV 相导线采用 V 串倒三角布置

1000kV 线路采用 8×JL1/G1A-630/45 导线，500kV 线路采用 4×JL/G1A-630/45 导线。根据受力特点，1000kV 与 500kV 同塔四回线路推荐采用垂直（V 串）-三角（V 串）的布置方式，导线横担共 5 层，其中 1000kV 导线位于上 3 层，采用垂直排列伞型布置，绝缘子串采用 V 串悬挂；500kV 导线位于下 2 层，采用倒三角排列的方式，绝缘子串采用 V 串悬挂；塔身断面采用正方形形式，以抵抗纵向张力，具体示意如图 2-2-6 所示。

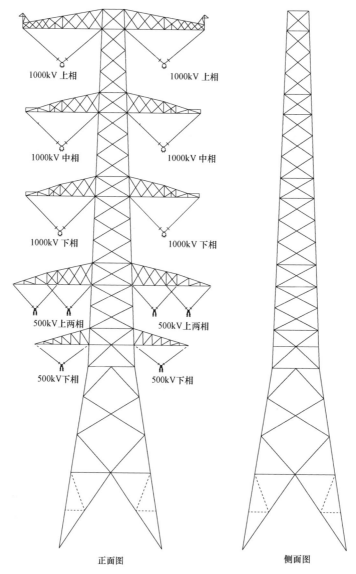

图 2-2-6 1000、500kV 同塔四回路杆塔示意图

在相序布置方面，北环工程同塔四回路部分与双回路部分保持一致，均按逆相序布置。根据计算结果，500kV 线路按照电能质量对三相电压不平衡度的要求从左至右顺时针方向推荐相序为 ACB/ACB，导线最低高度分别为 11m 和 14m 时，可满足非居民区和居民区的电场要求。当导线最低高度大于 11m 时，参考点处可听噪声值小于皖电东送工程塔型的数值。

2. 直线塔 V 串采用交错布置设计

设计 1000kV 与 500kV 的同塔四回路塔时，为节省走廊宽度，在满足电气间隙的要求下，V 串采用了交错布置的方式（见图 2-2-7），既节省了投资，又减少了土地资源占用。

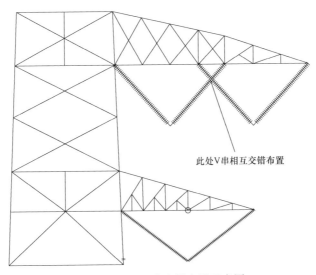

此处V串相互交错布置

图 2-2-7　V 串交错布置示意图

3. 特殊地段耐张塔采用 1000kV 与 500kV 横担不共面设计

在苏州变电站出口处，由于立塔条件的限制，基础只能以一个特定的分坑方向设计，无法按 1000kV 与 500kV 线路分支的角度分坑布置为满足线路的分支要求，北环工程设计了特殊形式的杆塔，不同电压等级横担在铁塔上采用不共面设计，使得线路在铁塔横担上完成角度分坑，如图 2-2-8 所示。

这种杆塔形式解决了在立塔位置受限情况下多回路铁塔分支的问题，既节约了占地，避免了拆迁，又满足了线路正常架设需求，具有较好的经济效益。

4. 地线支架下移至 500kV 导线横担端部设计

设计同塔四回路的分支塔时，若 500kV 分支为双回路，由于分支侧地线支架位置较低，容易与 1000kV 导线交叉相碰，因此北环工程将分支塔地线支架设置为两层，下层为分支侧地线挂点，采用与导线共用横担的方式，有效避免了不同回路导、地线交叉距离不足的问题。地线支架下移的杆塔正视图如图 2-2-9 所示。

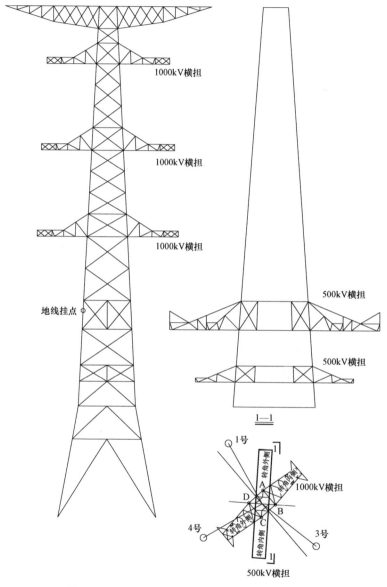

图 2-2-8 不共面设计杆塔的基础和横担布置图

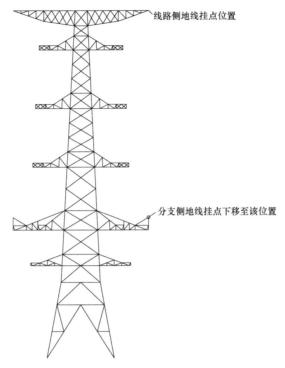

线路侧地线挂点位置

分支侧地线挂点下移至该位置

图 2-2-9　地线支架下移的杆塔正视图

案例五　按纺锤形砍树减少林木砍伐量

（一）基本情况

特高压交流输电线路经过林区时均应按照主要树种平均自然生长高度进行高跨设计，仅对少数超高树木予以修剪或砍伐，根据 GB 50665《1000kV 架空输电线路设计规范》的要求与工程经验，林木砍伐一般按如下规则执行：

（1）高跨地段少数高度超过主要树种平均自然生长高度的树木应予以修剪或砍伐。

（2）线路通过林区，砍伐通道宽度不应小于线路宽度加林区主要树种自然生长高度的 2 倍，并留有一定裕度。通道附近超过主要树种自然生长高度的个别树木应砍伐。

由于技术、政策处理原因，确需砍伐林木，砍伐宽度按以下条件确定：

（1）树木高度按主要树种自然生长高度考虑。

（2）考虑 10° 及以下风偏时，双回路导线与树木的最小净距不小于 13m，单回路不小于 14m。

（3）考虑导线最大风偏时，导线与树木最小净距不小于 10m。

（4）考虑导线最大风偏时，在树木倾倒过程中，导线与倾倒树木最小净距不小于3m。

（5）树木砍伐宽度应按导线实际对地高度进行计算，为方便现场砍伐和今后通道保护，每档按折线宽度进行实际砍伐数量统计。

（二）解决思路

由于每档线路两端均固定在杆塔上，线路风偏时档距中央偏离线路中心最远，塔身处偏离最近，且受弧垂影响，靠近塔身的导线对地距离往往较档距中央要大，导线实际影响范围的水平投影为纺锤形状，因此，锡盟山东工程采用了纺锤形砍树方式，砍伐范围按水平投影面确定，不考虑空间上的削树冠。纺锤形砍树示意如图2-2-10所示。

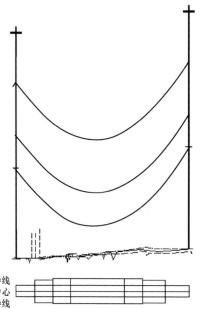

顺线路方向树木砍伐区间（m）	垂直线路方向树木砍伐宽度（边导线外侧，m）
0～50	0
50～100	14.8
100～150	18.1
150～200	18.7
200～250	18.7
250～300	18.7
300～350	18.2
350～410	15.8
410～450	0
450～塔	0

左边相导线
线路中心
右边相导线

图2-2-10　纺锤形砍树示意图

（三）实施效果

纺锤形砍树方案减少了10%～20%的林木砍伐量，节省了工程投资。既保障了线路安全运行，又保护了生态环境。

第三节　小　结

针对并行线路之间房屋拆迁原则问题，应结合杆塔排位、高度和导线相序排列，考虑房屋拆迁价格和协调难度等因素，确定合适的拆迁范围，两线路之间拆迁的划分建议由双方建设单位协商确定。

针对因地制宜采用单、双回路方面，早期的特高压交流输电线路工程采用同塔双回路的本体投资高于两个单回路，随着设计的持续优化和钢管等材料性能的持续改善，后期特高压交流输电线路工程采用同塔双回路的本体投资已低于两个单回路，加之同塔双回路节省了占地面积和走廊清理费用，因此，在特高压交流输电线路工程中采用同塔双回架设具有显著的社会和经济效益。

但由于特高压交流双回路铁塔高度高、单件质量大，在难以满足塔高限制区的高度要求或山区运输困难时不宜采用双回路同塔架设，建议按单回路设计。此外，当在采空区或其他杆塔倾覆风险区域立塔时、经过重冰区时、系统调度有采用单回路的特殊要求时、塔位根开受限时，建议按单回路架设。

针对长距离过江过海通道方面，在条件具备的情况下，仍优先采用架空方案，尽量减少在江中或海中立塔的数量。确有特殊严重困难的情况下，经论证特高压工程可采用 GIL 管廊，500kV 及以下工程宜采用海底电缆等方式。

针对采用同塔多回路方面，同塔多回路方案因存在运检困难和事故停电范围大等问题而未能得到普遍推广应用，但同塔多回路可大幅压缩走廊宽度，减小拆迁范围，在解决廊道紧张问题时应用的优越性明显。

针对减少林木砍伐方面，从环保角度出发，特高压交流线路经过林区时均按照主要树种平均自然生长高度高跨设计，仅对少数高度超过主要树种平均自然生长高度的树木予以修剪或砍伐，为进一步减少砍伐量，案例五将常规矩形砍伐范围优化为纺锤形，减少砍伐效果明显。但纺锤形砍伐方案也存在现场确定边界和林木统计复杂问题。

通道设计贯穿特高压输电线路工程建设始终，应在工程前期阶段结合路径方案选择时同步开展，从传统的片面追求经济指标变为统筹兼顾各方利益，寻求对各类障碍物和环境敏感因素的最优对策，体现了特高压交流输电线路工程和谐发展的理念。

第三章 气象条件选择

输电线路设计气象条件包括气温、风速、覆冰和雷暴日数等四个要素，前三要素按照不同工况对应取值，形成的各工况气象条件组合是输电线路设计的基础条件，直接影响着工程的设防水平。雷暴日数是工程防雷设计的基础条件。

气温、风速、覆冰和雷暴日数四大要素之中，对特高压交流输电线路工程投资和安全可靠性起主要影响作用的是风速、覆冰和雷暴日数，这三要素也是气象条件选择的难点所在。输电线路经过山区时，往往与气象站相距较远，环境条件与气象站相差较大，难以据此准确确定沿线风速；覆冰厚度易随地形、海拔等因素变化，且覆冰观测记录少，使得覆冰厚度的确定较风速确定更为困难；雷暴日数虽有大量记载，但没有其分布特性，故对线路防雷设计的针对性不强。特高压交流输电线路工程建设经多年实践探索，不断创新手段、方法，较为合理地确定了工程的设计气象条件组合。

本章首先简述基本风速，设计覆冰和微地形、微气象的确定原则，接着着重介绍基本风速、设计覆冰选取和雷电分布特征等方面的典型案例。

第一节 设计气象条件的确定方法

一、总体原则

参照有关规程、规范，结合线路沿线气象台站的原始气象资料和附近已有电力、通信线路的设计运行经验及沿线风、冰灾等调查资料，特高压交流输电线路工程的设计气象条件选择采用以下原则：

（1）因地制宜合理选择沿线气象台站，以邻近气象台站的气温、风速、设计覆冰和雷暴日的统计或换算结果作为基本依据。

（2）以邻近高压、超高压线路的设计和运行经验为主要参考。

（3）以规程、规范的最低要求值为起点，考虑各地差异、统计成果和微地形、微气象影响等因素，必要时引入气象科研成果综合确定。

二、基本风速

（一）调查收资

调查沿线各地区历年风害情况及特征，分析大风成因，作为风速选择依据。

1. 调查范围和调查点

对输电线路工程应进行沿线调查，宜 5～10km 布设一个调查点，对山口、谷口、山顶等特殊地形应进行微地形、微气候调查，了解风速增大的影响因素。对区域性风灾和电力工程风灾事故，可组织专门调查，调查范围和调查点根据实际情况决定。

2. 调查对象

主要调查对象应熟悉本地区历年气象情况，宜包括以下人员：电力、通信线路设计、运行维护和事故抢修人员，长期从事气象、勘测、巡线和供电安全检查人员，林区生产管理人员，民政救灾人员和当地居民。

3. 调查内容及搜集资料

调查内容主要包括：大风发生时间、持续时间、风向、风力、同时天气现象（雷雨、冰雹、寒潮、热带气旋）、主要路径、影响范围、重现期，大风对电力及通信线路、房舍、树木、农作物和其他建筑物的损毁情况，风灾事故现场的地形、高程、气候、植被等情况。

大风调查搜集的主要资料包括：县志等史料中记载的历史风灾情况和气象站、民政局、档案馆等有关单位保存的风灾灾情报告；工程地点附近已建电力、通信工程和有关建筑物的设计风速、运行维护情况，以及发生风灾的灾情报告和事故修复标准；区域建筑、气象部门对风速风压的研究成果、报告和地区风压图。

调查资料应在现场整理，重要工程应编写调查报告。

（二）气象资料统计分析

根据沿线各气象台站风速资料，采用耿贝尔型（极值 I 型）的概率分布计算离地 10m 高 100 年一遇 10min 平均最大风速。

风速的年最大值 x 均采用极值 I 型的概率分布，其分布函数为：

$$F(x) = \exp\{-\exp[-\alpha(x-u)]\}$$

式中：u 为分布的位置参数；α 为分布的尺度参数。

当由有限样本的均值 $\bar{x}$ 和标准差 s 作为 u 和 σ 的近似估计值时，取

$$\alpha = \frac{C_1}{S} \qquad u = \bar{x} - \frac{C_2}{\alpha}$$

式中：系数 C_1 和 C_2 可计算或查表（如需考虑实际的观测数量，表 2-3-1 给出了几个观测值时参数 C_1 和 C_2 的值）。

表 2-3-1

n	C_1	C_2
10	0.94963	0.49521
15	1.02057	0.51284
20	1.06282	0.52355
25	1.09145	0.53086
30	1.11237	0.53622
35	1.12847	0.54034
40	1.14131	0.54362
45	1.15184	0.54630
50	1.16066	0.54854
∞	1.28255	0.57722

平均重现期为 N 年的最大风速（基本风速）用下式计算：

$$X_N = u - \frac{1}{\alpha}\ln\left[\ln\left(\frac{N}{N-1}\right)\right]$$

（三）基本风压计算风速

标准空气密度下，基本风压与风速之间的换算采用以下公式：

$$V_{10} = （1600 \times W）^{1/2}$$

式中：V_{10} 为 10m 高处的最大风速值，m/s；W 为基本风压，kN/m^2。

参照沿线各地基本风压分布图，结合上式换算出各个气象站离地 10m 高 100 年一遇最大风速。

（四）参考运行线路情况

调查沿线附近已建线路的设计风速取值情况、运行情况及风害事故情况。特高压交流输电线路工程的设计风速调查应优先参考特高压、500kV 及以上线路设计和运行情况，其次参考 220、110kV 等线路设计和运行情况，作为确定风区范围的佐证。

（五）风区分布图

国家电网公司各地风区分布图是依据一个地区的气象资料、地形资料和历年线路设计、运行资料统计分析而成，可作为国家电网公司输电线路基本风速取值的重要参考。

综上所述，设计单位应综合大风成因分析、大风调查、气象台站资料统计、风压分布图统计、风区分布图和沿线线路的设计、运行资料等，结合线路设计情况，合理选择线路设计基本风速和风区划分。

三、设计覆冰

（一）设计覆冰的调查

输电线路拟建在重冰区域时，应对工程地点和与其地形、气候相类似的区域进行覆冰调查。对设计覆冰为 20mm 及以上的重冰区，应进行重点调查，查明重冰区的量级、位置、分界与各级重冰区的长度。对设计覆冰为 20mm 及以下的中、轻冰区，应进行沿线普查。查明中、轻冰区的分界与各冰区长度。调查的重点地域应是山区的迎风坡、山岭、风口以及邻近湖泊等水域附近的盆地与山区的交汇地带。

覆冰调查对象为电力、通信、交通、工矿等部门的运行、管理人员以及当地居民，特别是高山无线电通信基站、气象站和道班的冬季值班人员。

覆冰调查内容包括：

（1）覆冰地点、海拔、地形、覆冰附着物种类、型号及直径、离地高度、走向。

（2）覆冰发生时间和持续时长，天气情况。

（3）覆冰种类与密度，可根据实际情况分析判断。

（4）覆冰的形状、长径、短径和冰重。

（5）覆冰重现期，包括历史上大覆冰出现的次数和时间，以及冰害情况。

（二）设计覆冰统计分析

（1）根据工程区域不同的资料条件，设计覆冰分析计算可采用下列方法：

1）工程地点或与该工程地点的地理、气候类似的区域具有 10 年以上年最大覆冰观测资料时，应采用频率分析法计算设计覆冰，并考虑具体地形影响因素；覆冰频率计算线型应采用 PⅢ型分布或极值Ⅰ型分布。

2）工程区域仅有 1～5 年短期年最大覆冰观测资料时，可应用观冰站与邻近气象站覆冰气象要素合成的覆冰气象指数进行频率分析确定统计参数，计算得出设计覆冰。

3）工程区域无覆冰观测资料时，可对工程地点及与该工程地点的地理、气候类似的区域进行历史覆冰调查，分析计算设计覆冰。

（2）输电线路冰区划分应依据充分，着重分析研究冰区分界点和微地形点，冰区划分应准确反映线路路径的覆冰情况。

（3）对于地形复杂、气候恶劣的重冰区，应在分析计算值基础上考虑必要的安全修正值。

（三）设计冰区分布图

2008年冰雪灾害以后，国家电网公司专门组织中国电力科学研究院、中国电力工程顾问集团有限公司等单位开展对各省电网的冰区绘制工作，最终出版了国家电网公司冰区分布图。该冰区图由专业气象台绘制，其依据是通过统计各省气象台站每年的极端最低温度，形成长序列，再以极值计算方法，求出100年一遇的再现值，以成冰与气温的关系，分出冰区的等级，每个等级都有对应的积冰厚度呼应值。国家电网公司100年一遇冰区图可作为依据之一，用于工程冰区划分时参考使用。

（四）已有线路设计运行经验参考

工程沿线附近线路的设计运行资料可作为设计覆冰取值的有力佐证资料，在覆冰调查中是应着重调查的内容之一，应尽量选择与工程环境条件类似、距离较近且运行时间较长的线路作为参考。

（五）设计冰区的划分

根据上述调查和分析，结合线路各区段实际情况，冰区划分和取值的主要依据有：① 覆冰成因及影响覆冰的气象条件（如水汽、温度、风速等）分析结果；② 沿线各调查点设计覆冰的分析计算结果；③ 区域气象站、观冰站覆冰分析计算结果；④ 沿线地形、海拔及植被分类结果；⑤ 沿线相邻区域已建输电线路设计冰区及运行资料；⑥ 邻近地区冰雪灾害记录或报告。通过这些因素的综合分析，确定出冰区分界点、各区段冰区取值，并确定按轻、中或重冰区设计。

四、微地形微气象

（一）微地形

微地形是相对大地形而言，它是大地形中的一个局部的狭小的范围。就全国范围而言，如云南省的大地形分为东西两部分，东部是云贵高原的一个组成部分，称云南高原；西部是闻名遐迩的横断山脉，由北向南重峦叠嶂，峰高谷深，地形陡峭，在滇西地区，哀牢山兔街垭口是横断山系中的一个局部狭小的范围，是产生大风的微地形。又如江西省井冈山的盐山垭口是罗霄山脉的一个局部狭小的范围，是产生风、冰特大荷载的微地形点。在一个具体的山地，通常由于局部地形而使各气象因子在小范围内产生综合巨变，使得该地点某些气候因子特别增强，故微地形与微气象是密切相关的，不可分割的。这种微地形特征使气象因素发生了骤变，它在电线覆冰及大风形成上反映十分明显。

微地形是多种多样的，但从对覆冰及大风的影响来看，一般是那些有利于线路覆冰及大风生成、发展和加重的局部地段。在实际路径中微地形可能是很复杂的，既可能是单一型，也可能是复合型，有些容易辨认，有些需要结合周围地形及地理环境情况、仔细观察才能辨认出来。

输电线路微地形的分类情况详见表2-3-2。

表2-3-2　　　　　　　　　　微地形分类一览表

序号	名称	影响分析	示意图	典型实例
1	垭口型	在绵延的山脉形成的垭口，是气流集中加速之处，当线路处于垭口或横跨垭口时，将导致风速增大或覆冰量增加	垭口	江西省井冈山盐山垭口，云南省昭通市庄沟垭口，湖南省拓乡110kV线路羊古岭垭口，贵州省110kV水盘线黑山垭口，四川省大凉山老林口，云南省110kV以东线拖布卡垭口，云南省500kV大昆线石官坡垭口等
2	高山分水岭型	线路翻越风水岭，空旷开阔，容易出现强风及严重覆冰情况，尤其在山顶及迎风坡侧，含有过冷却水滴的气团在风力作用下，沿山坡强制上升而绝热膨胀，使得过冷却水滴含量增大，导致导线上覆冰加重	迎风坡　分水岭　背风坡	陕西省秦岭，云南省金沙江与小江的分水岭，河南省南阳地区伏牛山老界岭，浙江省云和县与松阳县交界的方山岭，广东省韶关地区乳源和乐昌两县交接的分水岭，云南省110kV洛昭线麻窝昭通与彝良的分水岭等
3	水汽增大型	送电线路临近较大的江湖水体，使空气中水汽增大，当寒潮入侵，气温下降至0℃以下时，由于空气湿度大，便容易出现严重覆冰现象	江湖水体	江西梅岭（受鄱阳湖影响），云南昆明太华山（受滇池影响），昆明东郊老鹰山（受阳宗海影响），湖北省巴东县绿葱坡（受长江影响），四川会东白龙山及云南东川海子头（受金沙江影响），云南省哀牢山地段（受老虎山水电站水库影响）等
4	地形抬升型	平原或丘陵中拔地而起的突峰或盆地中一侧较低另一侧较高的台地及陡崖，因盆地水汽充足，湿度较大的冷空气容易沿山坡上升，在顶部或台地上形成云雾，当冬季寒潮入侵时便会出现严重覆冰现象	云雾　气流　盆地	云南省会泽县大竹山，贵州省220kV鸡江Ⅱ回十里长冲，广西省110kV融桂线金竹坳，滇南蒙自盆地边缘地形抬升的马拉格，贵州东部的万山及500kV大昆线易门老吾街后山，四川盆地地形抬升的龙门山等

序号	名称	影响分析	示 意 图	典型实例
5	峡谷风道型	线路横跨峡谷，两岸很高很陡，通过狭管效应产生较大的风速，导致送电线路风荷载的大幅度增加		云南省 110kV 六平线 36 号杆南盘江峡谷，500kV 大昆线绿汁江跨越点，220kV 以昆线 282～283 号大黑山峡谷风槽，漫昆线哀牢山兔街山谷风道等

（二）微气象

微气象是指由于下垫面的某些构造特征所引起的近地面大气层中和上层土壤中的小范围气候特点，这种小范围的气候特点一般表现在个别气象的数值上，有时表现在个别天气现象（如风、雾、霜、雨淞等）上。但是这种要素的改变不致于使大尺度过程（平流、峰面）所决定的天气气候特征发生较大变化。微气象的概念最早是由德国的 Gaiger（盖革）和日本的吉野正敏等提出的，根据下垫面构造特性的广度及其影响范围而将小气候严格地划分为微气象与局部气候两类。我国气象学家么枕生则把微气候学与局地气候学统列为小气候的范畴。事实上微气象与局部气候两者之间很难在客观上有严格的界限。这里所说的微气象是指一条几十公里至几百公里长的输电线路中的某一小段，甚至单指一两基杆塔的狭小范围。在近地面的大气层中，在系统性天气形势影响下，因受地形等因素的影响，使得该地点某些气候因子特别增强，超过该地区设计的冰、风条件，从而可能危及输电线路安全运行的地点，这样的地点称为微气象点。

（三）微地形、微气象调查方法

因微地形、微气象的影响产生的严重覆冰会使输电线路导线和杆塔的垂直荷重增大；导线重覆冰后直径增大，在相应风速情况时水平荷载增大，导线张力增加，且在杆塔前后侧档距相差大或导线不均匀覆冰及不均匀脱冰时容易引起张力差过大。严重时导致输电线路倒塔断线。

输电线路勘测设计工作中，对沿线微地形、微气候应足够重视。具体做法如下：

（1）尽量向当地气象台、站搜集能反映线路沿线气象情况的资料。

（2）向电力、通信、铁路、军事等部门调查沿线已有的电力线、电话线有关结冰、大风的资料。

（3）向当地群众调查风、冰灾情对自然物、建筑物的破坏，判断风、冰等气象的严重程度。

（4）根据地形图、航摄照片及室内搜集的资料判断本线路哪些地段哪些塔位属于微地形、微气象点。

（5）在进行现场考察之前，必须搜集目前关于该地区微气候现状和记录。

（6）施工图设计阶段结合实际现场踏勘，了解微地形地段的地物、相对高差、路径走向、风速及风向、湿度等情况，确定该地段的微气象特点。

第二节　典　型　案　例

案例一　引入气象研究单位确定设计覆冰

（一）问题描述

浙北福州工程全线山地和高山大岭合计占比 90%以上，地形条件复杂，线路与气象站距离均较远，且途经的华东地区无观测站。面对风速、覆冰观测资料严重缺乏的现状，如何准确确定设计气象条件是摆在设计工程师们面前的一大难题，尤其是对于风口、峡谷、河谷等特殊区域气象条件的判定，更是一项全新的挑战。

（二）解决方法及措施

为破解资料缺乏情况下的设计气象条件确定难题，科学合理地确定设计边界条件，浙北福州工程在设计阶段创新性地引入气象研究单位，充分利用其在气象研究领域的优势，结合特高压输电线路工程特点，合作开展了广泛深入的研究。

研究过程中，除采用了地面气象观测资料、气象探空资料、灾情资料外，还利用了 FNL 全球再分析资料（Final Operational Global Analysis），建立了覆冰冰厚等级模型和覆冰气象模型。这些模型是基于数据调查、样本分析及气象作用机理建立起来的覆冰数学模型，给出了覆冰厚度分布图、DEM 图、覆冰形成的气象和地形因子。将模拟的 2008 年 2 月覆冰分布情况与线路事故调查结果对比，模型计算结果与实际基本吻合，表明覆冰模型是覆冰研究的有效手段。

开展了浙江省、福建省已有线路的冰害调查，对其设计条件、覆冰过程、地形条件、路径断面图、受力条件等进行了全面分析，在此基础上与浙北福州工程进行了相关性分析。建立了工程所在的浙江省和福建省北部区域统一的冰区图，为覆冰取值提供了重要依据。

针对山地地形条件复杂且气象站较少情况，依据分辨率 90m 的卫星遥感图，创新性建立了专门用于微地形、微气象研究的三维可视化地形模型，借助该模型能够快速发现以往难以察觉的易产生灾害气象的特殊地形，较好地解决了微地形、微气象区判别困难的问题。

（三）实施效果

从浙北福州工程设计建设情况看，引入科研单位开展气象条件研究，其研究成果很好地解决了沿线资料缺乏时的气象条件的确定问题，经模型计算值和实际值进行比较，能够较好吻合。通过多途径、多手段相结合的方法研究覆冰规律，建立的冰区图可应用于浙北福州工程，较大幅度优化了重冰区、中冰区位置和长度，但局部段可能取值过大，经评审，结合断面情况，细化了冰区划分，对局部段稍微调低了冰区等级。浙北福州工程自建成投运至今，未发生冰害事故，表明气象研究单位的引入有效促进了浙北福州工程的安全可靠和经济合理性。

案例二　基本风速确定

（一）基本情况

1. 地形地貌

锡盟山东工程途经内蒙古、河北、天津、山东4省（自治区、直辖市）。内蒙古多伦县至河北围场县段的地貌属浅山丘陵区，线路所经区域较为平坦。内蒙古南部蒙冀界及其以南段地处内蒙古高原与冀北山地的过渡带，属燕山地貌区，山大沟深，山体陡峭、落差大，植被覆盖率高，树木茂盛。整段线路所经山体受滦河水系的发育、浑善达克沙地影响和河流侵蚀切割，形成河谷洼地及台地。其中，围场县至兴隆县段为内蒙古高原穿越燕山山脉，逐步向华北平原过渡的地带。地貌单元主要有平地、丘陵和山地等，海拔在400～1300m。受篇幅所限，本案例仅对此段线路予以描述。

2. 气候概况

工程所经地区四季分明，春季多风，干旱少雨；夏季炎热，雨水集中；秋季凉爽，冷暖适中；冬季寒冷，干燥少雪。冬季受蒙古冷高气压控制，盛行偏北风；夏季受西太平洋副热带高气压左右，多偏南风。

（二）设计基本风速确定过程

1. 分析大风成因

线路所处区域属于中温带向寒温带、半干旱向半湿润过渡的大陆型、季风性气候区。冬季受蒙古高压控制。春季蒙古高压势力减弱，暖空气势力渐增，冷暖空气交替频繁，形成春季大风天气。夏季受海洋强大热低压控制，南北温差较小，气压梯度小，风速是一年中最小的。秋冬季蒙古高压迅速建立，常形成寒潮大风天气。

线路经过地区大风主要有三种类型：① 寒潮大风，春、秋、冬受南下冷空气影响，出现偏北大风，持续时间比较长，有时伴有扬沙，停风后出现剧烈降温；② 偏南大风，初夏受太平洋副热带高压影响，出现偏南大风；③ 雷雨大风，夏季的雷雨大风，由强烈的对流云系形成，具有局地性和阵性，往往伴有暴雨冰雹，危害性很大。

2. 收集气象站资料

线路沿线附近有多伦、沽源、围场、丰宁、隆化5个气象站，与线路路径地属同一气候区，气象条件基本一致，气象站观测规范、项目齐全，资料系列连续完整、精度较高，可作为本工程设计风速分析计算的参证气象站。沿线各气象站基本情况见表2-3-3。

表2-3-3　　　　　　　　　线路沿线各气象站基本情况表

台站	北纬	东经	海拔（m）	最大风速资料年限
多伦	42°11′	116°28′	1245.4	1971～2009年
沽源	41°40′	115°40′	1412.0	1971～2009年
围场	41°58′	117°46′	892.7	1971～2009年
丰宁	41°12′	116°38′	661.2	1971～2009年
隆化	41°19′	117°44′	561.6	1971～2009年

3. 气象站风速统计

根据本段线路区域上述5个气象站历年实测最大风速资料系列，经高度和时距订正，选用极值I型概率分布（Gumbel）进行频率统计，得到各气象站离地10m高100年一遇10min平均最大风速成果见表2-3-4；GB 50009—2012《建筑结构荷载规范》中"全国基本风压分布图"100年一遇风压值及对应风速成果见表2-3-4。

表2-3-4　　　　　　　　　沿线气象站设计风速成果表

站名	资料统计100年一遇风速（m/s）	荷载规范100年一遇风压（kg/m²）	荷载规范100年一遇风速（m/s）
多伦	28.2	0.60	30.9
沽源	24.0	—	—
围场	15.3	0.50	28.3
丰宁	25.1	0.45	26.8
隆化	18.2	0.45	26.8

由于气象站均位于具有较多建筑物的城区或城郊，而线路地处开阔的平地、丘陵、山地和高山大岭地区，因此，气象站最大风速资料对本工程可供分析参考，

不宜直接采用。

4. 大风调查

根据现场大风调查及查阅当地有关史料，线路附近地区的历史大风情况如下：

（1）多伦地区：根据《多伦县志》记载，春季大风集中在农作物播种、出苗的4～5月份，8级以上大风平均每月10天以上，1966年4月大风达23天，1971年5月8级以上大风16天。据气象站资料统计，实测最大风速为28.0m/s，风向是WNW（西北区），发生于1977年6月10日。

（2）围场地区：根据《围场县志》记载，1980年5月3～5日御道口连续出现大风，最大风速达28m/s，使牧场9000亩小麦地刮走表土5～6cm，小麦根系裸露于地面。

据围场县正沟村村民王某（70岁）、刘某（87岁）介绍，20世纪80年代，正沟村西南方向的达子营村大约是1981～1982年间发生龙卷风（瞬时风），大风把个别最大直径约40cm粗的树木连根拔起。据围场县老卧铺乡老卧铺变电所刘某介绍，从变电所1991年建站至今在此工作，现担任技术负责人，回忆到大约是1994～1995年间蚂蚁沟发生龙卷风（瞬时风），向东南方向发展，在蚂蚁沟沟口处将老窝铺至东城子10kV线路电杆刮倒11基，大风顺地形沿小滦河河谷至干沟口方向继续行进，干沟口村部分房屋瓦片被掀起。

（3）隆化地区：1952年7月5～6日，张三营、太平庄、韩家店、郭家屯等地受风雹灾。风刮倒大量树木，仅太平庄就刮掉10个树头，兴隆庄1棵200多年的大松树连根拔出。

1979年8月4日，隆化县全县遭受风灾，最大风力达10级。

1987年8月2日下午，七家乡遭受特大风灾，刮倒大树403棵，砸坏房屋20多间。

以上史料和现场大风调查表明，线路经过地区破坏性大风多属局地性大风，破坏性较强，有吹倒、吹断大树，掀翻房顶等风灾，估计最大风力9～10级，相应风速20.8～28.4m/s。

5. 已建线路基本风速与运行情况

本段线路邻近地区500、220kV已建或在建线路基本风速成果见表2-3-5。

表2-3-5　　　　沿线区域已建或在建部分输电线路基本风速成果表

电压等级（kV）	线路名称	基本风速（m/s）	相关地区
500	承德西～平安城	平丘段取27 山区段取28.7	途经遵化、兴隆、承德、滦平等地

电压等级（kV）	线路名称	基本风速（m/s）	相关地区
500	上（都电厂）~承（德）Ⅰ、Ⅱ、Ⅲ回	28.6	途经内蒙正蓝旗县、多伦县、河北省丰宁县、隆化县、承德市双桥区、承德县等地
500	承德~姜家营	32	经过地区为承德、兴隆县
500	汗海~沽源~平安城	29.5	
220	承德变~袁庄变	30	
220	御道口~桃山湖	29	途经围场县御道口牧场
220	兴州变~木兰变	30	所经地区为围场、隆化县
220	遵化~承德	30	
220	兴州~周营子	28	所经地区为隆化、滦平县
220	周营子变~隆城变	28	所经地区为隆化、滦平县
220	龙头山~兴州（隆化）变	30	所经地区为围场、隆化县

注 以上线路工程基本风速均已换算到 10m 高度，对于 500kV 线路重现期为 50 年一遇，对于 220kV 线路，重现期为 30 年一遇。表中线路均在本工程附近，已运行的线路均未发生过大风灾害事故。

6. 风区划分

本段线路设计基本风速取值可参考因素已包含气象站统计风速、风压推算风速、已建输电线路的设计及运行资料、沿线大风调查结果以及路径地形与海拔等，综合各取值因素分析如下：

（1）锡盟特高压变电站至河北围场县与隆化县交界处。该段线路处于中温带向寒温带、半干旱向半湿润过渡的大陆性季风气候区。常年主要受蒙古高压控制，其中心位置在蒙古国的西北部，高压中不断有冷空气南下进入我国，途经内蒙古锡林郭勒盟时，由于地势平坦、开阔，属于草原地貌，植被低矮，气流通过时，受阻挡、摩擦阻力很小，使得多伦地域常年有风。同时还有移动性的高压（反气旋）不时南下，使得蒙古高压得到新的冷高压的补充和加强。一般在冷高压前锋称为冷锋，在冷锋过境时，在冷锋后面 200km 附近经常可出现大风。据多伦气象站资料统计，全年最多风日可达 139 天。

线路所经路段处于气流南下的通道内，但由于地形的变化，风速也有一定的差异。本段线路内蒙古段行进在内蒙古波状高原，为草原地貌，地形相对平缓、开阔，海拔 1200~1400m，植被多为杂草，成片树林少，有稀疏的行树；气流通过该段时，受地形阻挡，下垫面摩擦阻力小，气候条件单一，气流不会形成太大差异。线路进入河北省境内，行进在山区，海拔增加，为1300~1780m，地形起伏变化较大，植被也明显增加，部分路段长有茂密的松树和桦树，还有一些灌木；气流从草原平坦地区进入高山区时，会形成紊流，有的被较高的山体和较好的植被阻挡，逐渐消失，有的顺地形内的沟谷、垭口形成狭管效应，风速增加，该段的气候条件复杂，气流变化较大。

据以上分析，根据本段线路所经路段地形的变化、下垫面的不同，根据线路附近3个气象站统计风速、结合沿线村庄的调查以及《多伦县县志》和《围场满足蒙古族自治县县志》，建议本段线路基本风速采用30m/s。

（2）河北围场县与隆化县交界处的牛毛环林场至兴隆县东树峪。沿线气象站均位于县城附近，对县城周围的代表性较好，而本线路多经河谷和山区，大风具有不均衡性、局部性和阵性等特点，气象站统计风速与线路设计风速有一定差异，气象站统计风速成果往往偏小。

根据大风调查及沿线已建线路的设计运行情况，结合地形海拔等因素综合分析，推荐本段全线100年一遇基本风速取29.0m/s，其中滦河等较大水体跨越档，100年一遇基本风速取30.0m/s，微地形导致的局部大风段采取抗风措施。

（三）后续工程建议

后续工程中，一般线路的设计风速取值可采用此案例方法，在取值因素的分析方面：调查收资是从侧面取证，一般缺少直接而准确的数据参考，需分析、对比、评估和转化后采用；气象站的统计资料较准确，但往往气象站距离线路较远，环境条件与线路所经位置有较大差异；现有风压分布图因比例尺太小，一般采用插值法计算工程所在地风速，误差较大，难以体现局部风速差异；风区分布图是综合线路运行情况、气象站资料和地理环境，经统计分析并扩大范围而成，具有可参考性；线路的运行经验可作为重要佐证，但受线路运行时长限制，且当原线路设计标准过高而无事故时，仅能将其作为上限，应继续分析降低的可能性。总体来看，线路设计风速的确定宜优先收集气象资料，分析其对工程的适用性，适用性较差时，可参照工程运行经验，其次考虑风区分布图和风压分布图。

对于大跨越基本风速，当无可靠资料时，宜将附近陆上输电线路的风速统计值换算到跨越处历年大风季节平均最低水位以上10m处，并增加10%，分析水面影响再增加10%后选用。大跨越基本风速不应低于相连接的陆上输电线路的基本风速。

案例三　利用线路走廊网格法确定雷电分布特征

（一）基本情况

皖电东送工程途经安徽、浙江、江苏和上海4省（市），区域地形、气候环境多样，雷电活动复杂多变；电网运行经验也表明，华东地区输电线路雷击跳闸统计值在全国范围内较高。

皖电东送工程设计时，我国的输电线路防雷设计主要依据 DL/T 620—1997《交流电气装置的过电压保护和绝缘配合》，设计中能选用的雷电参数，如地闪密度等，仍然是基于气象雷电日资料，这种单一的雷电参数无法代表数百公里长的输电线路沿线雷电分布特征，也因此会造成较大的设计偏差。输电线路差异化防雷策略特别适合于长距离的特高压输电线路，而输电线路差异化防雷技术的基础之一，就是雷电参数的差异化。

（二）解决思路及措施

针对皖电东送工程沿线及所经区域雷电参数空缺问题，为统计沿线雷电分布特征，开展差异化防雷设计，首先对安徽、江苏、浙江和上海电网雷电定位系统2005～2008年地闪主放电资料进行统计分析，通过绘制工程穿越的以上四省市的雷区分布图，标出多雷区；进而再以皖电东送工程线路走廊为对象，将全线分成均匀的统计段，采用线路走廊网格法统计分析沿线每段的地闪密度 N_g、雷电日 T_d 和线路走廊雷电流幅值分布特征。用统计值对皖电东送工程线路绕击闪络率进行校核计算，找出易受雷击并可能发生闪络的易闪段。

本工程线路走廊网格法是以输电线路为中心，统计线路走廊半宽度0.05°（约5km），沿径向按统计宽度将输电线路进行等分，形成 63 个 0.1×0.1 网格，统计各个网格中的雷电参数，对这些数据按照一定的规则进行等级划分，即得到输电线路沿线雷电分布情况。

经过全线 63 个统计段的统计分析，皖电东送工程沿线地闪密度均大于当时执行的电力行业标准推荐值，在实际地形下部分区段利用电力行业标准参数得到的绕击闪络率偏小。用统计值对该特高压线路绕击闪络率进行了校核计算，找出了易受雷击并可能发生闪络的易闪段，1 号段及位于皖南山区和浙北西部的 27～51 号段为全线易击段，1 号、27～30 号、43～50 号为易闪段，对这些区域有针对性的加强了防雷措施。

（三）实施效果

皖电东送工程以走廊网格法确定雷电分布特征为基础，开展了全线差异化防雷设计。对易遭受雷击的部分杆塔采取防雷加强措施，虽然增加了部分投资，但由于防雷位置的精细化和防雷措施的针对性提高，使得线路雷击跳闸率大幅降低，显著提高了皖电东送工程的运行可靠性。

第三节　小　　结

输电线路气象条件的选择实质是基于气象记录和调查，以概率统计为主要手段，采用归纳法思想预估未来线路运行期内的气象恶劣程度，并区分线路重要性和可靠度要求而考虑适当裕度，确定线路的设计设防水平。

针对设计覆冰选择，案例一所采用方法虽然可得到具有较高准确度的气象条件取值，但模型搭建复杂，工作量巨大，适宜在气象记录或运行经验缺乏的区域采用；在有完备气象资料或工程经验的区域建议采用概率统计法。建议在已有气象监测设备且区域气象资料较少的区域加强监测数据收集，为后续工程的气象条件选择提供参考。

针对基本风速选择，案例二给出了常规方法和工作调查的实例，对于可参照风速取值因素严重缺乏的地区，也可借鉴案例一引入气象科研单位建模分析的方法。若沿线有风电场等的测风数据经统计分析后也可作为工程设计风速参照。

针对雷电分布特征确定方面，案例三采用的走廊网格法需要大量的雷击数据作为基础，片区雷电监测数据较少则难以区分。建议利用已有线路加强雷电观测，为后续多雷区的特高压交流输电线路工程中采用走廊网格法进行雷电分级和差异化防雷设计创造更好条件。同时应该注意到雷击的随机性和易击物体特征，进行局部针对性防雷加强设计。

气象条件是多因素复杂作用的结果，各地气象特征可能存在较大差异，本章所述气象条件的确定方法和案例并非各地普遍适用，为准确确定线路气象条件组合，一方面需要加强当地观测数据和经验数据的积累、分析，另一方面需要根据工程实际情况选择合理统计方法或优化完善预测模型。

第四章 导、地线选型

导线作为输电线路最主要的部件之一，承担着输送电能的关键任务；地线承担着防雷和短路电流分流等主要任务，OPGW 光纤复合架空地线还承担着系统通信的重要任务。

本章着重介绍常规地区、大跨越、重覆冰区、特殊环境等应用场景下特高压交流输电线路导、地线选型的典型案例，并对节能导线的应用情况和跳线的选型进行了介绍，以便后续工程从种类繁多的导、地线库中选择合适的导、地线型式。

第一节 导、地线选择原则

导线制造技术的进步催生了种类繁多的导线类型。从结构型式上，分为圆线、型线、扩径导线、大截面导线等；从材质上，分为硬铝导线、高导电率铝导线、铝合金导线、铝包殷钢导线、复合材料芯导线等；从性能上，分为普通导线、耐热导线、节能导线、低风压导线和大跨越导线等。目前，地线的主要类别有钢绞线、铝包钢绞线和 OPGW 光纤复合架空地线。

一、导线选择

（一）导线选择原则

导线的选择需从其机械性能（包括耐振性能、耐腐蚀性能）、电气性能和全寿命周期年费用等方面进行综合考量。

原则上，在导线选型时，应综合考虑以下因素：

（1）导线的允许温升，满足各工况最大输送容量的需求。

（2）电磁环境影响：包括工频电场、磁场、可听噪声、无线电干扰等。

（3）电晕临界电压，并考虑电晕损耗。

（4）必要的机械强度：包括弧垂（拉重比、风偏、脱冰跳跃）、过载能力、耐振性能等方面。

（5）工程年费用：考虑建设期的杆塔、基础、导线、金具绝缘子串等各项费用和运行期的运维、损耗等费用，进行年费用计算比选。

（二）电磁环境

交流输电线路的电磁环境是指存在于给定场所的所有电磁现象的总和，主要涉及工频电场、工频磁场、无线电干扰和可听噪声等方面。

在线路设计和建设中，必须使这些电磁环境因子满足环保要求。

根据 GB 50665—2011《1000kV 架空输电线路设计规范》及 DL/T 1187—2012《1000kV 架空输电线路电磁环境控制值》的规定，1000kV 交流输电线路的电磁环境指标控制值为：

（1）工频电场：线路附近地面 1.5m 高度处的未畸变工频电场强度，在环境敏感处，不应大于 4kV/m；在跨越公路处，不应大于 7kV/m；跨越农田处，不应大于 10kV/m。

（2）1000kV 架空输电线路在电磁环境敏感目标处，地面 1.5m 高处工频磁感应强度的限值为 0.1mT。

（3）海拔 500m 及以下地区，1000kV 架空输电线路的无线电干扰限值，在距离边相导线地面投影外 20m、对地 2m 高度处，频率为 0.5MHz 时无线电干扰值不大于 58dB（μV/m），以满足在好天气下，无线电干扰值不大于 55dB（μV/m）。

对于海拔超过 500m 的线路，其无线电干扰预估值应进行高海拔修正。

（4）海拔 500m 及以下地区，距线路边相导线投影外 20m 处，湿导线的可听噪声限值为 55dB（A），并应符合环境保护主管部门批复的声环境指标。

对于人烟稀少的高海拔地区，其噪声预估值应进行高海拔修正、噪声设计控制值可适当放宽。

（三）年费用最小法

年费用最小法能反映工程投资的合理性、经济性。年费用包含初次年费用、年运行维护费用、电能损耗费用及资金的利息。将各比较方案的工程投资按照资金的时间价值折算到某基准年的总费用，平均分布到项目运行期的各年，年费用低的方案在经济上最优。

《颁发"电力工程经济分析暂行条例"的通知》[电力工业部（82）电计字第 44号] 第十五条经济计算——年费行最小法的计算方法，线路工程简化计算公式如下。

折算到工程投运年的总投资：

$$NF = Z\left[\frac{r_0(1+r_0)^n}{(1+r_0)^n-1}\right] + u$$

式中：NF 为年费用（平均分布在 $m+1$ 到 $m+n$ 期间的 n 年内），万元；n 为经济使用年数；Z 为折算到第 m 年的总投资，万元；u 为折算年运行费用，万元

$$Z = \sum_{t=1}^{m} Z_t(1+r_0)^{m+1-t}$$

式中：t 为从工程开工这一年起的年份；m 为工程施工年数；Z_t 为第 t 年的建设投资，万元；r_0 为电力工程投资的回收率。

$$u = \frac{r_0(1+r_0)^n}{(1+r_0)^n - 1}\left[\sum_{t=t'}^{t=m} u_t(1+r_0)^{m+1-t} + \sum_{t=m+1}^{t=m+n} \frac{u_t}{(1+r_0)^{t-m-1}}\right]$$

式中：t 为工程部分投产的年份；u_t 为运行费用，万元。

二、地线选择

地线选择的主要原则如下：

（1）具有良好的机械性能和电气性能。

（2）具有良好的耐振性能和耐腐蚀性能。

（3）OPGW 光缆还应具有良好的光通信功能，以及足够的耐雷击性能。

（4）地线（含 OPGW）除应满足短路电流热功率要求外，应按电晕起晕条件进行校验，一般情况下地线表面静电场强与起晕场强之比不宜大于 0.8。

第二节　典　型　案　例

案例一　一般单、双回路的常规导线选择

特高压交流输电线路工程中，单、双回路导线选择主要受电磁环境控制，经年费用最小法比选确定。跳线及进线档、换位塔、分体塔导线选型应特殊考虑。

1. 相导线组合方案初选

选择比选导线。根据系统输送容量要求和最大负荷利用小时数，结合经济电流密度，估算满足输送功率所需的导线总截面，以此为基础初选相导线组合方案（分裂根数和单根截面）。因特高压工程的重要性和较高的安全可靠性要求，故应选择具有成熟制造和运行经验的导线种类，以往工程的经验也可作为初选导线参考。

锡盟山东工程系统提供输送功率为 $2\times4000\text{MW}\sim2\times6000\text{MW}$，功率因数 0.95，则每相电流为 2431～3646A，经济电流密度的参考值取 $0.9\text{A}/\text{mm}^2$（经济电流密度已经不能用于决定最优导线截面，此仅作为导线截面的初选参考），则导线总截面为 2701～4052mm²；若按事故时每回极限输送功率 8000～12000MW 考虑，则每相电流为 4862～7292A，所选导线组合的允许载流量应满足事故时每回极限输送功率要求。

在特高压线路中，为解决电晕问题，需要比超高压工程更多的导线分裂根数或更大的导线截面，已经建成的特高压交流输电线路工程导线均采用 8 分裂方式，

分裂间距为 400mm，据此以 8 分裂为主要组合，组成 6×JL1/G3A－900/40、7×JL1/G1A－800/55、8×JL1/G1A－500/45、8×JL1/G1A－630/45、8×JL1/G1A－710/50、9×JL1/G1A－500/45、10×JL1/G1A－400/35 等 7 种导线组合方案，进行电气、机械性能和年费用的比较分析。

对于常规条件下的输电线路，机械性能主要比较弧垂特性、悬点应力、铝股应力、过载能力、风偏、导线对杆塔荷载影响和对绝缘子和金具串的影响等内容，电气性能主要比较载流量、电磁环境、电能损耗等三方面内容。钢芯铝绞线已有丰富运行经验，其机械性能均可满足常规工程可靠性要求，主要体现在具体工程中对经济性的影响，将在年费用比较分析中考虑。导线载流量方面，在运行温度 80℃时，7 种导线组合方案均基本能满足 12000MW 极限输送功率的要求；在运行温度 70℃时，所有参选导线均能满足正常输送功率 6000MW 的要求，$N-1$ 事故极限输送功率仅 8×JL1/G1A－710/50 能满足要求；考虑到锡盟胜利工程全线各变电站段均达极限输电功率的概率性极低，因此，锡盟胜利工程仍按允许运行温度 70℃条件推荐导线截面。本案例侧重电磁环境和年费用进行介绍。

2. 双回路导线选择

由于双回路导线数目较单回路多一倍，排列方式复杂多样，单、双回路的区别主要体现在电磁环境方面。

塔头尺寸越小，电磁环境问题越突出。锡盟胜利工程电磁环境计算时，选择前期杆塔规划的最小尺寸的双回路塔型作为计算模型。

计算得到采用不同导线的电磁环境计算结果见表 2－4－1。

表 2－4－1　不同导线结构电磁环境参数比较（双回Ⅰ串逆相序，海拔 500m）

导线结构	6×JL1/G1 A－900/40	7×JL1/G1 A－800/55	8×JL1/G1 A－710/50	8×JL1/G1 A－630/45	8×JL1/G1 A－500/45	9×JL1/G1 A－500/45	10×JL1/G1 A－400/35
导线表面最大电场强度（kV/cm）	16.70	15.73	15.28	15.99	17.17	16.17	16.51
导线表面起晕场强（有效值）（kV/cm）	19.89	19.96	20.07	20.19	20.42	20.42	20.66
导线表面电场强度/全面电晕电场强度	0.84	0.79	0.76	0.79	0.84	0.79	0.80
无线电干扰 dB（μV/m）	59.38 *	55.84	52.77	53.45	55.35	52.22	50.95
可听噪声 dB（A）	58.45 *	55.71 *	53.32	54.31	56.62 *	53.73	53.25

续表

导线结构	6×JL1/G1A−900/40	7×JL1/G1A−800/55	8×JL1/G1A−710/50	8×JL1/G1A−630/45	8×JL1/G1A−500/45	9×JL1/G1A−500/45	10×JL1/G1A−400/35
无线电干扰限值 dB（μV/m）	58dB（μV/m）距边导线地面投影外 20m，2m 高度处						
可听噪声限值 dB（A）	55 dB（A）距边导线地面投影外 20m 处						

* 超规范标准。

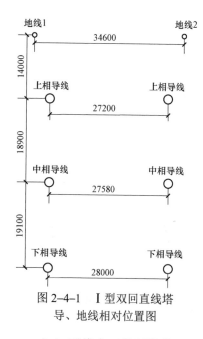

图 2−4−1　Ⅰ型双回直线塔
导、地线相对位置图

Ⅰ型双回直线塔的导、地线相对位置关系如图 2−4−1 所示，以该塔为基本模型，由表 2−4−1 数据可知：

（1）7 种导线组合的导线表面最大场强均不超过起晕场强的 85%，因而导线表面场强对导线的选择不起控制作用。

（2）6、7 分裂数导线不能满足电磁环境限值的要求；9、10 分裂数导线组合虽满足电磁环境限值，但分裂数太多，金具制造、安装、施工、运行等方面均不便；8 分裂导线组合（8×JL1/G1A−630/45 和 8×JL1/G1A−710/50）满足电磁环境限值，相对具有优势。

锡盟胜利工程全线海拔高度 1000~1500m，电磁环境计算值在表 2−4−1 基础上按以下原则进行修正：

（1）无线电干扰以海拔 500m 为起点，海拔每 300m 增加 1 dB（μV/m）。

（2）可听噪声以 500m 为起点，海拔每 300m 增加 1dB（A）。

（3）研究表明，按现行 BPA（美国邦纳维尔电力管理局）公式得到的特高压交流线路可听噪声计算值比实测值偏大，可按降低 2dB（A）进行修正。

通过修正，双回路采用 8×JL1/G1A−630/45 导线组合，在满足电磁环境（可听噪音、无线电干扰）限值条件下，典型双回路塔可适用至海拔 1200m。不同海拔的双回路导线均可选择 8×JL1/G1A−630/45 导线，但海拔大于 1200m 时，需根据导线平均对地高度要求对双回路塔头最小尺寸（水平相间距、垂直相间距）合理组合控制。经电磁环境计算分析后，选择 8×JL1/G1A−630/45 和 8×JL1/G1A−710/50 导线进一步开展年费用比较分析。

锡盟胜利工程分别按每回 4000、5000、6000MW 3 种输送功率,电价水平 0.3、0.4、0.5 元/kWh,损耗小时数 2700、3200、3750h 等组合成 27 种边界条件计算年费用值分析得出:

(1)输送功率 4000、5000MW 时,8×JL1/G1A-630/45 导线较 8×JL1/G1A-710/50 导线年费用低 0.33~4.25 万元/km,输送功率越低、电价越低,8×JL1/G1A-630/45 导线的年费用优势越明显。

(2)输送功率 6000MW 时,8×JL1/G1A-710/50 导线仅在高电价水平下略有优势,其余导线组合中,仍是 8×JL1/G1A-630/45 导线组合为优。

综合考虑,双回路导线选择 8×JL1/G1A-630/45 钢芯铝绞线。海拔大于 1200m 时,根据导线平均对地高度要求对双回路塔头最小尺寸(水平相间距、垂直相间距)进行合理组合控制。

3. 单回路导线选择

(1)电磁环境。选择本工程前期规划的悬垂串 IVI 水平排列单回路塔作为基本模型,串长及布置如图 2-4-2 所示,导线分裂间距为 400mm。

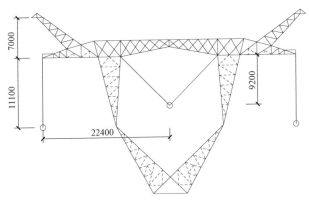

图 2-4-2 IVI 水平排列单回路直线塔

同双回路计算分析,对于图 2-4-2 所示的 1000kV 单回路直线塔,满足电磁环境限值的 8 分裂导线组合(8×JL1/G1A-500/45 和 8×JL1/G1A-630/45)相对具有优势。

经海拔修正后,在海拔 0~1500m 范围内,对于图 2-4-2 所示的单回路杆塔采用 8×JL1/G1A-500/45 和 8×JL1/G1A-630/45 均能满足无线电干扰、可听噪声要求。对于单回路耐张塔,导线采用 8×JL1/G1A-500/45 和 8×JL1/G1A-630/45,在不同海拔下,需根据导线平均对地高度要求,对单回路塔头最小尺寸(水平相

间距、垂直相间距）合理组合控制。单回耐张塔相间距如图 2-4-3 所示，
8×JL1/G1A-500/45 导线和 8×JL1/G1A-630/45 导线的耐张塔塔头尺寸分别见表
2-4-2 和表 2-4-3。

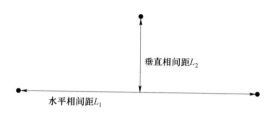

图 2-4-3　单回耐张塔相间距示意图

表 2-4-2　　　　8×JL1/G1A-500/45 导线的耐张塔塔头尺寸

海拔 （m）	水平相间距 L_1 （m）	垂直相间距 L_2 （m）	平均对地高度 （m）	参考点噪声 [dB（A）]	参考点无线电 [dB（μV/m）]
500	20	14	25	55.0	53.8
			30	54.3	54.1
1000	25	14	25	55.0	53.3
			30	54.2	53.5
1500	30	15	25	54.9	53.0
			30	54.1	53.0

注　计算结果为修正后结果［修正即噪声减 2dB（A），无线电干扰也做相关修正］。

表 2-4-3　　　　8×JL1/G1A-630/45 导线的耐张塔塔头尺寸

海拔 （m）	水平相间距 L_1 （m）	垂直相间距 L_2 （m）	平均对地高度 （m）	参考点噪声 [dB（A）]	参考点无线电 [dB（μV/m）]
500	20	14	25	53.0	51.3
			30	52.2	51.5
1000	20	14	25	54.6	52.9
			30	53.9	53.2
1500	24	14	25	54.9	52.8
			30	54.1	52.9

注　计算结果为修正后结果［修正即噪声减 2dB（A），无线电干扰也做相关修正］。

经电磁环境计算分析,选择 $8 \times JL1/G1A - 500/45$ 和 $8 \times JL1/G1A - 630/45$ 导线进一步开展年费用比较分析。

（2）年费用比较。按每回 4000、5000、6000MW 3 种输送功率,电价水平 0.3、0.4、0.5 元/kWh,损耗小时数 2700、3200、3750h 等组合成 27 种边界条件计算年费用值分析可知,每回输送功率 4000MW 或 5000MW、年损耗小时数较低、电价较低时,采用 $8 \times JL1/G1A - 500/45$ 导线年费用优势明显;在正常输送功率 5000MW 以上,随着年损耗小时数或电价的提高,采用 $8 \times JL1/G1A - 630/45$ 导线的工程年费用优势逐渐体现。

此结论与浙北福州工程轻冰区、试验示范工程单回路采用 $8 \times JL/G1A - 500/45$ 相吻合。根据该工程输送功率、损耗小时数和电价情况,同时考虑到与同塔双回路推荐导线的一致性,10mm 冰区单回路段推荐采用 $8 \times JL/G1A - 630/45$ 导线,分裂间距 400mm。

4. 跳线及进线档、换位塔和分体塔导线选型

跳线及进线档、换位塔、分体塔导线主要由电磁环境控制,经技术经济比较,双回路耐张塔跳线、进出线档导线、换位塔及分体塔软跳线采用 JLK/G1A - 725（900）/40 钢芯扩径铝绞线;单回路跳线及进线档、换位塔导线型号与单回路导线型号保持一致。

案例二 大跨越工程导、地线的选择

大跨越工程导线选择与常规线路导线选择的方法基本一致,但大跨越线路档距大,跨越塔高度对大跨越工程建设投资影响越大,因此,需考虑采用抗拉强度大的导线以减小弧垂,从而降低跨越塔的高度,达到减少投资的目的。同时,所选导线应具有足够的强度储备。大跨越导线的选择还应关注其导、地线的耐振性能,使其满足导、地线的疲劳要求。根据大跨越设计和运行经验,一般特强钢芯铝合金绞线的平均运行应力可取为其破坏应力的 20%,铝包钢绞线的平均运行应力可取为其破坏应力的 22%。

（一）试验示范工程汉江大跨越工程导、地线的选择

1. 导线选择

试验示范工程汉江大跨越的跨距约 1650m,考虑大跨越导线选择的特殊要求,结合以往大跨越的设计和运行情况,初选以下几种相导线组合方案,其参数见表 2 - 4 - 4。

表 2-4-4

参选导线技术特性表

项目 \ 导线型号	AACSR/EST-410/150	AACSR/EST-410/185	AACSR/EST-450/200	AACSR/EST-500/230	AACSR/EST-540/240	AACSR/EST-580/260	JLB30-465	JLB30-510
序　号	1	2	3	4	5	6	7	8
分裂根数	8	8	8	6	6	6	8	8
分裂间距（mm）	500	500	500	550	550	550	500	500
结构根数×直径 钢（铝包钢）	37×2.29mm	19×3.53mm	37×2.64mm	37×2.8mm	37×2.9mm	37×3.0mm	37×4.0mm	37×4.2mm
结构根数×直径 铝合金	38×3.7mm	42×3.53mm	42×3.7mm	42×3.9mm	42×4.05mm	42×4.2mm		
截面积（mm²） 钢	152.39	185.95	202.54	227.83	239.36	261.54	265.03	292.19
截面积（mm²） 铝合金（铝）	408.58	411.05	451.59	501.73	541.07	581.89	199.93	220.42
截面积（mm²） 总截面	560.97	597	654.13	729.56	780.43	843.42	464.96	512.61
外径（mm）	30.83	31.77	33.3	35.2	36.29	37.8	28.0	29.4
单位质量（kg/km）	2324.0	2596	2851.64	3188.3	3389.1	3663.0	2660.6	2933.3
弹性系数（N/mm²）	91672	97050	96800	97158	96405	96800	118800	118800
线膨胀系数（1/℃）	16.53×10⁻⁶	15.99×10⁻⁶	16.01×10⁻⁶	15.98×10⁻⁶	16.05×10⁻⁶	16.0×10⁻⁶	13.8×10⁻⁶	13.8×10⁻⁶
计算拉断力（N）	364900	408400	456180	511200	541450	594500	368250	405990
拉重比（T/W km）	16.0	16.05	16.29	16.36	16.3	16.56	14.1	14.1
铝钢比	2.68	2.21	2.23	2.21	2.21	2.22	0.75	0.75
20℃直流电阻（Ω/km）	0.08231	0.08184	0.074851	0.06730	0.06243	0.05781	0.1261	0.1144
最高允许温度（℃）	90	90	90	90	90	90	100	100
载流量（A）	936	947	1004	1074	1128	1184	701	746

（注：线膨胀系数栏中 16.53×10^{-6} 等）

大跨越导线的选择需经过电气性能、机械性能和全寿命周期年费用比较，具体比选过程和方法与常规单双回路相同，结论如下：

（1）序号 1 导线是 AACSR/EST-410/150，相导线采用 8 分裂，相对其他铝合金导线截面较小，过载能力低，其平均运行应力控制在较低水平才能满足覆冰和验冰时的安全系数的要求，导致直线跨越杆塔增高，钢材量增加，总投资也随之增加。该导线载流量与一般线路匹配较好，本体投资比其他 8 分裂导线方案少。

（2）序号 2 导线是 AACSR/EST–410/185，相导线采用 8 分裂，其机械性能略优于序号 1 导线，但平均运行应力较低，导致直线跨越杆塔增高，本体投资增加，虽然损耗比序号 1 导线有所减小，但经济性能比序号 1 导线差。

（3）序号 3 导线是 AACSR/EST–450/200，相导线采用 8 分裂，导线强度比序号 1 导线强，直线跨越塔高虽然有所降低，但导线用量增加，杆塔三维负荷在所有方案中是最高的，仅导线投资就增加约 78 万元。由于铝截面较大，载流能力高，电能损耗小，所以年运行费用相对较低。

（4）序号 4 导线是 AACSR/EST–500/230，相导线采用 6 分裂，导线的总投资较少，导线荷载较小，杆塔耗钢量最少，本体投资优势较大。一般线路导线温升采用 70℃，该导线载流量与之匹配较好。电能损耗相对略大，但年运行费增加不多。综合考虑本型号导线总体优势较大。

（5）序号 5 导线和序号 6 导线也为 6 分裂结构，截面比序号 3 导线大，分裂根数较少，两种导线强度大，机电特性好。可减少架线工程量，方便施工、运行。相对序号 2、序号 6 和序号 7 导线，线路总重量较 8 分裂导线减轻约 2%～5%。序号 5 较序号 4 年运行费用低，但本体投资较序号 4 导线高，经济性能不如序号 4 导线。

（6）序号 7 导线和序号 8 导线采用 30%IACS 导电率铝包钢绞线，其覆冰和验冰时的安全系数以及过载能力均较低，机、电特性比铝合金线差，导致跨越杆塔高度增加。因为导线重量增加较多，导线荷载较大，杆塔耗钢量增加，总投资增加很多。且其交流电阻大，电能损耗较大，故年运行费用较高。

综合考虑 8 种比选导线的电气、机械和经济性能，序号 4 的 6×AACSR/EST–500/230 导线电气、机械性能均能满足工程要求，经济性能最好，在试验示范工程汉江大跨越中使用该导线。

2. 地线选择

架空地线的主要作用是防止送电线路遭受雷击的侵害，由于地线架设在导线上方，因此，要求其机械强度高，地线的拉力重量比应大于导线，并具有一定的导电性以及足够的热容量。

（1）大跨越地线选择原则。参照 500kV 大跨越相关规程、规定，大跨越地线拟按以下原则选择：

1）安全系数高于导线安全系数，合理控制年平均运行应力。

2）良好的耐振性能和防腐蚀性能。

3）验算气象条件下的应力不大于破坏应力的 60%。

4）地线电晕满足要求。

5）绞线单丝线径不宜过小，以免产生雷击断股。

6）满足短路时的热稳定。

（2）地线类型。大跨越工程的架空地线一般采用镀锌钢绞线和铝包钢绞线。以往没有特殊要求的大跨越地线多采用镀锌钢绞线，其抗腐蚀能力较差，虽然近年来发展了5%铝锌合金稀土镀层钢绞线，但其抗腐蚀能力仍比不上铝包钢绞线。

用于地线的钢芯铝合金绞线，由于其铝钢比太小，铝部应力分配偏大，容易造成铝丝疲劳断股，因此在大跨越工程中很少采用。

铝包钢绞线由于其机械强度高，抗腐蚀性能好，也满足短路时热稳定的要求，适用于大跨越工程作为地线使用。

（3）参选地线的特性比较及推荐意见。试验示范工程汉江大跨越选择了8种（14%IACS～27%IACS）不同导电率的铝包钢绞线进行计算和特性比较，见表2-4-5。

表2-4-5　　　　　　　　　参选地线技术特性表

地线型号 / 项目	JLB14-210	JLB14-240	JLB20B-240	JLB23-240	JLB27-240	JLB20A-260	JLB23-260	JLB20A-260
序号	1	2	3	4	5	6	7	8
结构根数×直径（mm）铝包钢	19/3.75	19/4.1	19/4.0	19/4.0	19/4.0	19/4.2	19/4.2	37/3.0
截面积（mm²）铝	27.28	31.04	59.69	71.63	88.34	65.81	78.98	65.38
截面积（mm²）钢	182.57	207.72	179.07	167.13	150.42	197.41	184.26	196.15
截面积（mm²）总截面	209.85	238.76	238.76	238.76	238.76	263.23	263.23	261.53
外径（mm）	18.75	20.0	20.0	20.0	20.0	21.0	21.0	21.0
单位质量（kg/km）	1519.3	1728.6	1595.5	1518.0	1430.8	1769.41	1673.6	1740.58
综合弹性系数（N/mm²）	173000	173000	147200	141300	133000	147200	141300	147200
综合线膨胀系数（1/℃）	12.0×10^{-6}	12.0×10^{-6}	13.0×10^{-6}	12.9×10^{-6}	13.40×10^{-6}	13.0×10^{-6}	12.9×10^{-6}	13.0×10^{-6}
保证拉断力（kN）	319	362.9	315.2	291.3	257.85	310.6	321.14	350.45
拉重比（T/W）	20.99	20.99	19.76	19.19	18.02	17.55	19.19	20.23

地线型号 项目	JLB14－210	JLB14－240	JLB20B－240	JLB23－240	JLB27－240	JLB20A－260	JLB23－260	JLB20A－260
铝钢截面比	0.15	0.15	0.333	0.428	0.587	0.333	0.428	0.333
使用破坏应力（MPa）	1444	1444	1254	1159	1026	1121	1159	1273
平均运行应力（MPa）/抗拉强度百分比 σ_b（%）	218/15.1	218/15.1	201/16.0	192/16.6	181/17.6	202/18.0	193/16.65	200.8/15.8
最大使用应力/安全系数	417.1MPa/3.46	398.74MPa/3.62	382.27MPa/3.28	373.67MPa/3.10	362.48MPa/2.83	371.11MPa/3.02	362.52MPa/3.20	371.61MPa/3.43
验冰应力（MPa）/抗拉强度百分比 σ_b（%）（30mm）	787.48/54.5	730.16/50.6	713.43/56.9	704/60.7	691.07/67.4	677.48/60.4	668.61/57.7	680.68/53.4
平均气温弧垂（m）	111.41	111.41	111.52	111.08	111.06	111.63	111.15	111.18
覆冰过载能力（mm）/抗拉强度百分比 σ_b（%）	35/59.3	36/59.6	33/59.2	31/59.5	<28/60.0	31/59.6	33/59.9	35/59.7

　　参选的 8 种地线中，IACS 导线率低的铝包钢铰线（加序号 1、2 的 14%IACS 导电率的导线）强度较高，弧垂的调整范围大，与导线较容易配合，但铝层包覆厚度较小，施工中保护措施不当容易损伤铝层。IACS 导电率高的铝包钢铰线强度低，如序号 5 地线为 27%IACS 导电率，其强度较低，过载能力较差，验算条件下应力超过了 60%破坏应力，不适于采用。其他（20%～23%）IACS 的铝包钢地线的弧垂特性、过载能力等指标均较高，能满足工程要求，安全系数大于 3.0，技术参数均满足导、地线配合的要求。序号 4 及序号 6 地线在验算条件下的应力超过了其破断应力的 60%，稍有超标，强度略显不足，而序号 3 为 20%IACS 的 JLB20－240 地线，与序号 7、序号 8 的弧垂特性、过载能力、安全系数以及导电率等参数均能满足工程要求。但序号 3 地线比序号 7 及序号 8 单重轻 5%～9%，外径略小，而张力强度也较小，使杆塔荷载较小，相对较为经济。参选地线全部满足地线电晕要求。

　　综上，试验示范工程汉江大跨越采用了序号 3 的 JLB20B－240 铝包钢地线。

3. OPGW 选择

　　试验示范工程汉江大跨越沿用一根铝包钢地线和一根 OPGW 的双地线形式，

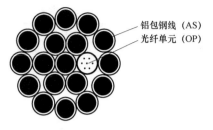

铝包钢线（AS）

光纤单元（OP）

图 2-4-4　二层不锈钢层绞式
OPGW 典型结构图

对 OPGW 与地线的匹配性提出了很高的要求。基于国内生产厂家对不锈钢管型 OPGW 的生产工艺水平已达到国际先进水平，产品质量得到了充分的保证和运行的检验的情况，该大跨越 OPGW 结构形式采用不锈钢管层绞式结构，如图 2-4-4 所示。

根据通信技术参数要求，参照地线参数，汉江大跨越采用不锈钢管层绞式 OPGW-24B1-256 光纤复合架空地线，外层单丝直径不小于 4.0mm。

该型 OPGW 的弧垂、应力与导、地线能较好地匹配，外层单丝直径满足防雷要求。

（二）皖电东送工程长江大跨越导、地线的选择

1. 导线选择

皖电东送工程长江大跨越主跨档距 1817m，设计单位曾根据工程特点选取了 8 分裂和 6 分裂（大跨越塔头尺寸和线间距离大，6 分裂导线本身的截面较 8 分裂大，大跨越导线采用 6 分裂型式能满足电磁环境要求）的多种相导线组合方案，进行跨越塔塔高、杆塔水平荷载与垂直荷载、纵向张力及电能损耗、材料价格等计算，并用全寿命周期内年费用最小法按不同电价、利率对年费用进行计算分析比较，在参与比选的 8 分裂导线中，以 8×AACSR/EST-450/200 的年运行费用最低；6 分裂导线中，6×AACSR/EST-640/290 的年运行费用最低。二者比较，6×AACSR/EST-640/290 较 8×AACSR/EST-450/200 的年运行费用更低些。所以从总体上看 6×AACSR/EST-640/290 最优。

另从施工、运行维护上看，6 分裂也较 8 分裂要容易些；从制造上看，AACSR/EST-640/290 已在 500kV 荆州—益阳的李埠长江大跨越和沅水大跨越以及 500kV 益襄线洪家洲湘江大跨越、500kV 襄樊电厂刘集汉江跨越中使用过，已积累了相对成熟的经验。

铝包钢绞线由于其年损耗费用太高，因此其年运行费用也较特强钢芯铝合金绞线高出很多，该大跨越工程中不予采用。

通过对各种导线进行载流量、电气性能、机械性能及制造条件等方面的计算分析，并进行技术经济比较，本跨越工程导线采用 6×AACSR/EST-640/290 特强钢芯高强铝合金绞线，该导线在国内的制造、施工都具备条件，满足电磁环境等方面的要求，同时满足过负荷、过载能力的要求，且投资省、年运行费用低。

2. 地线选择

地线的作用主要是防止输电线路遭受雷击的侵害，此外，OPGW 光缆还承担着特高压输电系统通信的功能。因此要求地线的机械强度高、耐振和耐腐蚀性好，并具有一定的导电性和足够的热容量。皖电东送工程根据通信要求，两根地线均采用 OPGW 光缆。

大跨越地线选择主要有电气和机械两方面的要求。

（1）电气性能方面，需满足地线电晕要求，承担系统短路时电流和雷击时的冲击电流。大跨越地线的截面由于总的机械强度要求远大于一般线路，故不受热稳定条件的限制。

（2）机械性能方面，通常情况下，大跨越地线受机械强度方面的要求控制。为了求得和导线的最佳配合，在拉力重量比上宜稍大于导线，以避免地线顶架过高而造成工程投资增加，同时，大跨越工程的地线要求有较长的运行寿命，而地线在江面上跨越，湿度比一般线路高，故应重视地线的防腐性能。

由于铝包钢绞线具有耐腐蚀、导电性能好、寿命长等优点，可以代替镀锌钢绞线成为新一代产品，我国从 20 世纪 70 年代西北地区的 330kV 刘关线起及以后的 500kV 元锦、±500kV 天广线、南京长江大跨越、镇江大跨越、大胜关大跨越、珠江大跨越等工程都选用铝包钢绞线。据有关厂家做耐腐试验结果表明，铝包钢绞线是钢绞线耐腐蚀性能的 10.6～12.4 倍。

从价格来看，同样截面镀锌钢绞线的价格较 20%IACS 导电率的铝包钢绞线贵。考虑机械特性要求，选用 14%左右 IACS 导电率的铝包钢线作为 OPGW 绞线材料。

由于本工程大跨越 OPGW 设计覆冰为 20mm，验算覆冰厚度为 30mm，较可研阶段覆冰厚度要求有所提高，因此 OPGW 的过载能力要求也相应提高，为了与导线相配合，在增加可研阶段杆塔地线顶架高度的前提下，选用适配相宜的大截面 OPGW 光缆。为此，工程选择 OPGW－350（导电率 14% IACS）和 OPGW－390（导电率 20% IACS）两种光缆与导线进行配合比选。

从两种光缆配合各种导线来看，与两种光缆相匹配的顶架高度相当，故从经济性和施工角度考虑后，确定选用 OPGW－350 光缆，OPGW－350 光缆结构图如图 2－4－5 所示，特性参数见表 2－4－6。 图 2－4－5　OPGW－350 结构图

表 2-4-6　　　　　　　　　　　　　OPGW-350 特性参数表

规　格 项　目	OPGW-350
芯数（芯）	单模 24 芯
缆径（mm）	24.7
结构（铝包钢线）	$5 \times 3.5 + 12 \times 3.5 + 18 \times 3.5$
总截面（mm²）	347.49
极限抗拉强度（UTS）（kN）	≥523.5
短路电流容量（kA²S）	402.3
单位重量（kg/km）	2553
线性膨胀系数（10^{-6}/℃）	12.0
弹性模量（MPa）	170100

（三）北环淮河大跨越工程导、地线的选择

北环淮河大跨越工程位于淮南—南京段，主跨越档距 1503m，次跨越档距分别为 604、524m，跨越段全长为 2631m。

北环淮河大跨越在国内首次采用特高强钢芯高强铝合金绞线 JLHA1/G6A-500/230，该导线钢芯采用 G6A 级镀锌钢丝，钢丝抗拉强度 1910MPa，较以往大跨越工程常用的 G4A 级钢丝强度提高 7.9%，钢丝直径、单重与常规钢丝相同，由于导线额定拉断力提高，较常规导线降低跨越塔呼高 12m，有效降低了工程投资。

两根地线采用 36 芯 OPGW-300，在直线跨越塔和两岸耐张塔（锚塔）之间再架设两根 JLB14-300 铝包钢绞线。

（四）三个大跨越导线选择对比分析

本案例选择了跨越河流、建设时期、单双回路型式和输送容量各不相同的三个大跨越进行论述和对比。三个大跨越工程导线选择的边界条件汇总见表 2-4-7。

表 2-4-7　　　　　　　三个大跨越工程导线选择边界条件对比表

项目	试验示范工程汉江大跨越	皖电东送工程长江大跨越	北环工程淮河大跨越
档距	1650m	1817m	1503m
回路数	单回	同塔双回	同塔双回
基本风速，设计覆冰	30m/s，15mm	33m/s，15mm	30m/s，15mm

项目	试验示范工程汉江大跨越	皖电东送工程长江大跨越	北环工程淮河大跨越
额定输送容量	5000MW	6500MW	3500～4000MW
$N-1$ 时输送容量	9000MW	12000MW	7000～8000MW
功率因数	0.95	0.95	0.95
年损耗小时数	4000h	3750h	3200、3750h

导线选择结论汇总见表 2-4-8。

表 2-4-8　　　　　　　　三个大跨越所选导线参数对比表

项　目　　　导线型号		AACSR/EST-500/230	AACSR/EST-640/290	JLHA1/G6A-500/230
大跨越工程		试验示范工程汉江大跨越	皖电东送工程长江大跨越	北环工程淮河大跨越
分裂根数		6	6	6
分裂间距（mm）		550	550	550
大跨越最大允许温度（℃）		90	90	90
股数×线径（mm）	铝合金	42×3.90	42×4.40	42×3.90
	钢股	37×2.8	37×3.14	37×2.79
截面积（mm²）	铝合金	501.73	638.62	501.73
	钢	227.83	286.50	226.20
	总截面	729.56	925.12	727.93
导线直径 D（mm）		35.2	39.58	35.13
单位质量（kg/km）		3188.3	4017.0	3173.5
计算拉断力（kN）		511.2	645.3	571.3
弹性系数（GPa）		97.16	96.81	97.16
线膨胀系数（$\times 10^{-6}$/℃）		15.98	16.01	15.98
20℃直流电阻 R_{20}（Ω/km）		0.06730	0.05268	0.06723
铝钢比		2.21	2.23	2.22

　　三个大跨越工程均是在满足电气、机械性能的基础上，按全寿命周期理念，选择年费用较优的导线，导线选择结论有相同的部分也有不同的部分。通过以上对比分析可以看出，相同的主要是导线种类都采用特高强钢芯铝合金绞线，均采

用 6 分裂、550mm 分裂间距，导线最高允许运行温度 90℃。试验示范工程和皖电东送工程均采用 AACSR/EST 特高强钢芯铝合金绞线，其钢芯强度等级相当于 G4A 级，由于皖电东送工程输送容量更大，所选导线截面稍大。北环工程和试验示范工程均采用 500/230 截面型式，但北环工程建设较晚，导线制造技术的进步和经验的积累，使得北环工程有条件采用具有更高强度钢芯的 JLHA1/G6A 型导线，导线拉断力较试验示范工程提高约 11.8%，具有更好的经济性，充分体现了技术进步推动新材料、新技术应用的良好经济效益。

案例三　重覆冰区导、地线选择

（一）基本情况

重覆冰区线路经过的地形和气象条件复杂，其使用的导线在电气和机械性能两方面的要求都较轻冰区更为严格。由于重覆冰区往往海拔较高，导线可听噪声和无线电干扰等电磁环境问题更为突出。此外，重覆冰区线路易发生过载冰和不均匀冰引发的断线、断股事故，危及线路的安全运行，因此，要求导线要具有优良的机械特性，其型号选择与轻、中冰区有所不同。

（二）解决方案及措施

浙北福州工程全线冰区包括 10mm 轻冰区，15、20mm 中冰区和 20、30mm 重冰区。参照常规线路重覆冰设计经验，一般重覆冰（20mm）通常采用普通钢芯铝绞线，铝钢比为 6 左右；30mm 及以上冰区则改用钢芯铝合金绞线，既提高导线的抗冰能力，也可避免断股事故的发生。因此选取 JL/G1A－500/45、JL/G1A－500/65、JLHA2/G3A－500/45 等三种导线作进一步比选。

经统计，浙北福州工程杆塔排位情况，20mm 中、重冰区存在部分大档距、大高差情况，即使采用 JL/G1A－500/65 钢芯铝绞线，仍不能满足悬挂点应用要求，耐张段内导线需放松使用。针对实际情况，通过对采用 JL/G1A－500/65 钢芯铝绞线与采用 JLHA2/G3A－500/45 高强钢芯铝合金绞线进行对比分析，得出以下结论：

（1）采用 JL/G1A－500/65 钢芯铝绞线放松导线后，导线弧垂增大，但由于山区档距中央交叉跨越物较少，主要受塔位附近弧垂影响，因此对导线交跨距离影响有限。放松导线后，能满足各类交叉跨越距离要求，且塔高在规划范围内。

（2）采用 JLHA2/G3A－500/45 高强钢芯铝合金绞线，能满足悬挂点应力要求，且导线弧垂小。但由于 JLHA2/G3A－500/45 高强钢芯铝合金绞线的张力较 JL/G1A－500/65 钢芯铝绞线增大约 33%，使得耐张塔的纵向荷载增加，导致塔重增加；对于直线塔，由于导线纵向不平衡张力的增加，不利于铁塔的施工与运行安全。且由于弧垂性能过好，导致部分直线塔摇摆角不足。

（3）从经济角度而言，采用 JLHA2/G3A－500/45 的费用要高于采用 JL/G1A－

500/65。

（4）根据国网浙江电力运行经验，在 20mm 冰区不推荐采用钢芯铝合金绞线。

综上所述，JL/G1A－500/45 的弧垂特性和过载覆冰能力较差，仅用于 10、15mm 轻、中冰区。JLHA2/G3A－500/45 具有优良的机械特性，但是由于造价较高，经济性较差，故仅用于 30mm 重冰区。JL/G1A－500/65 钢芯铝绞线可满足 20mm 中、重冰区区段的导线弧垂及过载覆冰能力的要求，经济性较好，用于 20mm 中、重冰区。

（三）实施效果

浙北福州工程分冰区采用合适的导线，选择方法与常规方法差异不大，但需着重关注重冰区的特性，考虑过载、脱冰及对杆塔、经济的影响等问题，经年费用最小法比较确定，既保证了工程安全，又取得了较好的经济性。

案例四　试验示范工程特殊环境导、地线选择

（一）基本情况

试验示范工程输电线路在经过山西省至河南省交界段翻越太行山时，经过了太行山猕猴国家级自然保护区。本线路从猕猴保护区的实验区通过，路径长度约 1.5km。

（二）解决措施及效果

本工程开展环境评价后，原国家环境保护总局《关于〈晋东南—南阳—荆门百万伏级交流输变电工程环境影响报告书的批复〉》（环审〔2006〕92 号）中要求"确保通过保护区内的线路边相导线外 20m 处噪声满足 GB 3096—1993《城市区域环境噪声标准》0 类要求。"

按国家环境保护总局要求，通过猕猴保护区距线路边导线外 20m 处的可听噪声昼间不超过 50dB（A），夜间不超过 40dB（A）。

经专题研究，为了降低可听噪声满足猕猴保护区环保的要求，线路经过猕猴自然保护区段导线采用 8×ACSR－630/45 方案，相间距离需大于 23.2m，可听噪声可控制在 49.96dB（A）以内。工程实际采用铁塔相间距离不小于 25.5m，可听噪声为 47.7dB（A），满足猕猴保护区可听噪声低于 50dB（A）的要求。经过保护区线路长度约 1.5km，工程实施时将两端适当延长，实际采用 8×ACSR－630/45 线路长度 3km，减少了对猕猴区的影响。

案例五　节能导线应用

（一）节能导线简介

线路的电阻损耗 P 可用公式 $P=I^2R$ 表示，I 为线路输送电流，由线路输电容量决定；R 为线路电阻，它与导线的材料、结构有关。相对于常用的钢芯铝绞导线

而言，为降低线路电阻损耗以实现节能效果，我国主要从如下两方面开展工作：一方面采用铝合金芯替代钢芯，使导线整体直流电阻值降低，并且避免了交流输电时钢芯材料产生的磁滞损耗；另一方面采用高导电率铝材替代普通铝材，可使其导线整体直流电阻值降低。通过材料或结构更新后的新型节能导线主要有以下几种：

1. 钢芯高导电率铝绞线

铝的导电率除了与铝的状态（硬态、软态）有关外，与铝的纯度也相关。根据相关研究，纯铝的极限导电率约为64%IACS。但99.99%的高纯铝锭满足不了目前架空铝导线的市场需求，且其价格、成本约是普通铝锭的150%左右，缺乏商业价值，而软铝导线的强度和表面硬度等方面的缺陷，又阻碍了其全面推广使用。

在常规钢芯铝绞线的基础上，通过从晶粒细化、铝线冷拉拔过程的低缺陷控制以及敏感元素的精确控制，在保障铝线强度满足国标规定的LY9硬铝线条件下，铝线导电率可以达到63%IACS。以此开发的高导电率钢芯铝绞线，主要承力构件采用镀锌钢线，导体采用导电率63%IACS（对应电阻率0.027367Ω·mm^2/m）的硬铝线型，可降低线路的电阻损耗，节能效益明显，而其结构、机械性能及施工条件与普通钢芯铝绞线相同。

根据国家电网公司企业标准Q/GDW 632—2011《钢芯高导电率铝绞线》，钢芯高导电率铝绞线分为JL1（61.5%IACS）、JL2（62%IACS）、JL3（62.5%IACS）、JL4（63%IACS）四种，由于63%IACS的钢芯高导电率铝绞线制造难度较大，故通常采用61.5%IACS、62%IACS、62.5%IACS三种钢芯高导电率铝绞线。钢芯高导电率铝绞线结构如图2-4-6所示。

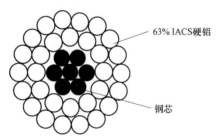

图2-4-6　钢芯高导电率铝绞线结构图

此种导线的拉丝和绞合技术与普通导线无异，根据目前制造成本及合理利润测算，其单位重量价格约高出普通钢芯铝绞线5%～10%。

2. 铝合金芯铝绞线

铝合金芯铝绞线采用53%IACS的高强度铝镁硅铝合金替代普通钢芯铝绞线中的钢芯和部分铝线，导线外部铝线与普通钢芯铝绞线的铝线相同，其结构图如图2-4-7所示。在等总截面应用条件下，基本无导电能力的9%IACS钢芯被铝合金芯替代，因此铝合金芯铝绞线的直流电阻比钢芯铝绞线小3%。同时铝合金芯铝绞线是铝基体材质，可避免由于磁滞损耗和涡流损耗带来的电能损失，对于输电线路的节能降耗具有积极的意义。另外铝合金芯铝绞线的单一铝基体材质，没有多金属的电化学腐蚀，耐腐蚀与钢芯铝绞线相比有所提高。

由于铝合金芯铝绞线单位长度质量轻，在满足与普通钢芯铝绞线相同载流量和对地高度的前提下，导线张力与垂直荷载可降低 7%～10%；另外铝合金芯铝绞线的单位重量价格约高出普通钢芯铝绞线 11%～18%，但该导线单位质量轻，其单位长度价格较普通钢芯铝绞线略高。

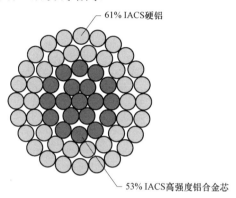

图 2-4-7　铝合金芯铝绞线结构图

3. 中强度铝合金绞线

GB/T 1179—2008《圆线同心绞架空导线》中的 LHA1 和 LHA2 为高强铝合金，导电率分别为 52.5%IACS 和 53%IACS，与普通钢芯铝绞线的导电率 61%IACS 硬铝线 LY9 相比，相同导线截面时直流电阻要增大 15%左右。

中强度铝合金绞线则采用 58.5%IACS 中强度铝合金材料，其结构图如图 2-4-8 所示。与等总截面的高强度铝合金线相比提高了导电率，降低了抗拉力；与等总截面的普通钢芯铝绞线相比，由于铝合金材料替代了钢芯，相当于增大了导线的导电截面，提高了导线导电能力。

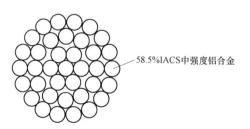

图 2-4-8　中强度铝合金绞线结构图

中强度铝合金绞线由于其在制造、设计、施工、运行等方面的诸多优点，已在世界上许多国家的输电线路上应用，特别是在日本、美国、法国等一些发达国家，通过采用非热处理工艺生产的铝合金线导电率可达 58.5%～59%IACS。在国内，中强度铝合金绞线全部采用 58.5%IACS 中强度铝合金材料，同样具有交流电阻小、耐腐蚀好等优点。

中强度铝合金绞线的单位重量价格大致高出普通钢芯铝绞线 18%～26%；由于其自重轻，单位长度价格较普通导线高出约 6%～13%。

（二）节能导线比选

就线路正常输送功率而言，8×JL1/G1A－500/45 导线即可满足要求，但对于一般同塔双回线路，其不能满足电磁环境限值要求，由此同塔双回线路段以 8×JL1/G1A－630/45 导线作为节能导线比选基准，选择的四种参选导线技术特性见表 2－4－9。

表 2－4－9　　　　　　　　　　参选导线技术特性表

导线型号		JL1/G1A－630/45	JL（GD）/G1A－630/45	JL/LHA1－465/210	JLHA3－675
国网企标对应型号		JL1/G1A－630/45	JL4/G1A－630/45	JL1/LHA1－465/210	JLHA3－675
根×直径	钢（铝合金）	7×2.81mm	7×2.81mm	19×3.75mm	
	铝（铝合金）	45×4.22mm	45×4.22mm	42×3.75mm	61×3.75mm
截面积（mm²）	钢（铝合金）/铝（铝合金）	43.4/629	43.4/629	209.85/463.88	0/673.73
	总截面	672.81	672.81	673.73	673.73
铝钢截面比		14.5	14.5	—	—
直径（mm）		33.80	33.80	33.75	33.75
单位质量（kg/km）		2078.4	2078.4	1864.2	1864.3
综合弹性模量（MPa）		63000	63000	55000	55000
综合线膨胀系数（×10⁻⁶/℃）		20.9	20.9	23.0	23.0
计算拉断力（N）		150190	150190	137020	161700
20℃直流电阻（Ω/km）		0.0455	0.0445	0.0446	0.0448
执行的标准		Q/GDW 632－2011	Q/GDW 632－2011	Q/GDW 1815—2012	Q/GDW 1816—2012

钢芯高导电率铝绞线、铝合金芯铝绞线和中强度铝合金绞线等三种节能导线具有与常规钢芯铝绞线相近似的稳定的机械、电气性能,相同的施工、运行便利性,并具有较突出的节能效果,因此,本案例主要从全寿命周期年费用方面进行节能导线选择,以输送功率 2×5000MW 为例,对应的年费用比较见表 2-4-10。

表 2-4-10　　　各导线方案年费用比较表(输送功率 2×5000MW)

导线型号		JL1/G1A-630/45		JL(GD)/ G1A-630/45		JL1/LHA1-465/210		JLHA3-675	
国网企标对应型号		JL1/G1A-630/45		JL4/G1A-630/45		JL1/LHA1-465/210		JLHA3-675	
导线外径(mm)		33.80		33.80		33.75		33.75	
20℃直流电阻(Ω/km)		0.0455		0.0445		0.0446		0.0448	
交流电阻(Ω/km)		0.0499		0.0492		0.0488		0.0489	
本体投资(万元/km)		703.72		717.13		708.75		723.16	
前一年投资(万元/km)		422.23		430.28		425.25		433.89	
后一年投资(万元/km)		281.49		286.85		283.50		289.26	
折算总投资(万元/km)		927.75		945.43		934.38		953.38	
维修费用(万元/km)		9.85		10.04		9.92		10.12	
单位长度功率损耗(kW/km)		397.3		387.0		384.5		385.3	
年损耗小时数(h)		3200	3750	3200	3750	3200	3750	3200	3750
年能耗(万 kWh/km)		127.14	148.99	123.84	145.13	123.04	144.19	123.30	144.49
年能耗差值(万 kWh/km)		0.00	0.00	-3.30	-3.86	-4.10	-4.80	-3.84	-4.50
年能耗费用(万元/km)	0.3 元/kWh	38.14	44.70	37.15	43.54	36.91	43.26	36.99	43.35
	0.4 元/kWh	50.85	59.60	49.54	58.05	49.22	57.68	49.32	57.80
	0.5 元/kWh	63.57	74.49	61.92	72.56	61.52	72.09	61.65	72.24
年能耗费用差值(万元/km)	0.3 元/kWh	0.00	0.00	-0.99	-1.16	-1.23	-1.44	-1.15	-1.35
	0.4 元/kWh	0.00	0.00	-1.32	-1.55	-1.64	-1.92	-1.54	-1.80
	0.5 元/kWh	0.00	0.00	-1.65	-1.93	-2.05	-2.40	-1.92	-2.25
年费用差额(万元/km)	0.3 元/kWh	0	0	0.77	0.61	-0.57	-0.78	1.41	1.21
	0.4 元/kWh	0	0	0.44	0.22	-0.98	-1.26	1.02	0.76
	0.5 元/kWh	0	0	0.11	-0.17	-1.39	-1.74	0.64	0.31

经年费用比较看出，JL4/G1A－630/45、JL1/LHA1－465/210、JLHA3－675三种节能导线的节能效果要明显优于普通钢芯铝绞线 JL1/G1A－630/45，且随着系统输送功率、年损耗小时数的增大，节能效果越明显。其中，铝合金芯铝绞线JL1/LHA1－465/210 的节能效果最明显，年费用也最低，且随单回输送功率越大、年费用相比越省。综合上述分析，选择铝合金芯铝绞线 JL1/LHA1－465/210 作为特高压交流输电线路工程节能导线的推荐型号。

（三）应用历程及效果

由于节能导线在国内的应用经验不及普通钢芯铝绞线丰富和成熟，在特高压交流输电线路工程中经历了从试点应用到开始推广应用的过程。

皖电东送工程选择约 28km 区段试用铝合金芯铝绞线新型导线。所采用的铝合金芯铝绞线 JL/LHA1－465/210 与钢芯铝绞线 JL/G1A－630/45 相比，具有输送容量大、损耗小、耐腐蚀、本体造价低、年费用整体较优。铝合金芯铝绞线电阻率低与钢芯铝绞线相比单位长度年损耗费用节省 1.4～3.16 万元/km。

榆横潍坊工程在石家庄～济南同塔双回路段采用 8×JL1/LHA1－465/210 铝合金芯铝绞线，长度200km 左右，气象条件为基本风速29、30m/s，设计覆冰 10mm。该段线路采用铝合金芯铝绞线与采用钢芯铝绞线相比，单位长度年损耗费用节省0.9～1.5 万元/km。

蒙西天津南工程在北京西—天津南段采用 8×JL/LHA1－465/210 铝合金芯铝绞线，同塔双回架设，长度近 200km，气象条件为基本风速 29m/s，设计覆冰 10mm。在单回输送功率不小于 4000MW、上网电价不小于 0.3 元/kWh、年损耗小时数不小于 3200h 的边界条件下，年费用为 128.82 万元/km，较 JL1/G1A－630/45 钢芯铝绞线节省 0.21 万元/km。

锡盟胜利工程全线采用 8×JL/LHA1－465/210 铝合金芯铝绞线，该工程首次按节能导线机械特性规划设计杆塔，杆塔和基础各降低约 2 万元/km，实现绝缘子和金具串强度与节能导线配套设计，耐张串由常规导线的 3×550kN 优化为3×420kN。不仅降低了建设期费用，还节省了运行损耗费用。

正在建设中的山东—河北环网工程除跨越南四湖段外，全线推广采用8×JL1/LHA1－465/210 铝合金芯铝绞线，气象条件包括基本风速27、30m/s，设计覆冰 10、15mm，是节能导线首次在特高压交流输电线路工程的中冰区应用。在单回输送功率 4000MW、上网电价 0.3 元/kWh、年损耗小时数 3200h 的边界条件下，年费用为 110 万元/km，较 JL1/G1A－630/45 钢芯铝绞线节省 1.7万元/km。

案例六　跳线选择

（一）问题描述

1. 跳线引接型式

为缩小特高压交流输电线路耐张塔的塔头尺寸，降低工程造价，我国自试验示范工程起的特高压交流输电线路工程均采用了刚性跳线，主要跳线型式为笼式刚性跳线。综合考虑硬跳线价格的变化、跳线对地距离控制和运行安全可靠性等方面因素，特高压交流输电线路工程主要采用了双 I 串笼式刚性跳线，如图 2-4-9 所示。

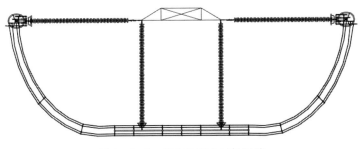

图 2-4-9　双 I 串笼式刚性跳线

2. 跳线选型问题

根据 1000kV 皖电东送工程的相关科研成果，单回路耐张塔跳线可采用与导线相同的型式，双回路耐张塔跳线采用与导线相同的 JL/G1A-630/45 钢芯铝绞线时，电磁环境无法满足有关标准要求。

（二）解决方案及措施

1. 跳线场强限值及电场分布

结合以往不同电压等级线路工程对导线表面场强控制的标准，锡盟胜利工程耐张塔跳线及配套金具场强计算限值应按不超过 2500V/mm 控制。

经对双回路耐张塔跳线的电场分布情况计算，如跳线采用与导线型号相同的钢芯铝绞线 JL/G1A-630/45，则 60° 耐张塔采用铝管硬跳线时跳线表面场强最高为 2762V/mm，笼式跳线外角侧一根子导线最高场强达到 2863V/mm。

为满足 2500V/m 的限值要求，耐张塔跳线若采用普通钢芯铝绞线，截面将达 900mm² 。由于表面场强主要受导线外径影响，为减轻跳线重量，选取了对 630mm² 截面和 720mm² 截面导线分别扩径至 900mm² 的两种导线方案进行的技术经济比较，双回路耐张塔跳线推荐采用钢芯扩径铝绞线 JLK/G1A-725（900）/40。

2. 跳线电磁环境分析

笼式刚性跳线由于电场分布复杂，因此，电晕问题至关重要。武汉高压研究院对南京线路器材厂的八分裂鼠笼式刚性跳线进行了电晕试验见表 2-4-11，1000kV 输电线路鼠笼式跳线试验布置如图 2-4-10 所示。

表 2-4-11   电 晕 试 验

气象条件	高度 （m）	电晕起始电压 （kV）	电晕熄灭电压 （kV）	起晕部位
$t_{\mp}$=32.0℃ $t_{湿}$=27.8℃ b=100.96kPa	21	983.2	915.5	南边第 1 个间隔棒

注　此电压下，未发现其他金具起晕。

图 2-4-10　1000kV 输电线路鼠笼式跳线试验布置图

从电晕试验结果可以看出，电晕起始电压及电晕熄灭电压均远大于 735.4kV（试验值优于限制值约 20%），表明鼠笼式刚性跳线满足电晕要求。但锡盟胜利工程最高海拔达 1800m，科研单位对笼型刚性跳线的电磁环境和跳线表面电场特性进行了进一步分析校核，推荐的双回路跳线方式在工程沿线各高海拔区，均满足电磁环境限值条件。

对于进出线档导线型号、换位塔及分体塔软跳线型号，根据相关计算结论，锡盟胜利工程双回路进线档导线采用 800mm² 截面即可满足电磁环境要求，换位塔和分体塔软跳线采用 720mm² 截面即可满足电磁环境要求。而考虑在满足电磁环境要求下，尽量减少导线采购规格和备品备件数量，同时便于线路施工和运行维护，进出线档导线型号、分体塔及换位塔软跳线选择与耐张塔跳线一致，也采用钢芯扩径铝绞线 JLK/G1A-725（900）/40。

（三）实施效果

通过采用钢芯扩径铝绞线 JLK/G1A-725（900）/40，既解决了双回路耐张塔跳线、进出线档导线、换位塔及分体塔软跳线等的电磁环境问题，又降低了导线重量和工程造价。

由于跳线选择时，仅以各种引流方式下某一特定转角度数的导线为研究对象，其余内容可参考 1000kV 皖电东送工程对 20°转角，0°转角鼠笼式，60°转角鼠笼式的内、外角侧及 60°转角铝管式的外角侧的研究结果：

（1）导线表面电场分布受跳线型式和转角度数影响较小，电场分布曲线类似，电场分布规律接近，绝大多数导线表面最高场强均在 2200V/mm 以下。

（2）耐张塔导线表面场强要低于同塔双回直线塔导线表面场强。

（3）跳线表面场强与跳线成型质量直接相关。

（4）鼠笼式跳线，其正八边形间隔棒线夹表面最高场强大部分都超过 2300V/mm。

（5）忽略螺栓等细小部件，重锤片表面最高场强在 1000V/mm 以下。

第三节　小　　结

输电线路导、地线的选择是立足使用环境条件，结合当时导、地线制造水平和运行经验，对输电线路的经济效益、环境效益和可靠性进行综合考量评估的过程。

针对常规单、双回路的导、地线选型方面。每回在输送功率 5000MW 以内时，常规单回路导线一般采用 8×JL/G1A-500/45 钢芯铝绞线，考虑未来输送容量增加，可采用 8×JL/G1A-630/45 钢芯铝绞线；同塔双回路综合经济性和电磁环境要求，采用 8×JL/G1A-630/45 钢芯铝绞线。地线截面按照短路电流分布曲线选择，一般能满足地线电晕要求。

针对大跨越导、地线选型方面，大跨越导线优先选择弧垂特性好、耐振性能优的导线，结合杆塔、金具和绝缘子等综合技术经济比较，选择年费用较低的导线，常用特强钢芯高强铝合金绞线。地线按照导、地线配合原则和防振要求进行选择。

针对重覆冰区导、地线选型方面，截至 2017 年，特高压交流输电线路工程中仅浙北福州工程经过了 30mm 重冰区，特高压交流输电线路工程的重冰区设计运行经验还有待进一步总结，高压和超高压工程中积累的丰富经验和成果可供后续特高压交流输电线路工程借鉴。

针对特殊环境的导、地线选择方面，案例四为满足猕猴保护区特殊电磁环境要求，采用增大导线截面方法，简单有效。后续工程类似情况也可采用扩径导线、优化调整塔头布置等措施，地线可不特殊考虑。其他特殊环境条件如环境腐蚀严重区域，不宜采用钢芯绞线和钢绞线，可采用铝包钢芯或铝合金芯类导线。

针对节能导线应用方面，节能导线在输送容量大、利用小时数长、电价较高时节能效益明显。目前特高压交流输电线路工程中已经过试点并具备推广条件的节能导线为 JL/LHA1 – 465/210 铝合金芯铝绞线。

针对跳线选择，单回路跳线一般能满足电磁环境要求，跳线尽量与导线保持一致，双回路跳线受电磁环境限制无法和导线型号保持一致，一般均采用 JLK/G1A – 725（900）/40 钢芯扩径铝绞线。

综合以上案例和已建线路情况，特高压交流输电线路工程单回路导线主要采用 8×JL/G1A – 500/45 钢芯铝绞线，少部分采用 8×JL/G1A – 630/45 钢芯铝绞线，为满足未来系统发展的输送容量需求，后续工程单回路导线建议按 630mm^2 截面设计；单回路地线主要采用 JLB20A – 170 铝包钢绞线或截面与之相近的 OPGW。

双回路导线主要采用 8×JL/G1A – 630/45 钢芯铝绞线；地线主要采用 JLB20A – 185 铝包钢绞线或截面与之相近的 OPGW。随着导线技术的进步，节能导线 JL/LHA1 – 465/210 铝合金芯铝绞线经历试点应用、扩大试点和推广，在后续工程中会得到更大规模应用，充分体现了特高压交流输电线路工程清洁绿色发展的理念；重覆冰、大跨越等特殊使用环境的导、地线主要向着更高强度和更高导电率方向发展，充分体现了特高压交流输电线路工程安全高效发展的理念。

第五章 绝缘子和金具串设计

在输电线路中，绝缘子和金具所占总体投资的比重不大，但由于其起着连接导线和铁塔的作用，且零部件多、连接方式多样，因此，绝缘子和金具的合理设计对于保障输电线路的安全运行非常重要。

目前国内输电线路用绝缘子主要有玻璃、瓷质和复合绝缘子三种。玻璃绝缘子具有零值自爆的特点及较好的抗污自洁能力，运行维护较为方便；瓷质绝缘子应用时间长，质量稳定，运行经验丰富；复合绝缘子造价低廉，具有免清扫、耐污能力强自恢复能力强、重量轻、造价低的特点，特别适用于污秽严重地区。

输电线路使用的金具串型式主要有耐张串、悬垂串、跳线串。耐张串根据导线荷载情况，可采用单联或多联型式；悬垂串通常采用 I 型串和 V 型串型式，在特殊地段可考虑使用 Y 型串；跳线串常见的有普通软跳线、笼式硬跳线及铝管式硬跳线等型式。

输电线路金具主要包括连接金具、接续金具、保护金具、拉线金具、线夹等。金具的失效和损坏将降低线路的可靠性，甚至引起掉串、掉线等事故。特高压交流输电线路由于电压等级高，还要求金具具有良好的防电晕性能，在 1000kV 线路工频电压下不产生可见电晕。

本章从介绍特高压交流输电线路常用串型及典型金具开始，对 Y 型绝缘子串、复合绝缘子的串长优化、防冰型复合绝缘子、大吨位绝缘子的应用、耐张复合绝缘子的试用、新型十字悬垂联板应用等典型案例进行阐述，介绍特高压交流输电线路在绝缘子和金具串设计中采用的方法和措施，供后续输电线路工程参考和借鉴。

第一节 主要串型及典型金具

特高压交流输电线路由于电压等级高、导线分裂数多，与高压/超高压线路相比，在金具串方面存在较多差异，下面介绍特高压交流输电线路主要使用的绝缘子金具串型。

一、悬垂串

悬垂串在线路正常运行工况下，承受垂直方向的荷载，通常采用 I 型串、V 型串。在特高压交流输电线路中，使用 V 型串与 I 型串相比，铁塔横担加长，铁塔单基钢材指标将增加 2%～3%，绝缘子片数增加一倍，但由于 V 型串对导线的偏移有限制作用，导线相间距离可减小 8m 左右，整个线路走廊宽度缩减，可减少房屋拆迁，减少树木砍伐，减小电磁环境影响程度等，同时还可减少杆塔高度。

通过综合比较，除部分特殊区段外，特高压交流输电线路在 10、15mm 冰区双回路导线悬垂串采用 I 型串，单回路中相采用 V 型串。

根据绝缘子联数、挂点数量形成不同的组合，特高压交流输电线路采用的悬垂串形式主要包括单联单挂点 I 型悬垂串、双联双挂点 I 型悬垂串、单联单挂点 V 型悬垂串、双联双挂点 V 型悬垂串。

悬垂串的典型结构型式如图 2-5-1 所示。

二、耐张串

特高压交流输电线路导线分裂数多，导线荷载大，耐张绝缘子串在正常运行情况下，各联绝缘子的张力分配应相等；在断线或断联情况下，应保持线路的正常运行，且剩余联能够承受冲击荷载而不至于破坏；当导线产生跳跃或舞动等动态情况时，各连接点（含铁塔上的连接点）应耐磨损和耐疲劳；当导线或绝缘子的长度存在误差或有变化时，对各联张力分配产生的差异有调整或自恢复的可能性；还要考虑跳线的引下设计，兼顾采用硬跳线时的设计方案。

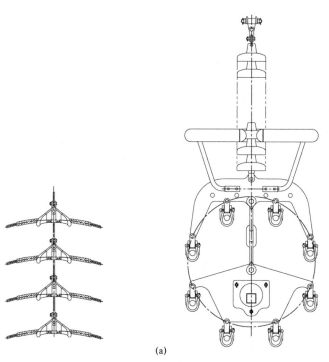

(a)

图 2-5-1 特高压交流输电线路典型悬垂串（一）

(a) 单联单挂点 I 型悬垂串

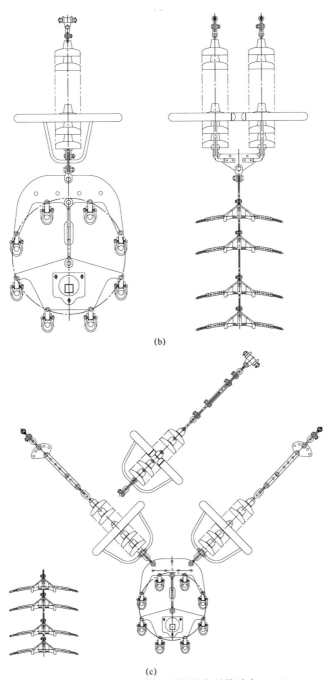

(b)

(c)

图 2-5-1　特高压交流输电线路典型悬垂串（二）

（b）双联双挂点 I 型悬垂串；（c）单联单挂点 V 型悬垂串

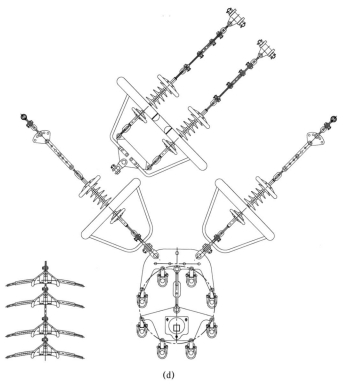

(d)

图 2-5-1　特高压交流输电线路典型悬垂串（三）

（d）双联双挂点 V 型悬垂串

特高压交流输电线路导线耐张串按绝缘子联数区分可分为双联耐张串、三联耐张串；其中双联耐张串采用单挂点（用于门型构架）和双挂点两种型式，三联耐张串均采用双挂点的型式。耐张绝缘子有正、倒装串型之分。

1000kV 特高压交流输电线路典型耐张绝缘子串结构型式如图 2-5-2 所示。

三、跳线串

为缩小耐张塔的塔头尺寸，通过综合比较硬跳线价格的变化、跳线对地距离控制和运行安全可靠性等方面因素，特高压交流输电线路采用笼式刚性硬跳线，硬跳线长度根据实际角度取值。

笼式刚性跳线导线支架可以多节钢管用法兰连接，安装运输方便，相比铝管式刚性跳线减少了导线的连接点。且采用笼式硬跳线比采用铝管式硬跳线每相节省约 1 万元。笼式刚性跳线串串图如图 2-5-3 所示。

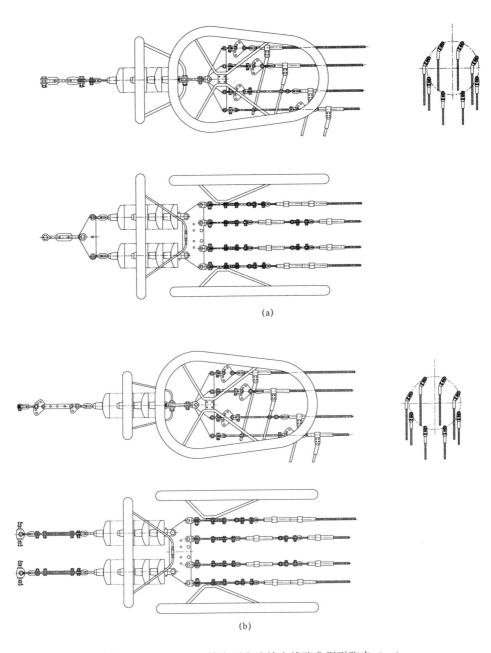

(a)

(b)

图 2-5-2　1000kV 特高压交流输电线路典型耐张串（一）

（a）双联单挂点耐张绝缘子串（直跳）；（b）双联双挂点耐张绝缘子串（直跳）

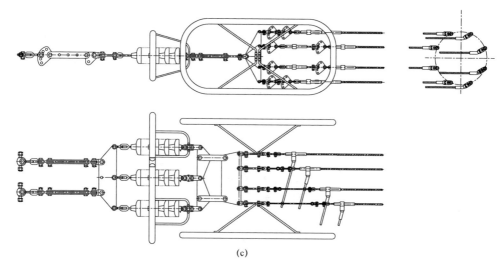

图 2−5−2　1000kV 特高压交流输电线路典型耐张串（二）

（c）三联双挂点耐张绝缘子串（直跳）

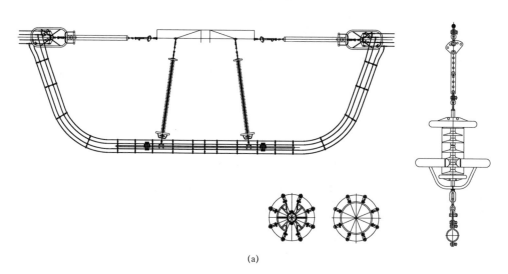

图 2−5−3　笼式刚性跳线串串图（一）

（a）普通跳线串

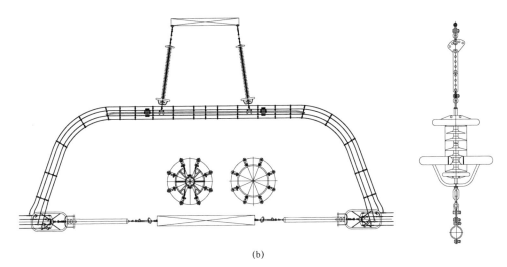

(b)

图 2-5-3   笼式刚性跳线串串图（二）

（b）跳线串（中相绕跳）

四、典型金具

为保证金具的可靠性、防电晕性能，特高压交流输电线路对金具进行了研究，主要包括联塔金具、悬垂线夹、间隔棒、均压环等。

（一）联塔金具

联塔金具是将悬垂或耐张绝缘子串连接到铁塔横担上的一个金具，是决定输电线路安全运行的重要因素。除要求有足够的机械强度以外，更需要它能灵活地转动、耐磨损等。联塔金具一方面需要传递风产生的水平作用力，故要求它能在水平方向转动；另一方面又需要传递垂直力而要求它能在垂直方向转动。

国内常见的联塔金具的品种有：U 型螺丝、UB 挂板、U 型挂环、耳轴挂板等，如图 2-5-4 所示。这些联塔金具分别在其两端来适应两个方向的转动，故使金具承受弯距作用而容易遭受破坏。110kV 及 220kV 输电线路常采用 U 型螺丝、UB 挂板；330kV 常使用 UB 挂板、U 型挂环；500kV、750kV 使用 U 型挂环、耳轴挂板。

GD挂板   U型挂环   耳轴挂板

图 2-5-4   常见联塔金具形式

由于采用了 UB 挂板、U 型挂环等金具受力不合理的连接组合，在以往工程中发生过与铁塔连接的 UB 板断裂事故、与 U 型挂环连接的钢板断裂事故，考虑到特高压线路的重要性，为避免此类问题，不再采用 UB 挂板、U 型挂环。

目前特高压工程中通常采用的 GD 挂点金具和 EB 耳轴挂板，保证各个方向转动灵活，GD 型的联塔金具缩小了两个方向转动点之间的距离，从而大大地提高了联塔金具地可靠性。但缺点是它需要在加工和组装铁塔时就要将它们安装好，使铁塔横担结构变得较为复杂，螺栓和本体连为一体，安装制造不方便。

经工程实际检验，采用 GD 挂点金具和耳轴挂板避免了 UB 挂板、U 型挂环等金具受力不合理的连接组合，提高了线路运行安全性。具体的连接方式如图 2-5-5 所示。

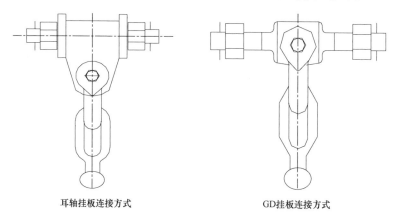

耳轴挂板连接方式　　　　　　　　　GD挂板连接方式

图 2-5-5　连接方式示意图

（二）悬垂线夹

悬垂线夹用在架空输电线路上悬挂导线，经悬垂绝缘子串与杆塔的横担相连。悬垂线夹对于导线来说是个支点，要承受由导线上传递过来的全部负荷，容易造成损伤。其性能直接影响着架空线路的使用寿命和线路损耗。对于 1000kV 特高压输电线路，悬垂线夹必须具备机械强度可靠和防电晕等性能要求。

悬垂线夹的防晕处理通常有两种：一种是线夹本身防晕，即采用防晕型悬垂线夹；另一种是加装屏蔽环进行防晕。防晕型悬垂线夹在我国 500kV 及 750kV 超高压输电线路中已得到大面积推广；日本的 1000kV 特高压输电线路悬垂串未安装屏蔽环，采用了防晕型悬垂线夹；苏联的特高压线路中使用四个上扛式悬垂线夹，亦采用防晕设计。特高压交流输电线路使用防晕型提包式悬垂线夹，如图 2-5-6 所示。

防晕型悬垂线夹外形采用流线型结构，表面进行喷丸处理，具有较高的光洁度。线夹包裹在导线外面，其直径比导线大，线夹身体由曲率不太大的几个断续圆弧段组成大致为圆形的轮廓，且没有突出的棱角，表面电位梯度将比导线小得多，以达到控制电晕的效果。

（三）间隔棒

特高压交流输电线路中间隔棒不仅起间隔作用，使一相导线中各根子导线之间保持适当的间距，还有着阻尼消振作用，保护导线免遭微风振动和次档距振荡的危害。

特高压交流输电线路间隔棒应有以下性能：① 良好的力学性能保证可靠的机械强度；② 防电晕；③ 重量合理；④ 良好的阻尼性能；⑤ 良好的耐疲劳性能。

间隔棒分为刚性间隔棒和柔性间隔棒两类。刚性间隔棒使得子导线之间不产生任何位移，但对于防止微风振动和抑制次档距振荡效果非常不好，因此，目前世界各国大多采用柔性间隔棒。在柔性间隔棒中，因为阻尼形式的不同，通常又分为两种类别，一种是橡胶阻尼方式，一种是弹簧阻尼方式。严格来讲，弹簧阻尼方式并不能消耗振动能量，它的原理只是使弹簧作为储存能量的元件，将振动能量暂时储存，然后缓慢释放。其特点是线夹附近导线不受硬弯曲，短路电流过后恢复性能好。而橡胶阻尼方式是利用在关节处嵌入橡胶垫，消耗振动能量，对抑制微风振动和次档距振荡效果明显。并且在线夹处也有橡胶垫，对导线进行了保护，从运行状况来看，效果非常好。特高压交流输电线路采用八分裂柔性橡胶阻尼方式间隔棒，其示意图如图 2-5-7 所示。

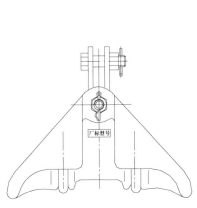

图 2-5-6 提包式悬垂线夹示意图

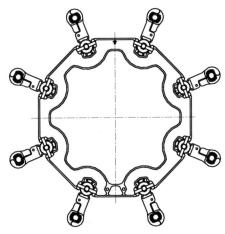

图 2-5-7 八分裂柔性橡胶阻尼
方式间隔棒示意图

（四）均压环

特高压交流输电线路电压等级高，绝缘子片数较超高压线路大大增加，绝缘子串中单片绝缘子所承受的电压也在按比例升高。

通过计算，悬垂串无均压环时电位分布极不均匀，靠近导线侧的第一片绝缘子分担电压最高，达 52.2kV，分担电压百分比为 9.0%。绝缘子串靠近导线的第一片绝缘子钢脚根部的电场强度最大，局部最大场强达 3.7kV/mm，已超出空气的平均起晕场强。因此，无论从单个绝缘子的分担电压，还是局部最大场强来看，都必须采取均压措施来改善绝缘子串电场分布，提高其长期运行性能。

悬垂串仅增加均压环，采用防晕型悬垂线夹，绝缘子串电位分布及电场分布计算结果见表 2-5-1。

表 2-5-1 均压不同位置的计算结果

均压环位置	单片最大电压（kV）	单片最大承受电压百分比（%）	备 注
1-2 片之间	30.13	5.22	环体截面直径 120mm，均压环大环半径 500mm
2-3 片之间	28.95	5.01	
3-4 片之间	27.02	4.68	
4-5 片之间	26.86	4.65	

根据计算结果，均压环半径 500mm、体截面直径取 120mm、抬高到 3~4 片绝缘子之间比较合适。根据试验结果，均压环体截面直径取 110mm 也满足电晕及均压要求，均压环抬高到 2~3 片间均压效果最好。

对 V 串计算结果表明，马鞍型均压环与两个独立均压环均压效果基本接近；对复合绝缘子计算结果表明，采用大小环组合方式效果最佳。

对于耐张串进行了 4 联 300kN 正方形和一字排列以及 2 联 550kN 三种串型的均压计算，计算结果与悬垂串有类似。耐张串由于联结长度较长，联结金具数量多，联结方式复杂，为了降低金具的电晕损耗，同时降低无线电干扰和可听噪声水平，还必须对耐张金具进行有效屏蔽。

通过试验验证，试验结果与计算结论基本一致。最终均压环结构如下：

（1）特高压交流输电线路的均压环的形体结构宜采用圆型环，均压环的半径为 500mm，截面直径 110 mm。

（2）均压环的安装位置上扛到第二片与第三片绝缘子之间，均压效果较好。

（3）悬垂线夹采用防晕型即可满足工程需要。V 型串使用两个独立的均压环。

（4）耐张串均压环采用侧面安装型式，与超高压线路相同，均压环的管径为

110mm。3 联 400kN 水平排列耐张串的均压环采用分体、开口式圆环；2 联 550kN 耐张串采用开口式圆环。

第二节 典 型 案 例

案例一 Y型绝缘子金具串的应用

（一）问题描述

北环工程沿线经过地区经济发达，房屋分布密集。为缩减线路走廊宽度，有效降低房屋拆迁量，线路采用同塔双回路架设。在泰州—苏州段，线路通道房屋密集，部分地区沿线风速大，基本风速达到 32m/s。

针对北环工程泰州—苏州段房屋密集且风速大的特点，对悬垂绝缘子串采用 I 串和 V 串进行了分析。当悬垂绝缘子串采用 I 串时，线路走廊宽度宽，房屋拆迁量大；采用 V 串时，由于 V 串夹角较大，其间隙对上横担起到控制作用，铁塔横担长，导致铁塔重量重，经济性差。

（二）解决方案及措施

为了既控制线路走廊宽度，又不大量增加线路本体投资，北环工程首次采用 Y 型串（见图 2-5-8）。在保持其线路走廊与 V 型串一致的前提下，通过缩短 V 型串单肢长度，V 串下方增加 I 串，可避免上横担设计时受 V 串均压环对横担间隙控制而采用弯折横担设计，并缩短横担长度，充分利用层间距，优化塔头设计，降低杆塔单基指标。

（三）实施效果

悬垂串采用 Y 型串后，导线下工频电场、无线电干扰和可听噪声水平与 V 串杆塔基本一致，Y 型串线路走廊宽度与 V 型串基本相同。在同等杆塔设计条件下，较 V 型串杆塔指标有明显降低。以 Y 型串中 8m/3m 组合方案为例，Y 型复合绝缘子串总长 9m（V 串单支 8m，Ⅱ串长度 3m，对应复合绝缘子结构高度 7m 与 2m），其直线塔塔重每公里指标为 V 型串的 94%，基础每公里指标为 V 型串的 97.5%，杆塔综合造价每公里可节省约 27 万元，经济优势明显。

案例二 复合绝缘子的使用研究

复合绝缘子造价低廉，具有免清扫、耐污能力强、自恢复能力强、重量轻、造价低的特点，特别适用于污秽严重地区。特高压交流输电线路针对复合绝缘子进行了研究，确保复合绝缘子用于线路的安全性。

（一）机械问题

复合绝缘子早期产品中存在着较多的机械强度下降的问题，主要原因是采用外楔式端部联接结构造成的。目前主要复合绝缘子生产厂家都采用压接式的接头结构方式。压接式 530kN 复合绝缘子的破坏强度已经可以超过 900kN，有相当大的安全裕度，在正常情况下完全可以承担线路实际载荷。

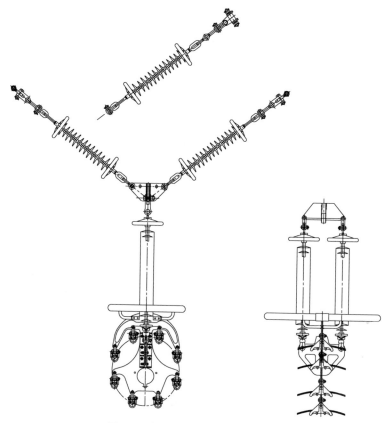

图 2-5-8　Y 型绝缘子串示意图

目前现场运行中复合绝缘子机械方面的最大问题在于脆断，而此种现象在 500kV 等级中尤为突出，通过对脆断情况的分析，一般都存在端部或者护套材料密封破损水分侵入的现象。

通过采用高温硫化硅橡胶端部密封技术，大大提高了端部密封性能；整体注射以及挤包穿伞的工艺改进已经能够保证护套的密封性能。另外，性能优良的耐应力腐蚀芯棒的采用也从根本上大大降低了脆断发生的可能性。

对于施工中的芯棒易损坏问题，通过对复合绝缘子的运输、储存及施工措施进行规范，可尽量避免该类事故的发生。

（二）电气损坏问题

复合绝缘子的电气损坏是指在运行电压下或雷击时，复合绝缘子丧失绝缘性能，包括芯棒或环氧套筒的击穿及其与护套间界面的击穿两种。这些大都属产品质量问题。通过对复合绝缘子产品质量的严格控制，可杜绝该类的事情的发生。

（三）复合绝缘子的优势

（1）重量轻，便于安装维护，减轻铁塔受力。每支复合绝缘子的重量约为瓷质、玻璃绝缘子的8%左右。

（2）重污秽区选用复合绝缘子既可缩短绝缘子串长，减少塔窗尺寸，又可显著降低杆塔负荷。

国内外的运行经验表明，以硅橡胶材料为伞裙护套的复合绝缘子有很强的耐污闪能力，即使表面已无憎水性，它的污闪电压也比瓷质绝缘子高，相同结构高度的复合绝缘子的污闪电压比瓷质绝缘子也高出20%左右。在较重污秽地区合成绝缘子的爬电距离可取瓷质绝缘子的3/4，甚至2/3，就可达到相应瓷质绝缘子的耐污闪能力。根据计算，在不同的盐密下沉单位长度的50%闪络电压（kV/m）如图2-5-9所示。

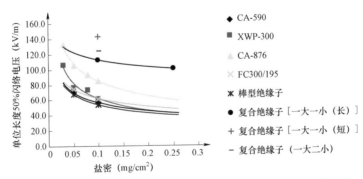

图2-5-9　不同绝缘子的不同盐密下沿单位长度的50%闪络电压

从图2-5-9中，可以明显的看出，在同样的高度下，三种复合绝缘子的耐污闪电压最高，其次是三伞型悬式绝缘子，而对于CA-590、XWP-300、FC300/195以及棒形瓷质绝缘子，则相差不多，XWP-300相对稍高，CA-590、棒形瓷质绝缘子相对稍低。也就是说采用复合绝缘子需要的绝缘长度最短，串长可以大大缩短，同时可以缩小塔头尺寸，降低杆塔高度，有着很好的经济效益。

（3）降低绝缘子造价。54片300kN瓷质绝缘子价格约为1.6万元，而300kN复合绝缘子价格约为1.2万～1.3万元。

（四）可行性结论

复合绝缘子在国内外的使用量均在逐年递增，尤其在污秽地区，复合绝缘子已经成为首选。国内外相当多的研究表明，紫外老化对于复合绝缘子的正常运行并没有明显的影响，由于高海拔紫外强烈造成的复合绝缘子失效在国内外都未见报道。紫外综合老化试验表明紫外线并不会成为影响复合绝缘子老化的重要因素。

我国电网复合绝缘子的损坏事故几乎都表现在内绝缘击穿和芯棒断裂上，年损坏率为十万分之五，优于世界其他国家的平均水平。损坏的主要原因是早期设计、制作工艺和材料配方的不成熟。随着制造工艺水平的提高，早期机械性能下降、脆断、内绝缘击穿等问题已不再是复合绝缘子使用的障碍。运行经验表明，复合绝缘子满足特高压交流输电线路安全运行的要求。

图 2-5-10　15mm 冰区绝缘子串覆冰情况

案例三　防冰型复合绝缘子的应用

（一）问题描述

根据以往超/特高压输电线路建设惯例，在 10、15mm 冰区，绝缘配置不考虑覆冰影响（15mm 冰区绝缘子串覆冰情况如图 2-5-10 所示），仅按照污秽外绝缘耐受水平来考虑，这在绝大部分地区是适用的。

从浙北福州工程沿线已建高压输电线路覆冰事故来分析，绝缘子覆冰闪络发生的可能性与绝缘子串的覆冰程度、污秽物浓度密切相关，而不完全与导线覆冰厚度成对应关系，按照以往 10、15mm 冰区绝缘配合时不考虑覆冰影响的设计惯例可能会导致放电事故。

（二）解决方案及措施

浙北福州工程通过对工程沿线已有线路覆冰事故的分析，在线路经过的浙江湖州、杭州、金华、丽水等地区覆冰事故多发，当导线覆冰并不严重的时，也会出现易导致冰闪事故的绝缘子串严重桥接。因此，对 10、15mm 冰区的复合绝缘子采用防冰型设计，对复合绝缘子伞型进行优化。

通过对以往盘型绝缘子防冰经验进行借鉴，采用类似大小绝缘子插花的方式对复合绝缘子进行优化。适当加大部分伞裙，通过覆冰试验分析，8 片防冰伞复合绝缘子最优，闪络电压较 4 片防冰伞提高了 14%。设计方案最终采用 8 片防冰伞复合绝缘子，达到类似大小绝缘子插花的效果。

（三）实施成果

通过 8 片防冰伞复合绝缘子，达到类似大小绝缘子插花的效果，极大地提高线路防冰能力。在后续的特高压交流输电线路，中冰区均采用防冰型复合绝缘子，有效保证了绝缘子覆冰时的绝缘水平，提高了覆冰绝缘子的运行安全性。

案例四　550kN 大吨位绝缘子的推广应用

（一）优化原因描述

特高压交流输电线路分裂数多、导线荷载大，采用以往交流工程常用的 420kN 及以下吨位绝缘子会导致绝缘子串联数多，绝缘子串连接形式复杂，绝缘子片数使用多，耐张串长导致跳线用量大，线路的经济性和安全性均较差。

（二）解决方案及措施

为简化连接方式，提高绝缘子串的机械和电气性能，经充分研究论证，皖电东送工程在导线耐张串采用了以往工程尚未大量采用的 550kN 大吨位瓷质和玻璃悬式绝缘子，在悬垂串上采用了 550kN 大吨位合成绝缘子。

以 8×JL/G1A－630/45 导线为例，耐张串绝缘子采用 550 kN 大吨位绝缘子后，可以使耐张串由四联 420kN 结构简化为三联 550kN，简化耐张串结构，减少绝缘子片数，降低绝缘子故障率和维护工作量。四联耐张串示意如图 2－5－11 所示。

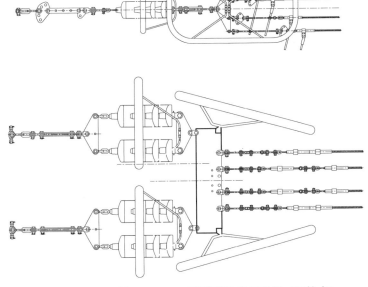

图 2－5－11　四联耐张串示意图（双挂点）

（三）优化成果

随着550kN大吨位绝缘子的生产工艺成熟，550kN大吨位绝缘子具备推广应用的条件。通过应用550kN大吨位绝缘子，输电线路可减少绝缘子金具串联数，简化金具结构、减少绝缘子和金具数量，减少跳线用量。550kN大吨位绝缘子在特高压交、直流线路工程以及部分超高压线路工程中已经广泛采用，取得大量成熟的运行经验，可在其他电压等级输电线路中大规模应用，具有良好的经济效益。

案例五　耐张复合绝缘子的试用

（一）优化原因描述

复合绝缘子一般用于悬垂串，在超/特高压输电线路中，由于复合绝缘子串的易脆断性和施工维护不便，极少采用耐张复合绝缘子。复合绝缘子应用于1000kV特高压交流输电线路耐张串时，相比玻璃或瓷质绝缘子，在污秽等级较重地区，有防污闪效果好、减少耐张绝缘子片数、大量节省跳线长度等优点，经济效益突出。

为节约线路投资，积累耐张复合绝缘子运行经验，需要对耐张复合绝缘子进行研究和试用。

（二）解决方案及措施

通过对复合绝缘子的蠕变特性进行分析。结果表明，复合绝缘子可应用在特高压交流耐张绝缘子串，此时，结构高度不小于同污秽地区悬垂复合绝缘子的结构高度，设计最大荷载安全系数不小于4.0，采用四串并联的连接方式。

为积累耐张复合绝缘子运行经验，解决耐张复合绝缘子在施工过程中容易损伤的问题，皖电东送工程开展了耐张复合绝缘子施工安装研究。研究重点针对施工安装过程中复合绝缘子不被损伤或磨损，对耐张绝缘子吊装、紧线、附件安装及跳线安装等过程进行了工序优化。提出了利用爬梯悬挂软梯和吊篮进行跳线安装（见图2-5-12），利用绝缘子防护罩法或者吊桥法进行人员出线作业，解决了耐张复合绝缘子的施工问题。

（三）优化成果

北环工程5基铁塔试用了4×550kN复合耐张绝缘子串，耐张串长度相比采用盘形绝缘子减少约3m，由此跳线的长度可减少约6m；由于复合绝缘子本身价格便宜，采用复合绝缘子比使用盘式绝缘子串可节约大量绝缘子费用，经济性突出。

锡盟山东工程在交叉跨越少、耐张段长度较小、人烟稀少、交通便利、运行维护和检修方便的杆塔上试挂了复合耐张绝缘子串，为大规模推广复合耐张绝缘子串积累运行经验。

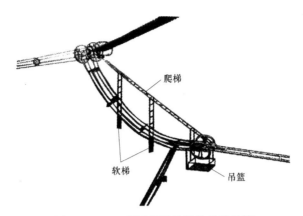

图2-5-12　利用爬梯悬挂软梯和吊篮

案例六　新型十字悬垂联板的研究应用

（一）优化原因描述

悬垂联板是悬垂金具串的主要金具，悬垂联板的结构直接影响悬垂绝缘子串的总长度，进而影响直线塔的高度和线路投资。试验示范工程导线用八分裂悬垂联板绝缘子悬挂点位于联板的上部，导致串长总体结构较长，增大了塔头尺寸和铁塔高度，经济性较差，如图2-5-13所示。

（二）优化方案及措施

为优化金具结构，锡盟—山东工程首次提出在1000kV特高压交流输电线路导线I型悬垂绝缘子串上采用十字联板替代普通的悬垂联板。新型十字联板由大小两块板垂直插接后连接而成一个整体，大小板之间采用螺栓连接，如图2-5-14所示。八个悬垂线夹的挂孔均匀分布在大板上，绝缘子串与悬垂联板的连

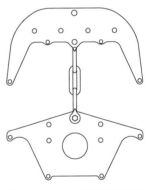

图2-5-13　试验示范工程
使用八分裂悬垂联板

接孔有两个，分别位于小板的两端。大小板的材质均采用Q345R钢板，标称破坏荷载与悬垂绝缘子串对应，分为640、840、1100kN等3个等级。

与普通的八分裂联板相比，新型十字联板中绝缘子的挂孔位于导线分裂圆的内部，两个挂孔连线与导线平行，十字联板安装效果如图2-5-15所示。

（三）优化成果

采用新型十字联板与采用普通联板的I型悬垂绝缘子串相比，可以缩短金具串长度约0.7m，有效减小塔头空气间隙尺寸及降低铁塔高度，同时利用八根子导线的自身屏蔽功能改善第一片绝缘子的电场分布，具有显著的经济效益，已推广

至其他特高压工程。

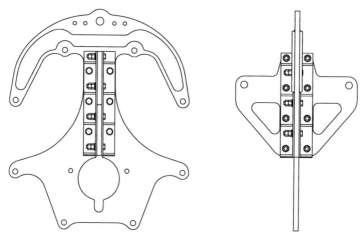

图2-5-14 八分裂新型十字悬垂联板

图2-5-15 十字联板安装效果图

第三节 小   结

考虑到绝缘子和金具串的重要性，绝缘子和金具串首先应满足机械强度和电气性能要求，机械强度主要由线路正常情况下的最大荷载控制，电气强度的要求主要是绝缘子和金具串应不降低线路绝缘水平，并满足电磁环境限制；其次充分考虑各种串型组合的经济性，确保绝缘子串型设计的安全可靠和经济合理；绝缘子金具串型还应简化金具结构、减少金具数量、联接合理。另外，线路金具应降低单件重量和尺寸，形成标准化零件，便于运输、安装和检修维护。

针对绝缘子金具串方面，通过设计典型金具串，有效提高了设计质量，全面提高设计工作效率，减少重复性作业，方便运行维护。采用 Y 型绝缘子金具串，用于房屋密集的大风区，既压缩了线路走廊，减少房屋拆迁，又克服了由于 V 串夹角较大导致的铁塔重量重。

特高压交流输电线路对复合绝缘子的应用展开了论证，论证结果表明，复合绝缘子应用于特高压交流输电线路能保证线路安全，且具有良好的经济性；通过对复合绝缘子采用防冰型设计，保证绝缘子覆冰时的绝缘水平，有效提高了覆冰绝缘子的运行安全性；推广 550kN 大吨位绝缘子的应用，减少了绝缘子金具串联数，简化了金具结构、减少绝缘子和金具数量；试用耐张复合绝缘子，在污秽等级较重地区，有防污闪效果好、经济效益突出等优点。

针对金具方面，特高压交流输电线路工程开展了主要金具研究，通过研究，改善了金具串的电压和电场分布，降低金具表面的电场强度，形成标准金具后还可以减少不同厂家、不同工艺之间的误差，提高设计、生产及施工等环节的效率；通过采用新型十字悬垂联板，使绝缘子串长缩短 0.7m，降低了单基耗钢量，经济效益明显。

第六章 绝缘配合、防雷和接地设计

国内外超/特高压运行经验表明,污闪严重威胁着输电线路的安全运行。特高压交流输电线路路径长度长,沿线环境特点差异性较大,部分地区涉及高海拔、重覆冰因素,为外绝缘设计增加了难度。为保证工程安全稳定运行,应对特高压输电线路沿线气象、环境、覆冰和污染源情况进行调查分析,对沿线污秽情况和邻近线路运行情况进行现场调研,开展现场污秽度选点测试,进而完成沿线污秽和覆冰水平评估,为线路外绝缘设计提供建议。特高压交流输电线路绝缘配合研究线路的工频、操作和雷电过电压以及最小空气间隙,很大程度上决定输电线路工程设计的结果,影响工程造价。

根据统计,在高压和超高压输电线路跳闸的各种因素中,雷击引起的跳闸占40%～70%,特别是在多雷、土壤电阻率高和地形复杂的地区,雷击输电线路引起的故障率更高。与超高压线路相比,1000kV 特高压架空输电线路杆塔更高,线间距离更大,引雷能力更强,受雷面积更大,因此更容易遭受雷击。为确保特高压交流输电线路的防雷水平,应做好防雷和接地措施。

本章从介绍绝缘配合主要方法开始,对重冰区的绝缘配置、复合绝缘子串长的优化、OPGW 分段绝缘、汉江大跨越防雷设计、内置式接地方案的使用、铜覆钢接地装置的使用等典型案例进行阐述,介绍特高压交流输电线路在绝缘配合、防雷和接地设计中采用的方法和措施,供后续输电线路工程参考和借鉴。

第一节 主要方法和措施

一、绝缘子片数的选取

特高压交流输电线路的操作过电压和雷电过电压对绝缘子串片数选择不起控制作用,可按工频电压选择绝缘子串片数,用操作过电压和雷电过电压进行校验。

按工频电压确定绝缘子串片数有两种方法,即爬电比距法和污耐压法。特高压交流输电线路采用污耐压法确定绝缘子串的片数。以下以单 I 串绝缘子串片数的选取为例,介绍绝缘子片数的选取过程。

首先,由标准气象条件下不同绝缘子的污闪电压,得出各种不同绝缘子的 50% 闪络电压和盐密之间的关系式。线路绝缘子的闪络电压 U 和盐密的关系如下

$$U = aS^b$$

式中：S 为盐密，mg/cm^2；a、b 为常数，b 表征绝缘子污闪电压随盐密增加而衰减的规律，两者通过实际污闪试验结果拟合得出。

绝缘子的耐受电压 U_n 为

$$U_n = U(1 - 3\sigma)$$

式中：U 为升降法确定的闪络电压，kV；σ 为标准偏差，可按 7% 计。

通常，影响人工污秽试验结果与自然污秽等效性的因素除盐密外，还有可溶盐的种类、不溶物的种类及附着密度以及污秽物在绝缘子表面的不均匀分布等。首先，考虑到可溶盐中组合盐的影响，需要进行盐密修正；其次，利用对绝缘子表面污秽的灰盐比，进行灰密的修正；最后，考虑上下表面污秽不均匀分布，进行修正。修正后的耐受电压 U_n' 为

$$U_n' = K_1 K_2 U_n$$

式中：K_1 为灰密修正系数；K_2 为绝缘子上下表面污秽不均匀分布修正系数。

不同海拔高度下的绝缘子的串长的选择，则需要对耐受电压进行海拔修正。将修正后的试品耐受电压视为在该海拔高度，最高运行电压（系统最高运行电压为 1100kV）下每片绝缘子承受的电压，线路悬式绝缘子串的片数 m 为

$$m = \frac{1100/\sqrt{3}}{(1 - kH)U_n'}$$

式中：k，H 为海拔修正系数。

根据上述原则进行计算，得出特高压交流输电线路单联 I 串所需绝缘子片数和串长。

当使用双联串时，为防止绝缘子串间的串弧、跳弧现象。特高压交流输电线路采用盘径为 340mm 及以下绝缘子时，联距离取 600mm；采用盘径为 380mm 绝缘子时，联距离应为 650mm。此时，双串绝缘子片数同单串片数一致。

对于多串并联绝缘子串，即使并联绝缘子串间距足够大、相互间不存在降低绝缘子污闪电压的影响时，该并联绝缘子串的闪络概率也会有所增加。以 4 联串为例，当标准偏差 σ 取 7% 时，单串绝缘子的串长应增加 3.9%。

对于 V 型串，相关实验结果表明，V 型串污耐压较单 I 串要分别提高 6% 和 4%。在合理的污秽设计下，V 型串的积污特性要优于悬垂串，仅为悬垂串的 85% 甚至更低。

耐张绝缘子串的自清洁能力较好，污秽越严重地区耐张串与悬垂串的积污特性差异越大，因此，耐张绝缘子串的绝缘子片数一般较悬垂串少，耐张串的积污

可按悬垂串的 3/4 考虑。

二、空气间隙的确定

导线对杆塔的最小空气间隙，应分别满足工频电压、操作过电压及雷电过电压的要求。以浙北福州工程单回路为例，介绍空气间隙的确定方法。

（一）工频电压间隙确定

工频放电电压下的空气间隙距离选择时，一般考虑以下因素：

（1）系统最高运行电压。

（2）100 年一遇的最大风速。

（3）多间隙（$m = 500$）并联对放电电压的影响。

根据特高压交流单回输电线路猫头塔和酒杯塔工频放电曲线，考虑多间隙并联对放电电压的影响，按照 IEC60071-2 推荐公式海拔修正公式进行海拔修正，并适当取整后，工频电压间隙取值见表 2-6-1。

表 2-6-1 工 频 电 压 间 隙 取 值 m

海拔高度 H	500	1000	1500
间隙距离 d（悬垂串）	2.7	2.9	3.1

（二）操作过电压间隙确定

操作过电压下的空气间隙距离选择时考虑以下因素：

（1）沿线最大的统计（2%）操作过电压水平 U_s 为 1.7p.u.。

（2）计算风速为 0.5 倍的最大风速。

（3）考虑多间隙（$m = 100$）并联对放电电压的影响。

根据操作冲击放电特性曲线，考虑多间隙并联对放电电压的影响，按照 IEC60071-2 推荐公式进行海拔修正，取波头时间 250μs/1000μs 试验数据计算操作过电压间隙，取值见表 2-6-2。

表 2-6-2 操作过电压间隙取值（1.7p.u.）

海拔高度 H（m）	500	1000	1500
海拔修正系数 K_a（V 串）	1.024	1.049	1.075
$U_{50\%}$（V 串）（峰值）（kV）	1975	2024	2073
间隙 d（250μs）（m）	7.39	7.97	8.49
间隙 d（1000μs）（m）	6.65	7.17	7.64

（三）雷电过电压间隙确定

根据雷电冲击放电特性曲线，单回路雷电过电压间隙计算结果列于表 2-6-3。

表 2-6-3　　　　　　　　雷电过电压间隙取值　　　　　　　　　　　m

海拔高度 H		500	1000	1500
间隙距离 d	边相	5.5	5.5	5.7
	中相	6.4	6.4	6.7

从表 2-6-3 中可以看出对于单回路，雷电过电压下的空气间隙距离对杆塔塔头尺寸不起控制作用。

三、防雷和接地的主要措施

输电线路的雷击包括绕击和反击，其雷击跳闸率主要与经过地区的雷电活动强度、经过地区地形条件、杆塔的地线保护角大小、土壤接地电阻率高低有关。减小地线保护角能显著绕击耐雷水平，降低接地电阻能显著提升反击耐雷水平。特高压交流输电线路采用的防雷保护措施如下：

（1）全线架设双地线。

（2）在变电站 2km 进出线段，单、双回路地线对导线及跳线的保护角不大于 -4°。

（3）尽量减少地线保护角，减少绕击跳闸率。杆塔上地线对边相导线的保护角：

1）单回路：在平原丘陵地区不大于 6°，在山区不大于 -4°。

2）同塔双回路：在平原和丘陵地区不大于 -3°，在山区不大于 -5°。

3）耐张塔地线对跳线保护角：平原单回路不大于 6°，山区单回路和同塔双回路不大于 0°。

（4）杆塔上两根地线之间的距离，不超过地线与导线间垂直距离的 5 倍。用数值计算的方法确定档距中央导线与地线之间的距离。当雷击档距中央地线时，地线对导线发生的反击闪络的耐雷水平宜不低于 200kA。

（5）在一般档距的档距中央导线与地线的距离按下式进行校验：（气温 +15℃，无风）

$$S = 0.015l + \sqrt{2}U_m / \sqrt{3} / 500 + 2$$

式中：S 为导线与地线间的距离，m；l 为档距，m；U_m 为最高运行电压，kV。

（6）每基杆塔均接地，尽量降低接地电阻，使接地电阻不高于表 2-6-4 所列数值。

表 2-6-4　　　　在雷季干燥时，每基杆塔不连地线的工频接地电阻

土壤电阻率 （Ω·m）	≤100	100～500	500～1000	1000～2000	>2000
接地电阻（Ω）	10	15	20	25	30

注　土壤电阻率大于 2000Ω·m，接地电阻仍不能降低到 30Ω 时，可采用 6～8 根总长不超过 500m 的水平放射形接地极。

第二节　典　型　案　例

案例一　合理确定重冰区绝缘配置

（一）问题描述

输电线路覆冰是一种分布相当广泛的自然现象，其覆冰类型可以分为四种类型：雾凇、混合凇、雨凇、积雪，试验证明雨凇对绝缘子电气特性影响最为严重，其覆冰闪络电压最低。对于重覆冰地区，覆冰是影响绝缘子闪络的主要因素。重冰区的绝缘配置不够会导致线路的放电事故，过高的绝缘配置会导致工程经济性差。因此，必须合理的确定重冰区绝缘配置。

（二）计算过程

浙北福州工程为首条经过重冰区的特高压交流输电线路，其 20mm 及以上重冰区全部处在 c 级（Ⅱ级）污区。为合理确定重覆冰对绝缘配置的影响，通过开展室内交流盘型绝缘子串的覆冰闪络试验，模拟污秽条件下绝缘子严重覆冰的情况，获得覆冰绝缘子的 50% 冰闪电压。

根据覆冰闪络试验结果，在 20mm 及以上重冰区，绝缘子之间冰凌桥接现象严重，由于重覆冰会使复合绝缘子裙沿变形，在重冰区，特高压交流输电线路不能采用复合绝缘子，而使用盘型绝缘子。悬垂串和耐张串均采用玻璃或瓷质绝缘子。Ⅰ串覆冰耐受电压取 48.77kV/m，Ⅴ串覆冰耐受电压取 59.01kV/m。从而计算出 Ⅰ串防冰闪长度为 13.02m，Ⅴ串防冰闪长度为 10.76m。

（三）绝缘配置成果

经过海拔修正，综合防污闪和防冰闪绝缘子片数要求，20mm 及以上冰区采用三Ⅴ串，绝缘子片数取值见表 2-6-5。

通过合理的绝缘配置，既保证了重冰区线路的安全性，又兼顾了工程建设的经济型。

表 2 - 6 - 5　　　　　　　c 级污区重冰区绝缘子串推荐片数

海拔 （m）	210kN 绝缘子 （片）	300kN 绝缘子 （片）	420kN 绝缘子 （片）	550kN 绝缘子 （片）
500	63	55	53	45
1000	65	57	54	46
1500	67	59	56	48

案例二　复合绝缘子的串长优化

（一）优化原因描述

特高压线路由于电压高、放电间隙大，绝缘子串远长于其他输电线路。为保证放电间隙，绝缘子串的长度是特高压线路铁塔塔头尺寸的重要因素。

试验示范工程输电线路绝缘子串长采用污耐压法，在确保线路安全运行的同时实现线路绝缘子的少清扫或不清扫。根据长串人工污秽试验结果计算得出：海拔 1000m 及以下地区直线塔均采用 9.75m 长的复合绝缘子。

由于绝缘子串的长度直接关系特高压线路的塔头尺寸，皖电东送工程在总结试验示范工程绝缘子串长的经验上，进行优化研究，达到在保证线路安全的前提下，缩减绝缘子串长，节约线路投资的目的。

（二）优化过程及结论

皖电东送工程针对复合绝缘子串开展了通过污闪、冰闪、电磁环境特性、雷电和操作冲击性能校核等研究并得出以下结论。

（1）复合绝缘子在亲水性、弱憎水性条件下所需串长见表 2 - 6 - 6。

表 2 - 6 - 6　　　　　　　复 合 绝 缘 子 串 长

条件	盐密（mg/cm²）	复合绝缘子长度（m）
亲水性条件	0.25	8.45
	0.35	9.22
弱憎水性条件	0.25～0.35	7.01

考虑到现场运行经验中，复合绝缘子表面憎水性低于研究条件下憎水性的情况概率极小，在 d 级污区（盐密 0.25～0.35 mg/cm²），复合绝缘子串长选用 9m 长度可满足线路安全运行的需要。

（2）在轻覆冰重污秽条件下，9m 长复合绝缘子能满足特高压工程安全运行；在中等及以上覆冰区，通过采用 3＋1 插花型复合绝缘子、将复合绝缘子串型改为 V 型等措施提高冰闪性能后，9m 长复合绝缘子能满足安全运行。

（3）特高压单回典型线路塔型采用 9m 复合绝缘子串型，虽然可听噪声和无线电干扰水平较优化前有所增加，但在控制范围内；同塔双回路铁塔采用 9m 长复合绝缘子，采用 8×JL/G1A-630/45 导线，可满足 1000kV 下可听噪声限制要求。

（4）绝缘子串长采用 9m 后，I 型串导线对塔身的最小空气间隙距离仍由工频电压确定，塔头操作冲击最小空气间隙距离推荐值仍为 6.0m，塔头尺寸满足防雷要求。

（三）优化成果

根据以上结论，皖电东送工程海拔 1000m 及以下地区复合绝缘子的结构高度由 9.75m 缩短至 9.0m。通过减少复合绝缘子串长，可降低铁塔高度，减少塔头尺寸，有效降低杆塔单基耗钢量，经济效益明显。

案例三　采用 OPGW 分段绝缘

（一）问题描述

考虑雷电流和故障短路电流的分流，以往输电线路工程的 OPGW 均采用逐塔直接接地方式运行。从目前应用和实验情况表明，逐塔直接接地的 OPGW 运行方式不但会由于交流电的感应在 OPGW 上产生感应电流，造成大量的电能损耗，而且对雷击、短路电流的防护作用并不明显。尤其在特高压交流输电线路中，由于电压等级高，产生的感应电能损耗比普通输电线路更大。

（二）OPGW 单点接地研究结论

通过对特高压交流同塔双回线路 OPGW 接地方式与运行安全性、线路损耗、耐雷击性能等分析、研究表明：

（1）OPGW 与普通地线一样，均采用分段绝缘、一点接地的方式，由于不会引起感应电压环流，此时造成的线损最小。

（2）采用 OPGW 单端接地时，由于 OPGW 上感应电压的存在，当相邻接地点距离过长时会产生更高的电压，过高感应电压的持续存在会带来地线绝缘击穿等不安全因素，需要控制两个接地点之间的距离不能过长。

（3）OPGW 与普通地线的接地方式相同时，两者的雷击概率相近。

（4）OPGW 耐雷击安全性因素与外层单丝材料、外层单丝直径、施加的张力、外层单丝的电导率、OPGW 的原材料及生产工艺、雷暴日有关，可通过提高增加单丝直径等提高 OPGW 耐雷击性能。

（三）工程应用成果

锡盟山东工程首次采用 OPGW 分段绝缘、单点接地方式运行，基本杜绝了在 OPGW 上的感应电能损耗，较以往的 OPGW 直接接地方式运行可减少电能损失功率 18.37kW/km、节约电能损失 10.1 万 kWh/（年·km），工程在河北省黄骅市境内约 30km 线路上试用此方式，每年预计可节约电能损耗 90.9 万元。其 OPGW 单点接地示意图如图 2-6-1 所示。

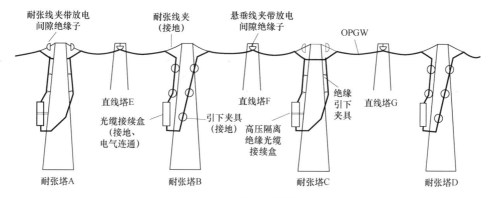

图 2-6-1　OPGW 单点接地示意图

案例四　汉江大跨越防雷设计

大跨越线路由于杆塔高度高、档距大，落雷概率高于陆上一般线路，雷击事故后的线路修复也比陆上一般线路困难，故其耐雷性能一直是输电线路防雷保护的关键性问题之一。

试验示范工程在钟祥市文集镇沿山头跨越汉江，跨越处雷暴日数为 40。汉江大跨越采用耐—直—直—耐的跨越方式，跨江档距为 1650m。直线跨越塔采用酒杯型塔，呼高 170m，全高 181.8m。水平线间距离 29m，地线支架高 11.8m。杆塔呼称高为 170m，其断面图如图 2-6-2 所示。

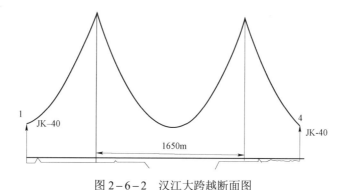

图 2-6-2　汉江大跨越断面图

汉江大跨越段架设双地线，地线与导线间的水平位移按 1m 考虑地线对导线的保护角小于 5°；杆塔工频接地电阻控制在 5Ω 以下。

大跨越杆塔绝缘闪络造成架空线路雷击跳闸的主要原因是雷电击中跨越杆塔造成线路反击和雷电绕击大跨越导线。按照电气几何模型对大跨越塔的雷电绕击跳闸率和雷电反击跳闸率进行了计算。相关计算条件如下。

（1）线路最高线电压为 1100kV。

（2）按导线悬挂高度处计算绕击跳闸率，避雷线金具长 0.5m。

（3）保护角计算时不考虑导线分裂半经影响，按导线中心进行计算。

（4）大跨越段年雷暴日数为 40 天。

（5）实际使用铁塔尺寸。

计算结果如下：

（1）汉江大跨越仅有雷电流幅值很小的（小于 8.3KA）雷有可能从地线中间穿越而绕击中相导线，此时，远不足以引起特高压交流输电线路的绝缘闪络和线路跳闸，即中相绕击跳闸率为 0。

（2）汉江大跨越雷击无故障时间是 98 年，等值雷击跳闸率为 0.35 次/（100km·a），绕击和反击各占雷击跳闸的约 1/2，雷击无故障时间均大于 50 年，等值雷击跳闸率小于 1 次/（100km·a），均能满足安全运行要求。

案例五　内置式接地方案的采用

（一）问题描述

在输电线路工程设计中，为了达到降低接地电阻的效果，一般采用往基础外敷设接地线的方式。此种接地方式往基础外进行开挖，接地圆钢敷设于基础外，接地射线敷设较长。传统接地圆钢外置敷设方案如图 2-6-3 所示，其中，L 为正方形敷设时的边长。

特高压交流输电线路铁塔基础根开大，最大的对角全根开 56m，在部分土壤电阻率小的地区，不需要敷设很长的接地线即可达到接地电阻要求。此时再往基础外敷设接地圆钢会使接地线过长，超出防雷要求的接地线长度，造成接地圆钢的浪费。

（二）解决方案

在部分土壤电阻率小的地区，不需要敷设很长的接地线即可达到接地电阻要求。为节省接地圆钢，特高压交流输电线路可采用内置形式接地方案，减少接地线敷设长度。将如图 2-6-3 所示的传统接地圆钢外置铺设方案，改为图 2-6-4 中两种内置形式方案，其中，L_1、L_2 分别为长方形敷设时的两

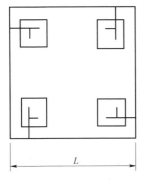

图 2-6-3　传统接地圆钢外置敷设方案

个边长。

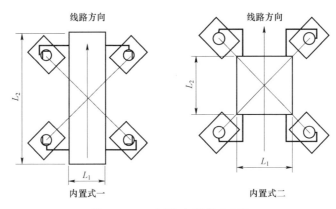

图 2-6-4　两种内置形式方案

以对角全根开 55.4m 的铁塔为例，采用传统接地圆钢外置铺设方案和采用内置形式方案分别需要埋地圆钢长度见表 2-6-7。

表 2-6-7　　　　　　　　各种接地方式所需埋地圆钢长度　　　　　　　　　　　　m

接地方式	外置式	内置式一	内置式二
埋地圆钢长度	232	157	116

（三）工程应用成果

北环工程针对不同大小的铁塔基础，设计了三种接地装置型式，在部分电阻率小的地方使用内置式接地装置。通过内置式接地的应用，减少了接地钢材的使用量，并减少了土石方开挖量，具有经济效益和环保效益。

案例六　新型铜覆钢接地装置的应用

（一）问题描述

由于价格低廉，输电线路大量采用镀锌圆钢作为接地材料，在腐蚀不严重及交通方便地区，镀锌圆钢作为接地材料具有良好的经济性。在腐蚀严重地区或者交通困难地区，由于镀锌圆钢耐腐性能差、使用年限不长等因素，使用镀锌圆钢作为接地材料会导致镀锌圆钢频繁更换，经济性差。

（二）解决方案

铜覆钢是通过连续电镀或连续电铸工艺，将 99.9% 的电解铜分子均匀覆盖在钢芯上，铜、芯分子紧密结合的新型复合接地材料。它的优点是抗拉强度大，耐腐蚀性强，有恒定的低电阻及良好的可塑性，既有与铜相同的导电性能又兼有钢材特性。

通过对铜覆钢与镀锌钢全寿命周期的经济性比较，不考虑以后运行维护费用涨价因素，镀锌钢接地按 15 年更换一次，铜覆钢接地按 40 年更换一次，两种装置的年平均投入费用见表 2-6-8。

表 2-6-8　　　　　　　　　接地装置年平均投入费用

土壤电阻率 （Ω·m）	$\rho \leqslant 500$	$500 <$ $\rho \leqslant 1000$	$1000 <$ $\rho \leqslant 2000$	$2000 <$ $\rho \leqslant 4000$	$4000 <$ $\rho \leqslant 6000$	$6000 <$ $\rho \leqslant 9000$
镀锌钢接地单基施工费用 （元/基）	2431	3370	7186	14032	26100	39775
铜覆钢接地单基施工费用 （元/基）	6354	8721	15139	34082	53579	71487
镀锌钢接地年平均投入 （元/年）	162	225	479	935	1740	2652
铜覆钢接地年平均投入 （元/年）	152	220	481	871	1335	1712

从表 2-6-8 可以看出，在土壤电阻率较小的丘陵、一般山地地区，采用镀锌钢比较有优势；在土壤电阻率较高的地区，由于需要增加接地模块，采用铜覆钢接地的年平均投入费用较低。土壤电阻越高，铜覆钢接地优势越明显。

（三）工程应用成果

浙北福州工程全线共采用 258.6t 铜覆钢，大部分为腐蚀性较强地区和交通困难的山区，有利于提高线路接地部分的电气特性，提高接地网的运行寿命，减少维护和更换工作量，降低运行维护成本。

铜覆钢由于其优良的耐腐蚀性能，适宜应用于高腐蚀地区和接地线更换困难地区，如平地、水塘、绿化带内等；部分交通困难的高山大岭地区，由于接地线运行维护费用较高，也可采用铜覆钢接地材料；对于岩石裸露地区，采用铜覆钢配合降阻剂能达到较好降阻效果，因此该地区也推荐采用铜覆钢接地材料。

第三节　小　　结

输电线路绝缘配合直接决定输电线路工程设计的结果，影响工程造价。浙北福州工程通过对绝缘子的覆冰闪络试验，在重覆冰地区采用盘式绝缘子，确定了 c 级污区重冰区绝缘子串使用片数，保证绝缘子串在重覆冰情况下不会发生闪络，确保线路的安全运行。皖电东送工程对复合绝缘子绝缘配置进行了优化，减少复合绝缘子串长，降低铁塔高度，减少塔头尺寸，有效降低杆塔单基耗钢量，经济效益明显。锡盟山东工程首次采用 OPGW 分段绝缘、单点接地方式运行，基本杜绝了在 OPGW 上的感应电能损耗，较以往的 OPGW 直接接地方式运行可减少电能损失，具有经济效益。

针对防雷方面，特高压交流输电线路通过采取减少地线对导线保护角、降低杆塔接地电阻、加装线路避雷器等措施，降低线路雷击跳闸率，保证线路运行安全。

针对接地方面，北环工程针对部分土壤电阻率小的地区，采用内置式接地方案，减少了接地线敷设长度，既节省了接地圆钢，又减少了土石方开挖量，具有经济和环保效益。浙北福州工程在腐蚀性较强地区和交通困难的山区，采用新型铜覆钢接地装置，有利于提高线路接地部分的电气特性，提高接地网的运行寿命，减少维护和更换工作量，降低运行维护成本。

特高压线路路径长，经过地区复杂多样，其污区划分根据运行经验、污湿特征、现场等值附盐密度三要素来确定，当三者不一致时，以运行经验为主。对既没有运行经验、又没有盐密测量值的地区，按污湿特征，并结合各省最新污区分布图的定级来确定污秽等级。通过合理的污秽等级划分，按照污耐压法进行绝缘配合，保证线路的安全运行。

通过加装双地线，尽量减小地线保护角，以提高绕击耐雷水平；尽量降低接地电阻，以提高反击耐雷水平；路径选择时尽量避让易雷击地段等措施，特高压交流输电线路的雷击跳闸率优于同区域内超高压线路的雷击跳闸率设计值。根据运行情况，在雷电易击点，采用安装侧针、耦合地线、旁路地线、线路避雷器等措施，再通过重合闸装置，最大限度避免由于雷击造成线路跳闸和线路设备损坏。

第七章 杆塔型式及规划

在输电线路的本体工程造价中,杆塔工程的造价占较大比重。根据以往500kV输电线路工程的设计情况来看,杆塔工程造价约占本体工程造价的22%~30%,750kV输电线路的杆塔工程约占31%,根据皖电东送工程统计,同塔双回1000kV输电线路的杆塔工程造价占45%以上。而杆塔指标主要由杆塔的型式和使用条件决定,因此,对工程使用杆塔的型式和使用条件进行规划显得尤为重要,塔型规划是否合理,对输电线路工程的造价影响很大。同时,杆塔设计的合理性和安全性,是输电线路整体合理性和安全性的基础。

杆塔的型式取决于在气象条件、污染状况、海拔及各种使用条件下,各种空气间隙的要求和导线之间、导地线之间间距等要求。因此塔型的选择应结合导线排列方式、导线的选型、相序布置、绝缘配合及杆塔结构对塔重的影响等因素进行综合考虑。

本章从介绍特高压交流输电线路杆塔规划方法开始,对常规塔型选择、特殊塔型选择、细化双回路耐张塔转角分级、开展铁塔通用设计等方面案例进行阐述,介绍特高压交流输电线路在杆塔型式及规划中采用的一些方法,供后续输电线路工程参考和借鉴。

第一节 杆塔规划方法

杆塔规划是在现场踏勘、航片选线情况等基础上截取的断面数据并进行杆塔无约束条件的优化排位,优化排位的目标为在满足技术要求的条件下使工程造价最低。然后在同样的目标条件下对优化排位结果进行杆塔的水平荷载、垂直荷载、塔高、线路转角及塔头间隙使用条件的规划。该规划可根据要求来完成一塔、两塔、三塔、四塔、五塔、六塔等系列方案的规划,系列塔型方案越多,综合造价越低。但当塔型方案越多时,塔重及综合造价相差越来越少。由此可确定出规划塔型的方案数。再根据选取方案中各塔的摇摆角系数、水平档距、垂直档距、高差系数、转角角度等的使用情况确定出杆塔的摇摆角角度。

1. 杆塔塔重指标评价

在杆塔无约束条件的优化排位过程中,随时需要调用杆塔费用指标(或杆塔塔重指标）及基础施工费用等。通常杆塔的塔重与其使用的水平荷载、垂直荷载、纵向荷载和杆塔高度有关。

计算杆塔塔重有多种方法。比如塔重数据库法、统计分析法等。一般使用塔重数据库法。

杆塔塔重数据库法，即是将不同外荷载的塔重分别计算出来，建立相应的杆塔塔重数据库。利用该方法计算出杆塔的塔重比较准确。建立塔重数据库有两种方法，一种是采用内力分析软件计算，另一种采用公式计算。

采用内力分析软件计算比较准确，但输入数据量繁杂，计算时间长。采用公式计算输入数据量少，计算速度快，计算准确度也较高。特高压交流一般采用公式计算法。

2. 沿线综合指标评价

为能准确地分析、评价线路的综合费用对杆塔规划的影响，根据不同的地形、地质条件、塔位占地、土石方量、基础工程量等工程量进行综合分析，按照不同的地形、地质及交通条件给出沿线每基塔的基础施工的综合费用。

3. 杆塔的排位优化

杆塔排位优化采用动态规划的方法，确定出给定路径上的最优排位方案。即总体费用最小的方案。

4. 杆塔荷载系列规划

杆塔系列规划包括直线（包括大直线转角）杆塔系列规划及耐张转角塔系列规划。

在无约束条件下排位优化后得到该路径上的最佳排位方案，但这些塔是在无约束条件下得出的，各塔的水平档距、垂直档距、纵向张力是按各自的塔的使用情况得出的（相当于逐塔设计），杆塔的设计、加工将极为复杂，也无太大意义，因此，在工程中必须进行杆塔的部分归并和系列规划。

直线塔杆塔规划包括杆塔的水平荷载、垂直荷载和塔高等规划。在外负荷对塔重的影响中，水平荷载起主要作用，因此，对荷载的规划以水平荷载为主进行。

规划出的水平档距、垂直档距即为在该地形情况下，最为经济的杆塔使用条件（水平档距、垂直档距），亦称经济档距。

耐张转角塔塔重主要取决于角度荷载，耐张转角塔系列可根据工程的具体转角情况结合水平档距、垂直档距进行规划，从而得到最佳杆塔系列规划。

5. 摇摆角系数 K_v 及摇摆角角度系列规划

杆塔塔头规划是杆塔规划的重要组成部分。为了确定各种塔型杆塔塔头尺寸，需要考虑在工频电压、操作过电压、大气过电压等气象条件下的绝缘子串的摇摆角角度。根据杆塔规划的结果进行分析，选取合适的摇摆角系数 K_v，然后由所选取的摇摆角系数 K_v 计算不同工况下的摇摆角角度，把该摇摆角角度作为设计直线塔塔头尺寸的控制角度。

在工程设计中，摇摆角系数 K_v 非常直观地反应了杆塔摇摆角情况，直线杆塔的摇摆角系数 K_v 对塔头规划有直接的影响。因此在杆塔规划时，应确定摇摆角系数 K_v。一般来讲，在山区和大山区摇摆角系数 K_v 较小，而在丘陵和平地地区摇摆角系数 K_v 较大。因此，在杆塔规划中应确定摇摆角系数 K_v 系列方案。

第二节 典 型 案 例

案例一 常规塔型选择

（一）单回路直线塔型选择

对单回路直线塔而言，国内外广泛采用的塔型主要有酒杯型直线塔和猫头型直线塔（见图2-7-1、图2-7-2）。两种塔型各有优缺点，酒杯型直线塔三相导线水平排列，横担长，因此线路走廊较宽；猫头塔型直线三相导线三角排列，但中相导线抬高近20m，导致铁塔负荷增加，塔重比酒杯型直线塔增加约3%~8%。一般来讲，山区线路走廊拆迁工程量较小，为了降低工程造价，宜采用酒杯型直线塔；平丘地区走廊相对拥挤，拆迁工程量大，宜采用猫头型直线塔。

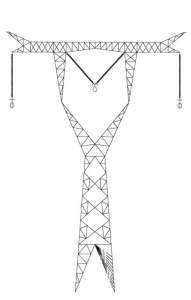

图2-7-1 酒杯型直线塔单线图

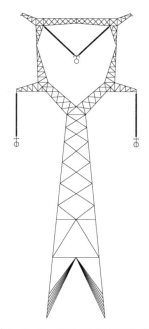

图2-7-2 猫头型直线塔单线图

（二）单回路耐张塔型选择

单回路耐张塔一般采用干字型塔（见图2-7-3），该塔型结构简单、受力清晰，占用线路走廊较小，而且安装和检修也较为方便，在国内外各电压等级线路中大量使用。

图2-7-3　干字型耐张塔单线图

（三）双回路塔型选择

根据特高压交流输电线路的对地距离、绝缘配合和摇摆角等电气参数要求，结合实际工程地形地貌特征，特高压交流双回同塔线路采用技术成熟，施工、运行、维护、管理经验相对丰富，经济、社会、环境等综合指标效果较优的双回垂直排列布置方式的伞形（见图2-7-4）或鼓形铁塔型式。

图 2-7-4 双回路伞型铁塔形式

案例二 合理选择特殊塔型

（一）单柱组合换位塔

常规特高压输电线路同塔双回架设进行换位时，一般采用鼓型换位塔。双回路鼓型换位塔换位方式复杂、跳线串使用多，后期施工、运行较为不便。单柱组合换位塔采用分塔挂线，换位直观、简单，跳线串使用较少，具有跳线清晰明了、设计和施工方便等特点，且单柱组合换位塔在大负荷条件下受力较好，塔重相对普通鼓形或伞形塔有所减轻。

皖电东送工程系统地分析了两回线路分塔挂线的特高压交流单柱组合换位塔的导线布置、电磁环境、防雷性能、跳线设计等关键技术问题，导线换位采用单柱组合。根据测算，在张力和档距不变的情况下，单柱组合塔由于取消了横担，使作用在塔身部的弯矩、扭矩大为减小，与普通鼓型塔相比，单柱组合换位塔塔重降低约 13%～18%，且单柱组合塔抗冰、抗风、抗舞和抗震性能更为良好。

（二）单回路整体式换位塔

浙北福州工程在总结以往换位塔设计、运行经验的基础上，结合 1000kV 线路相地间隙、相间间隙的要求，首次使用了 1000kV 特高压单回路整体式换位塔。该换位塔无需附属换位子塔，仅在塔身上设置了长 19.5m、偏角 23°的换位支架实现导线换位。

单回路整体式换位塔地形选择更加灵活，解决了以往子、母式换位塔地形要求严格，占地面积大的缺点，既节省投资，又减少占地资源，单回路整体式换位塔单线图如图2-7-5所示。

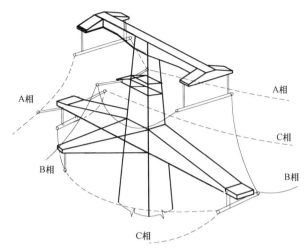

图2-7-5 单回路整体式换位塔单线图

（三）三V串酒杯型直线塔

浙北福州工程重覆冰线路位于高山大岭地区，运行维护困难，为提高重冰区悬垂串防冰闪能力，降低重冰区悬垂塔呼高和耗钢指标，设计了1000kV特高压单回路三V串酒杯型直线塔（见图2-7-6）。该塔型方案可进一步缩小线路走廊、提高线路的防雷保护角。

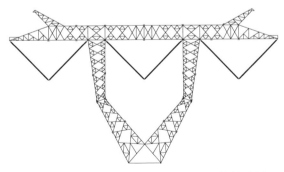

图2-7-6 单回路三V串酒杯形直线塔单线图

（四）双回路V串直线塔

北环工程部分区段线路经过长三角，苏、沪经济发达地区，沿线大部分地段房屋密集分布，拆迁难度大、费用高。双回路 V 串直线塔（见图 2-7-7）能减小走廊宽度，可有效地解决因村庄密集区走廊狭窄使得线路难以穿过的难题。虽然采用 V 型绝缘子串会使横担长度有所增加，导致本体投资上升，但在房屋密集地区能大量减少房屋拆迁量。通过综合比较，在走廊拥挤地区采用 V 串布置社会经济效益明显。

（五）下字型悬垂塔

浙北福州工程单回路途经山地时，地形坡度大，铁塔呼高易受上山坡侧边导线对地距离控制，下山坡侧导线对地距离高，容易受到绕击。为了有效解决上述问题，综合考虑塔头布置、绝缘子金具串型式、铁塔单基塔重、铁塔受力情况等各方面因素，工程中首次使用了单回路下字型悬垂塔（见图 2-7-8）。

图 2-7-7　双回路 V 串直线塔单线图　　图 2-7-8　下字型直线塔单线图

下字型悬垂塔采用羊角型布置，地线和上导线公用横担，下导线横担布置在下山坡侧。经过分析比较，在 30° 地形坡度时，与酒杯塔相比该塔型呼高可降低 21.8m，铁塔及基础总费用降低约 2.4%；与猫头塔相比该塔型呼高可降低 17.9m，铁塔及基础总费用降低约 4.3%。在山区地形采用下字型悬垂塔，能产生较好的经济效益。

案例三　细化双回路耐张塔转角分级

耐张塔的规划主要是对转角度数的规划，系列塔型方案越多，综合造价越低。

但当塔型方案越多时，塔重及综合造价相差越来越少。500kV 线路耐张塔通常采用 4 塔方案，特高压双回交流线路由于塔重大，参照以往工程经验采用 4 塔方案不一定合理。皖电东送工程双回路转角角度概率分布如图 2-7-9 所示。

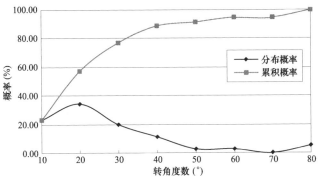

图 2-7-9　转角角度概率分布图

利用杆塔规划的方法对耐张塔的一塔、两塔、三塔、四塔、五塔系列方案进行规划（不包括终端塔），各系列方案的规划转角角度、杆塔使用数量比例及杆塔重量比例情况见表 2-7-1。

表 2-7-1　　　　　　各系列方案的规划转角角度、杆塔
使用数量比例及杆塔重量比例

方　案	规划转角角度（°）	杆塔使用数量比例（%）	杆塔重量比例（%）
一塔方案	90	100	100.00
两塔方案	30	74.19	84.8
	90	25.81	
三塔方案	30	74.19	81.9
	60	19.36	
	90	6.45	
四塔方案	20	51.61	80
	40	35.48	
	60	6.46	
	90	6.45	
五塔方案	10	12.9	79.4
	20	38.71	
	40	35.48	
	60	6.46	
	90	6.45	

方　案	规划转角角度（°）	杆塔使用数量比例（%）	杆塔重量比例（%）
六塔方案	10	12.9	78.3
	20	38.71	
	30	22.13	
	40	13.35	
	60	6.46	
	90	6.45	
七塔方案	10	12.9	77.5
	20	38.71	
	30	22.04	
	40	6.33	
	50	7.02	
	60	6.55	
	90	6.45	

　　规划的杆塔方案数越多，塔重指标越低。但规划的杆塔方案数越多，相邻两方案塔重相差得越少，考虑到杆塔的加工制造及运行维护的方便，耐张塔采用七塔方案。七塔系列方案的规划转角角度见表 2-7-2。

表 2-7-2　　　　　　　　　七塔系列方案的规划转角角度

塔　型	规划转角角度（°）	塔　型	规划转角角度（°）
Ⅰ	0～10	Ⅴ	40～50
Ⅱ	10～20	Ⅵ	50～60
Ⅲ	20～30	Ⅷ	60～90
Ⅳ	30～40		

　　通过细化转角度数分级，七塔方案比常用的四塔方案塔重减轻 2.5%。考虑到特高压双回交流线路塔重重，采用七塔方案具有良好的经济性。

　　案例四　开展杆塔通用设计

　　为固化特高压交流输电线路设计成果，国家电网公司开展特高压交流输电线路通用设计，组织编写了《国家电网公司输变电工程通用设计　1000kV 线路分册》。通用设计在试验示范工程及皖电东送工程基础上集成创新，结合国家电网公司"十二五"电网建设需要编写，经过充分调研、专家论证、专题研究，形成加工图深度通用设计成果。

通用设计按照回路数、导线型式、气象条件、地形条件和海拔，针对不同地形进行统计分析，合理划分，并通过分析整理已建特高压工程的实际应用情况确立了杆塔规划。后续将根据特高压交流输电线路的建设进度不断补充、完善相应通用设计模块。

（1）单回路采用酒杯塔和猫头塔。结合工程沿线情况，推荐在走廊不受限区域采用综合造价最省的"IVI"串型酒杯塔，在走廊拥挤区域采用占用走廊最窄的"IVI"串型猫头塔。悬垂转角塔采用三相L串酒杯塔。耐张转角塔采用干字型塔。

双回路线路直线塔及耐张塔均采用垂直排列的三层横担伞形杆塔，全部为钢管塔。

（2）特高压交流单回路经济呼高可确定为57m，对应得经济档距为520m；特高压交流同塔双回路经济塔高可确定为56m，对应的经济档距为522m。

（3）本次共规划分单回路、双回路分别进行杆塔规划，其中单回路规划2个子模块，双回路规划4个子模块；共89种塔型，其中悬垂塔47种，耐张塔42种。

模块划分及各子模块主要技术条件详见表2-7-3。

表2-7-3　　　1000kV输电线路通用设计模块编号及主要技术条件

模块编号	子模块编号	回路数	导线型号	地线型号	基本风速（m/s）	设计覆冰（mm）	塔 型	地形	海拔高度（m）
10A	10A1	单回路	8×JL/G1A－500/35	JLB20A－170	27	10mm	猫头/干字	平丘/山地	≤500
	10A2	单回路	8×JL/G1A－500/35	JLB20A－170	30	10mm	酒杯/干字	山地	≤1500
10GB	10GB1	双回路	8×JL/G1A－630/45	JLB20A－240	27	10mm	伞型	平丘	≤500
	10GB2	双回路	8×JL/G1A－630/45	JLB20A－240	30	10mm	伞型	平丘/山地	≤500
	10GB3	双回路	8×JL/G1A－630/45	JLB20A－240	32	10mm	伞型	平丘	≤500
	10GB4	双回路	8×JL/G1A－630/45	JLB20A－240	30	15mm	伞型	山地	≤500

第三节　小　　结

杆塔规划是针对杆塔的塔型和使用条件进行规划，其关键在于对工程现场地形、地物、气象条件等设计边界条件的准确判断，设计边界条件必须反映工程实际情况，根据合理的边界条件进行杆塔规划，才能使杆塔利用率达到最高，达到节约线路投资的目的。

特高压交流输电线路单回路常规塔型采用猫头、酒杯直线塔，干字形耐张塔；双回路常规塔型采用鼓型或伞型塔。在部分特殊地段，通过采用单柱组合换位塔、单回路整体式换位塔、3V 串酒杯型直线塔、双回路 V 串直线塔、下字型悬垂塔等特殊塔型，可降低工程投资。考虑到特高压双回交流线路铁塔重，通过细化耐张塔转角度数分级，采用七塔方案较常见的四塔方案具有更好的经济性。

特高压交流输电线路在总结各工程杆塔系列的基础上，形成了通用设计。通用设计的形成，能够提高设计效率和质量，经初步测算，工程应用通用设计可缩短 15%～20%的设计工期，且能有效控制设计质量，显著提高特高压交流输电线路设计水平；有利于标准化构件便于加工；利于施工安装；并提高了运行可靠性。在后续工程建设中，要及时将已有成果纳入通用设计，修编并推广使用已有通用设计成果。

第八章　对地距离及交叉跨越

在输电线路附近存在工频电场和磁场，由此引起的静电效应和磁场影响是电力系统乃至整个社会所关心的问题。为减少输电线路产生的电场、磁场对人类生活的影响，各国均对输电线路通道下电场、磁场强度进行了限制。特高压交流输电线路电压等级高，线路通道附近的电场强度大，其最小对地距离取决于线路走廊的地面场强。

架空输电线路不可避免的会与各种设施交叉，根据交叉跨越设施的不同，输电线路与交叉跨越设施的最小距离限值也不尽相同，其目的主要是为了避免或减小架空输电线路与交叉跨越物的相互影响，保证相互安全。

本章介绍了特高压交流输电线路的对地及交叉跨越距离的限制要求和计算，对特高压交流输电线路与西气东输管道的交叉平行、跨越长杭高铁、淮河采砂船对线路的影响、分区段确定树木自然生长高度等几个典型案例进行阐述，供后续输电线路工程参考和借鉴。

第一节　对地及交叉跨越最小距离控制要求及计算

一、最小对地距离的控制要求

特高压交流输电线路最小对地距离取决于线路走廊地面场强，根据国内外特高压交流输电线路下电场限制值的研究成果以及 750kV 输电线路的场强限制值的建议等分析，特高压交流输电线路通道下方、地面以上 1.5m 处工频电场强度控制值如下：

（1）对于一般非居民地区（如跨越农田），场强限定在 10kV/m，以避免由放电引起的不适应感和避免超过允许摆脱的电流值。

（2）对于居民区，场强限定在 7kV/m。

（3）对于人烟稀少的非农业耕作地区，场强限值放宽至 12kV/m。

（4）邻近民房时，房屋所在位置离地 1m 处最大未畸变电场仍保持与 500kV 线路相同，取 4kV/m。

对于工频磁场，采用国际非电离无线电保护委员会（CNIRP）导则给出的限制值 0.1mT 作为线路工频磁感应强度的限值。这与我国环境评价标准中对居民区工频磁场的限值相同。目前，工频磁场的标准情况和 500kV 输电线路实际水平相差较大，计算的 1000kV 特高压输电线路工频磁场也远低于标准值，工频磁场对最小对地距离无影响。

二、最小对地距离计算

当地面场强要求一定时，导线最小对地距离与杆塔形式、导线型号、导线间距、导线分裂数等有关。下面以特高压交流单回线路为例，介绍最小对地距离的计算。

按照最高运行电压为 1100kV，选取 6×630、6×720、6×900、7×500、7×630、7×800、7×900、8×400、8×500、8×630、8×720、8×800、9×300、9×400、9×500、$10 \times 300mm^2$ 和 $10 \times 400mm^2$ 钢芯铝绞线等 17 种导线方案。按照水平排列（中相 V 串、三相 V 串）、三角排列（中相 V 串、三相 V 串）等 4 种情况分别计算最小对地距离。计算结果按照导线分裂数归纳见表 2-8-1。

表 2-8-1　　　　　导线最小对地距离计算结果汇总表（单回路）　　　　　　　m

塔型 场强	水平、三角排列，中 V 串			水平、三角排列，三 V 串		
	6~7 分裂	8 分裂	9~10 分裂	6~7 分裂	8 分裂	9~10 分裂
12kV/m	18.0~18.5	18.7~18.9	18.9~19.3	17.2~18.0	17.9~18.3	18.1~18.7
10kV/m	20.3~20.9	21.1~21.3	21.3~21.8	19.4~20.2	20.1~20.6	20.3~21.0
7kV/m	25.5~26.3	26.4~26.8	26.7~27.4	24.1~25.2	25.1~25.7	25.4~26.2

最小对地距离还与导线线间距、导线分裂间距有关。导线线间距离变化与最小对地距离的关系如图 2-8-1 所示，导线分裂间距变化与最小对地距离的关系如图 2-8-2 所示。

从图 2-8-1 可以看出，对于水平排列的中 V 串塔，线间距离每增加 1m，最小对地距离增加 0.1~0.3m；水平排列的三 V 串塔，线间距离每增加 1m，最小对地距离一般增加 0.2~0.3m；三角排列的中 V 串塔，线间距离每增加 1m，最小对地距离一般增加 0.2~0.3m；三角排列的三 V 串塔，线间距离每增加 1m，最小对地距离一般增加 0.2~0.5m。

从图 2-8-2 可以看出，分裂间距每增加 50mm，最小对地距离一般增加 0.2~0.4m，个别情况达 0.5m。

考虑到以上计算值是以最高运行电压进行计算的，而实际上绝大部分地段的线路电压小于最高电压，导线弧垂最低点只出现在档距中央附近的一小段范围，且导线弧垂最低点出现的时间较短，因此，输电线路的地面电场强度一般都小于最大电场强度的限值。

特高压交流输电线路 8 分裂导线最小对地距离取值见表 2-8-2。

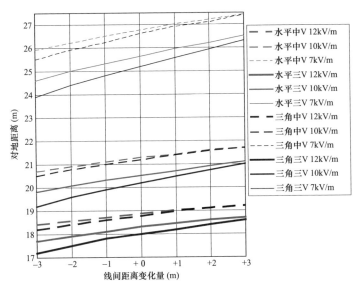

图 2-8-1　线间距离变化与最小对地距离的关系（单回路）

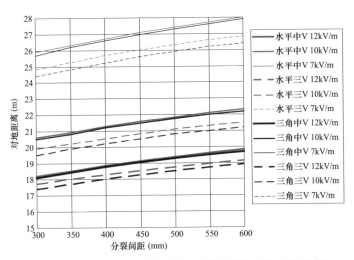

图 2-8-2　分裂间距变化与最小对地距离的关系（单回路）

表 2-8-2　　　　　　　　　　导 线 最 小 对 地 距 离　　　　　　　　　　　　　　　m

塔型 地区	酒杯塔、猫头塔 中相 V 串	酒杯塔、猫头塔 三相 V 串
居民区	27	26
一般非居民地区（如跨越农田）	22	21
人烟稀少的非农业耕作地区	19	

三、交叉跨越最小距离控制要求

特高压交流输电线路导线对各种交叉跨越距离值，按其取值原则，可分为三大类：由电场强度决定的距离；由电气绝缘间隙决定的距离；由其他因素决定的距离。

（1）对林木，以避免树木、植被有电场灼伤为原则，按 20kV/m 控制。

（2）对铁路、公路，以人接触输电线路下大型车辆时通过人体的放电电流不超过 5mA 为原则，按照 7kV/m 控制。

（3）对弱电线路、电力线路杆塔顶附近，考虑对电力线路专业维护人员的影响，以流经人体的电流不大于人能感觉到的最小电流"感知电流"为原则。

当电气绝缘距离控制时（如步行可以达到的山坡、步行不能达到的山坡峭壁、导线风偏时的各种最小距离等），按照操作过电压间隙，再考虑人放牧扬鞭等高度去 3.5m，考虑裕度 2m。

对于其他因素决定的距离（如对铁路、公路、电力线、通信线、河流的最小水平距离等），主要是以避免输电线路与其他设施的影响，并考虑与其他行业、地方法规的协调，以及实施的可行性为原则，根据我国超高压输电线路的设计、运行经验，适当留有裕度。

对于重要交叉跨越（如铁路，高等级公路，220kV 及以上输电线路，一、二级通航河流及特殊管道等），还需适当采取跨越措施，保证被跨物安全。

按照以上控制距离要求，以下选取特高压交流输电线路对树木的最小交叉跨越距离为例进行分析、计算。

四、树木交叉跨越距离计算

随着社会环保意识的不断加强，线路在经过林区、植被覆盖茂密等地区，应采取高塔跨越方案，保护生态环境。

（一）导线与林区树木之间的垂直距离

输电线路导线与树木的最小垂距，按照电气安全绝缘间隙加上一定的裕度而计算得到。110～330kV 线路一般取为最大过电压间隙加上约 3m 的裕度，早期 500kV 线路最大过电压间隙为 3.8m，按此计算并归整为 7m，750kV 线路按最大过电压间隙加上 3.5m 裕度，取为 8.5m。

特高压交流输电线路如果按中相最大过电压间隙 7m 加上 3.5m 裕度进行取值，即取 10.5m 时，此时校核电场强度大于 20kV/m，容易引起树木端部烧伤。

按照电场强度小于 20kV/m 控制与树木的最小垂距进行计算，具体计算见表 2-8-3。

表 2-8-3		导线与树木的垂直距离计算结果			m
场强	塔型	水平排列 I VI	三角排列 I VI	水平排列 三 V	三角排列 三 V
20kV/m		13.9	13.8	13.6	13.3

注　导线 8×500mm², 分裂间距 400mm。

从表 2-8-3 可以看出,特高压交流输电线路导线至树木最小垂直距离取值 14m 时,场强小于 20kV/m。

(二)导线最大风偏时与绿化区、防护林带树木之间的净空距离

考虑最大风偏的短时性,110~330 kV 线路均在上述垂直距离的基础上减少 0.5m,但我国现行《电力设施保护条例实施细则》中,对 500kV 级已规定净空距离采用与垂直距离相同的值,因此,特高压交流输电线路的该项距离取为 14m。

(三)导线与果树、经济作物、城市绿化灌木及街道树之间的垂直距离

该类树木超高生长的可能性很少,但考虑该类树木人接触的机会较多,且大多采用跨越方案,故应在跨越一般树木的取值基础上适当增加安全裕度,特高压交流输电线路取为 16 m。

第二节　典　型　案　例

案例一　与西气东输管道的交叉及并行

(一)问题描述

我国人口密度大,土地紧张,输电线路和输油输气管道平行接近和相互交叉难以避免。特高压交流输电线路与输油输气管道相邻,会对输油输气管道产生一定影响,主要体现为:交流线路正常运行时对输油输气管道的稳态电磁影响;交流输电线路遭受雷击或系统发生接地短路故障时,对输油输气管道的瞬态电磁影响。如果不加以处理,这两类影响可能威胁管道操作人员的人身安全,击穿管道防腐层、干扰管道阴极保护设备的正常工作或导致管道加速腐蚀。

试验示范工程输电线路与西气东输管道出现交叉跨越 3 次,且部分区段受限于线路路径通道,与西气东输管道平行距离较近。由于特高压交流输电线路的正常负荷电流和接地故障短路电流比较大,对西气东输管道造成了一定的交流干扰影响。相对位置示意如图 2-8-3 所示。

(二)解决方案及措施

通过对无防护措施时试验示范工程输电线路与西气东输管道电磁影响进行

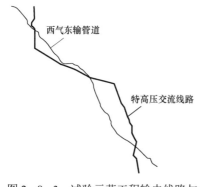

图 2-8-3 试验示范工程输电线路与
西气东输管道相对位置示意图

计算，计算结果表明：考虑大地电阻率为 40（Ω·m），试验示范工程在额定电流下运行时，管道涂层电压小于人体长时安全电压限值；在阴极保护设备上产生的干扰电压小于限值 30V；在单相接地短路故障下，管道涂层电压也小于人体瞬间安全电压限值。

考虑大地电阻率为 300（Ω·m），特高压交流输电线路在额定电流下运行时，管道涂层电压为 64V，超出人体长时安全电压限值 7%；在阴极保护设备上产生的干扰电压为 36V，大于限值 30V。在单相接地短路故障下，管道涂层电压最大值为 1630V，超出人体瞬间安全电压限值 9%，也超出管道安全电压限值。由于特高压交流输电线路在遭受雷击时，在管道上出现的电位不会超过其击穿电压，且管道电位衰减很快，可不考虑雷击输电线路时对管道的电磁影响。

为保证西气东输管道的安全运行，西气东输管道与试验示范工程线路的 3 次交叉点处、接近点处及西气东输管道与阳城 500kV 线路交叉处等 5 处地方敷设了排流装置，除第 1 交叉点处因地形限制，采用多根接地棒相连的地网，其余 4 处均采用裸铜线作为排流装置。

在此 5 处地区共敷设 10 根裸铜线、2 个接地网。每根裸铜线长 300m，截面为 35mm²，裸铜线通过交流电阻为 0.01Ω 的去耦合器与管道相连，连接点位于裸铜线中点。接地网采用 40 根砂 50×3000mm 的铜包钢接地棒相连。

（三）工程应用效果

通过采取上述防护措施，西气东输管道电压都满足安全要求。现场测试结果表明，在试验示范工程线路正常运行情况下，排流装置开启后，完全满足西气东输管道防腐要求。

通过加装排流装置，试验示范工程能满足西气东输管道的操作人员人身安全和设备安全，保证了试验示范工程和西气东输管道的正常运行。

案例二　跨越长杭高铁

随着国民经济的快速发展，铁路、特高压电网等重要设施的不断建设，输电线路与铁路的相互影响呈常态化趋势。为保证铁路的安全，《中华人民共和国铁路法》第四十六条规定：在铁路线路上架设电力、通讯线路，埋置电缆、管道设施，穿凿通过铁路路基的地下坑道，必须经铁路运输企业同意，并采取安全防护措施。

《铁路运输安全保护条例》(中华人民共和国国务院令 第 430 号)也有相应的条款。

为协调特高压线路与铁路的建设、运行安全,铁道部与国家电网公司经过多次协商,于 2019 年 3 月以《关于特高压交直流输电线路跨越铁路有关标准的函》(铁建设函〔2009〕327 号)对特高压交、直流线路跨越铁路的有关标准进行了规定。规定主要包括输电线路与铁路的交叉(塔位距路基的距离、交叉角、净空距离等)、平行(塔位距路基的距离)要求及跨越铁路处的加强措施等几个方面。

浙北福州工程在金东区塘雅镇黄鹤山村附近跨越杭长高铁,跨越段路径取得了地方规划部门和上海铁路局的书面同意意见,跨越段采取了如下措施:

(1)线路跨越铁路均采用独立耐张段设计。

(2)跨越铁路档的导线弧垂是按导线允许温度 80℃ 进行设计。下导线对轨顶垂直距离满足"导线最大弧垂(80℃时)与轨顶垂直距离不小于 25m"的要求。

(3)跨越铁路的两基杆塔基础与铁路中心线的水平距离满足"不得小于 40m"的要求。

(4)跨越档与铁路的交叉角达到 57°,均满足"线路与铁路交叉角应大于45°"的要求。

(5)跨越档采用的导地线质量可靠,跨越档不允许有接头和修补,导地线耐张线夹采用最可靠的液压方式压接,大大降低了断脱线的风险。

(6)通过计算调整,使跨越档的导线间隔棒安装位置避开铁路的正上方,杜绝附件掉落的隐患。

(7)跨越档耐张串的实际安全系数达到 4.0,断一联剩余一联仍能保证 2.0 的安全系数。悬垂串的实际安全系数达到 3.6,断一联剩余一联仍能保证 1.8 的安全系数。

(8)导线耐张串和悬垂串均采用双挂点设计,挂点采用比整串强度高一级的金具,金具和绝缘子均采用大厂优质产品,转动灵活连接可靠,大大降低了断串的风险。

(9)跨越档铁塔均采用自立式铁塔,其防倒能力强。

(10)铁塔实际使用条件并未达到设计允许条件,铁塔的安全裕度在 20%以上,等效重要性系数可达到 1.2 以上,具有较高的可靠性。

(11)铁塔 100 年一遇的设计条件下,考虑实际的使用条件,具有 20%以上的余度。

综上所述,浙北福州工程跨越杭长高铁的设计方案能够确保铁路安全的,满足铁路相关安全要求。跨越信息见表 2-8-4。

表 2－8－4　　　　　　　　　浙北福州工程跨越长杭高铁信息表

塔　　号	N63 号	N64 号
塔型	直线塔	直线塔
	SZK271012－105	SZC271017－84
塔高	148.2m	132m
塔基中心与铁路中心线的水平距离	100m	100m
杆塔外缘至轨道中心的水平距离	大于 85m	大于 85m
导线最大弧垂（80℃高温）与轨顶的垂直距离	60m	
线路与铁路的夹角	57°	
跨越档档距	239m	
耐张段长	1448m	
独立耐张段	是（耐—直—直—直—耐）	
导地线不得有接头	是	
导线采用双挂点	是	

案例三　淮河采砂船对线路的影响

（一）问题描述

大跨越工程是输电线路中非常重要的组成部分，其重要性程度高、工程量大、施工周期长，是制约线路工程建设的关键因素。北环工程在淮南市和怀远县县界附近的闸口村跨越淮河，跨越点左岸为汤渔湖行洪区，右岸为洛河洼行洪区。

安徽省淮河干流河道采砂由来已久，根据 2012 年 1 月安徽省水利厅批准的《安徽省淮河干流河道采砂应急规划》，北环工程跨越点所在的洛河洼采区为可采区。自 2011 年以来，在北环工程淮河大跨越跨越点上游几公里范围内，多次发生了因采砂船行进挂断或损伤电力线路导线的事故，仅在 2013 年上半年，就有 1000kV 淮南—上海、500kV 庄城 5352 线、110kV 田常 152 线三条电力线路在淮南附近淮河跨越段遭采砂船剐蹭，部分导线断股、断线。

（二）情况调查及分析

经过对事故情况深入分析发现，遭采砂船剐蹭的跨越淮河电力线路，其通航净空均按照淮河Ⅲ级航道、船桅高 16m 的标准进行设计，而实际上采砂船的高度均远远超过 16m。

目前，在淮河及长江干流河道采砂主要使用射流式采砂船（俗称"吸砂泵"，有单泵、双泵之分），采砂船主要由船体、吸砂管支架、吸砂管三部分组成。吸砂管由上端钻管和下端吸管组成。通过对采砂船的支架高度和钻管顶端高度进行实地测量，采砂船固定支架距水面最高 51m，钻管顶端（距水面）49m。经过与船主、加工采砂船的厂家交谈，附近的采砂船吸砂管上端钻管最长为 22m。

通过历次采砂船损伤电力线的事故分析报告来看，已有淮河大跨越线路导线弧垂最低点与水面距离最高为 40.1m，而采砂船体及吸砂管支架高度将近 30～50m，吸砂管完全伸出时将近 50～60m，采砂船在匆忙航行时，为节省时间，会将吸砂管拔出河底，并伸出固定支架，高度达到 50m 以上，进而损伤跨越淮河上方的电力线。

采砂船将吸砂管底部抬升至平齐船底时，钻管顶端高度达到 59m（对水面的净空距离），此时已经满足采砂船航行的条件，若继续提升吸砂管使其顶端高度超过 59m，采砂船将用时较长，且其船体在空载时会发生倾覆危险，因此，采砂船钻管顶端高度通常将不会超过 59m。

（三）工程解决方案

以采砂船吸砂管不损伤下层导线为原则，特高压交流输电线路只需考虑操作过电压 6m 的距离，净空高度为 65m；若按采砂船固定支架高 51m，考虑 12m 安全距离，净空高度为 63m。

因此，北环工程淮河大跨越提高跨越高度，对最高通航水位的净空高度取 65m，在不采用拦河索、考虑采砂船实际影响的情况下，确保采砂船在通行时与电力线路的安全距离。

案例四　分区段确定树木自然生长高度

当输电线路下的树木超过一定高度，树木端部会出现烧伤，测量表明，引起植物端部烧伤的电场强度在 20kV/m 以上。特高压交流输电线路按照电场场强小于 20kV/m 控制与树木的最小垂距。通过计算，特高压交流输电线路单、双回路导线至树木最小垂直距离分别取 14、13m 时，场强小于 20kV/m。

特高压交流输电线路在经过成片林区、植被覆盖茂密地区时，均按照树木自然生长高度采取高塔跨越技术方案，通过综合技术经济分析，因地制宜地采取跨越、砍伐、修剪、更换树种等方案。特高压交流输电线路均较长，经过地区气候条件、海拔高度均不同，每个地区的主要树种及自然生长高度也有较大差异。

浙北福州工程途径浙江、福建两省，在浙江省境内主要以毛竹、杉树、水杉、杨树、板栗、苗圃香樟树和松树为主。福建省境内以暖性针叶林的马尾松林、杉木林；常绿落叶阔叶混交林类的槠类、栎类、栲类混交林为主。针对所经过地区的不同情况，通过林业部门调查，浙北福州工程采取了不同的树木自然生长高度进行跨越。表 2-8-5 列出各省的树木自然生长高度，可供后续工程参考和借鉴。

表 2-8-5 树木自然生长高度表

地区	主要树种	树木高度（m）
浙江省	毛竹	18
	普通松树	15
	水杉树	22
	杨树	22
	板栗	22
	苗圃香樟树	15
福建省	马尾松	27
	毛竹林	20
	杉 树	24
	橄榄、芒果树	12
	柑橘、桃树、李树	5
	桉 树	27
	龙眼、荔枝、枇杷	8
	阔叶林	15
安徽省	杨树	25
	松树	16
	杂树	12
	杉树	18
	毛竹	18
江苏省	香樟树	18
	水杉	22
	杨树	25
	毛竹	18
	松树	16
	银杏	15
上海市	杨树	22
	松树	13
	香樟树	15
	杉树	22

注 对于超过以上树木自然生长高度的树木，在实际树高的基础上增加 3.5m 裕度进行跨越设计。

通过分区段确定树木自然生长高度进行跨越，既减少了树木砍伐，保护当地生态环境，又最大限度的节约工程投资，保证工程建设的经济性。

第三节 小 结

特高压交流输电线路路径长，经过地区多，与各种重要设施的交叉不可避免，通过采取合理的设计方案和有效的防护措施，确保特高压交流输电线路和被跨越设施的安全，降低各种安全风险。

针对与西气东输管道的平行于交叉，试验示范工程利用裸铜屏蔽线或铜包钢接地棒接地网敷设排流点，采用多根接地棒相连的地网，满足输油输气管道防腐要求，保证了特高压交流输电线路和西气东输管道的正常运行。跨越长杭高速时，浙北福州工程采取了各种安全措施，提高线路跨越铁路的安全裕度，跨越方案满足铁路相关安全要求，确保线路和铁路的相互安全。北环工程通过详细研究淮河采砂船对线路的影响，合理淮河大跨越净空高取 65m，确保采砂船在通行时与电力线路的安全距离。

针对不同地区的主要树种及自然生长高不同，通过分区段确定树木自然生长高度进行跨越，既减少了树木砍伐，保护当地生态环境，又最大限度的节约工程投资，保证工程建设的经济性。通过给出的各省区树木自然生长高度，可供后续工程进行参考和借鉴。

为了到达对地最小距离要求的电场强度，交叉跨越最小距离要求的电气强度、电气绝缘间隙和其他要求，特高压交流输电线路对不同的导线结构和布置方式进行了计算，给出了对地面、建筑物、树木的最小距离和交叉跨越最小距离的取值。1000kV 特高压交流输电线路对地面、建筑物、树木最小距离，与铁路、道路、河流、管道、索道及各种架空线路交叉最小距离、最小水平距离分别见表 2-8-6～表 2-8-8。

表 2-8-6　　　　　1000kV 特高压交流输电线路对
地面、建筑物、树木最小距离　　　　　　　　　m

场　　所		最小垂直距离	最小净空距离	最小水平距离
		1000kV	1000kV	1000kV
居民区		27（25）	—	—
非居民区	农业耕作区	22（21）	—	—
	非农业耕作区	19（18）	—	—

场　　所		最小垂直距离	最小净空距离	最小水平距离
		1000kV	1000kV	1000kV
交通困难区		15	—	—
步行可达山坡		—	13	—
步行不可达山坡		—	11	—
建筑物		15.5	—	—
城市多层建筑或规划建筑（最大计算风偏时）		—	—	15
不在规划范围的城市建筑（无风情况下）		—	—	7
树木	林区	14（13）	13	—
	果树	16（15）	13	—

注　1. 括号内数值用于双回路塔型逆相序排列时。

　　2. 跨越非长期住人的建筑物或邻近民房时，房屋所在位置离地1.5m处最大未畸变电场不得超过4kV/m。

　　3. 净空距离按导线最大计算风偏情况计算。

　　4. 非居民区用于大型机械不可达地区。

　　5. 非农业耕作地区对地距离仅供以后工程参考。

表2-8-7　　1000kV特高压交流输电线路与铁路、道路路、河流、

　　　　　　管道、索道及各种架空线路交叉最小垂直距离　　　　　　　m

项　　目		单回路最小垂直距离	同塔双回路（逆相序）最小垂直距离
铁路	至轨顶	27	25
	至承力索或接触线	10（16）	10（14）
公路	至路面	27	25
通航河流	至五年一遇洪水位	14	13
	至最高航行水位桅顶	10	10
	至最高航行水位	24	23
不通航河流	百年一遇洪水位	10	10
	冬季至冰面	22	21
弱电线	至被跨越物	18	16
电力线	至被跨越物	10（16）	10（16）
架空特殊管道	至管道任何部分	18	16

注　括号内的数值用于跨杆（塔）顶。

表 2-8-8   1000kV 特高压交流输电线路与铁路、道路、河流、
管道、索道及各种架空线路最小水平距离

项　　目			最小水平距离（单回路/同塔双回路逆相序）
铁路	杆塔外缘至轨道中心		交叉：塔高加 3.1m，无法满足要求时可适当减小，但不得小于 40m 平行：塔高加 3.1m，困难时双方协商确定
公路	交叉	杆塔外缘至路基边缘	15m 或按协议取值
	平行 边导线至路基边缘	开阔地区	最高塔高
		路径受限制地区	15m/13m 或按协议取值
通航河流	塔位至河堤		河堤保护范围之外或按协议取值
不通航河流			
弱电线	与边导线间（平行）	路径受限制地区 （最大风偏情况下）	13m/12m
电力线	与边导线间（平行）	路径受限制地区	杆塔同步排列取 20m 杆塔交错排列导线最大风偏时取 13m
架空特殊管道	与特殊管道平行时，边导线至管道任何部分	开阔地区	最高塔高
		路径受限制地区 （最大风偏情况下）	13m

注　1. 宜远离低压用电线路和通信线路，在路径受限制地区，与低压用电线路和通信线路的平行长度不宜大于 1500m，与边导线的水平距离宜大于 50m，必要时，通信线路应采取防护措施，受静电或电磁感应影响电压可能异常升高的入户低压线路应给以必要的处理；

　　2. 走廊内受静电感应可能带电的金属物应予以接地。

　　通过对已建线路的实地测量和分析，取值能满足各种电磁环境限制要求，各种环境影响的控制指标甚至低于已经运行的 500、750kV 超高压线路，完全满足国家规定的各种环保要求。

153

线 路 结 构 篇

第九章 杆 塔 荷 载

输电线路杆塔的荷载类型主要有塔身风荷载、导地线风荷载、导地线张力、导地线覆冰、杆塔自重、导地线自重等，在杆塔设计时，各类荷载又有多种组合方式。合理的确定各类荷载的具体数值，以及明确荷载的工况组合方式，对输电线路安全运行及降低工程造价有着十分重要的意义。

本章主要通过可靠指标的确定，荷载的计算方法，荷载工况的组合方式（基本风速及设计覆冰取值方法在气象条件选择章节已有说明）几方面典型案例来阐述特高压交流工程荷载的确定方法；通过杆塔荷载精细化设计以及施工荷载的确定典型案例来说明特高压交流工程杆塔荷载的差异化调整方案。

第 一 节 典 型 案 例

案例一 特高压交流工程结构可靠指标的确定

按照 GB 50068《建筑结构可靠度设计统一标准》的规定，结构在规定的设计使用年限内应满足下列功能要求：① 在正常施工和正常使用时能承受可能出现的各种作用；② 在正常使用时具有良好的工作性能；③ 在正常维护下具有足够的耐久性能；④ 在设计规定的偶然事件发生时及发生后仍能保持必需的整体稳定性。因此，要求结构具有足够的可靠性，结构的可靠性采用可靠指标来度量。

试验示范工程为我国第一条特高压交流输电线路工程，因此 1000kV 输电线路结构可靠指标尚未确定。相对于 500kV 输电线路，1000kV 输电线路输送容量和投资均提高数倍，其能否正常工作对整个电网的安全稳定运行至关重要，因此制定结构安全等级时，要综合考虑结构失效产生的后果和提高结构安全等级带来的投资增加，最终依据安全等级制定相应的可靠指标。

结构可靠指标的大小对结构的设计结果影响很大。如果可靠指标定的高，则结构会设计得很强，使结构造价加大；而如果可靠指标定得低，则结构会设计得较弱，从而影响结构安全。因此，结构设计可靠指标的确定应以达到结构可靠与经济的最佳平衡为原则，一般需考虑以下四个因素：① 公众心理；② 结构重要性；③ 结构破坏性质；④ 社会经济承受力。对于工程结构来说，可以认为年失效概率小于 1×10^{-4} 是较安全的，年失效概率小于 1×10^{-5} 是安全的，而年失效概率小于 1×10^{-6} 则是很安全的。GB 50068《建筑结构可靠度设计统一标准》所采用的设计基准期为 50 年，因此当在结构的设计基准期内失效概率分别小于 5×10^{-3}、5×10^{-4}、5×10^{-5} 时，可分别认为结构较安全、安全和很安全，根据计算，相应的可靠指标约为 2.5~4.0。

GB 50068《建筑结构可靠度设计统一标准》中规定结构构件承载能力极限状态的可靠指标不应小于表 3-9-1 的规定。

表 3-9-1 结构构件承载能力极限状态的可靠指标

破坏类型	安全等级		
	一级	二级	三级
延性破坏	3.7	3.2	2.7
脆性破坏	4.2	3.7	3.2

输电线路结构破坏类型为延性破坏，根据已建工程可反算出 500kV 输电线路结构可靠指标 $\beta \geqslant 3.2$，满足表 3-9-1 中二级安全等级建筑物的要求。1000kV 输电线路结构可靠指标应比 500kV 输电线路提高一个等级，即安全等级按一级考虑，因此，试验示范工程最终确定特高压交流工程结构可靠指标为 $\beta \geqslant 3.7$，后续的特高压交流工程沿用了此结论。

案例二 特高压交流工程杆塔荷载的计算方法

1. 结构重要性系数

杆塔结构作为输电线路的支撑体系，其是否安全可靠直接关系到整个输电线路的安全性，因此，对杆塔结构选取合适的重要性系数十分重要。

结构重要性系数 γ_0 对可靠指标有着重要影响，根据计算，γ_0 每提高 0.05，可靠指标增加约 0.1~0.2。GB 50068《建筑结构可靠度设计统一标准》中规定结构重要性系数应按结构构件的安全等级、设计使用年限并考虑工程经验确定，对安全等级为一级或设计使用年限为 100 年及以上的结构构件，其取值不应小于 1.1。根据案例一，1000kV 输电线路安全等级应按一级考虑，因此，特高压交流工程杆塔结构重要性系数取值应不小于 1.1。根据计算，杆塔结构重要性系数对塔重的影响见表 3-9-2。

表 3-9-2   杆塔结构重要性系数对塔重的影响

γ_0	1.0	1.1	1.2	1.0	1.1	1.2	1.0	1.1	1.2
	安装、断线工况取同值			安装、断线工况取 1.0			安装工况取 1.0		
塔重影响	1.0	1.090	1.180	1.0	1.060	1.150	1.0	1.065	1.155
工程投资	1.0	1.042	1.084	1.0	1.033	1.075	1.0	1.035	1.077

考虑不同重要性系数对工程投资的影响，且安装工况为短期荷载，因此，试验示范工程最终确定特高压交流工程杆塔结构重要性系数取 1.1，其中安装工况取 1.0。后续特高压单、双回线路工程沿用了此结论。皖电东送工程上海段的 1000kV 与 220kV 同塔并架四回路杆塔，考虑到线路更为重要，结构重要性系数应适当提高，经专题研究，最终取值 1.14。

2. 导地线风压高度变化系数

风压高度变化系数 μ_z 按照不同的地面粗糙度，在 GB 50665《1000kV 架空输电线路设计规范》中查表可得。在此规范中，将地面粗糙度类别划分为 "A"、"B"、"C"、"D" 四类，其中 A 类指近海面和海岛、海岸、湖岸及沙漠地区；B 类指田野、乡村、丛林、丘陵以及房屋比较稀疏的乡镇和城市郊区；C 类指有密集建筑群的城市市区；D 类指有密集建筑群且房屋较高的城市市区。

3. 导地线风荷载调整系数

对于特高压交流输电线路而言，其导地线风荷载调整系数取值应按 GB 50665《1000kV 架空输电线路设计规范》，见表 3-9-3。

表 3-9-3   导地线风载调整系数 β_c

基本风速 V（m/s）	$V<20$	$20 \leq V < 27$	$27 \leq V < 31.5$	$V \geq 31.5$
β_c	1.00	1.10	1.20	1.30

注   表中风速为离地 10m 高基准风速。

4. 杆塔风荷载调整系数

输电线路杆塔风荷载由两部分组成：一是长周期部分，其周期一般在 10 分钟以上，远离一般结构的自振周期，其作用属于静力性质，称之为平均风；二是叠加在长周期上的短周期部分，其周期一般只有几秒至几十秒，与结构的周期较为接近，其属于随机的动荷载，称之为脉动风。

杆塔风荷载调整系数 β_z 是指在一定时间范围内由平均风和脉动风共同作用

的总效应与平均风产生的效应之比。根据 GB 50665《1000kV 架空输电线路设计规范》的规定，单、双回路杆塔风荷载调整系数 β_z 的取值见表 3-9-4 及表 3-9-5。

表 3-9-4   单回路杆塔风荷载调整系数 β_z

横担及地线支架高（m）	≤60						>60			
β_z	2.2						2.5			
身部分段高（m）	10	20	30	40	50	60	70	80	90	100
β_z	1.30	1.35	1.40	1.45	1.50	1.55	1.60	1.65	1.70	1.80

表 3-9-5   双回路杆塔风荷载调整系数 β_z

横担及地线支架高（m）	≤90								
β_z	上横担 2.4，中横担 2.1，下横担 1.8								
身部分段高（m）	10	20	30	40	50	60	70	80	90
β_z	1.20	1.25	1.30	1.35	1.40	1.45	1.50	1.55	1.60
横担及地线支架高（m）	>90								
β_z	上横担 2.5，中横担 2.3，下横担 2.0								
身部分段高（m）	100	110	120	130	140	150			
β_z	1.70	1.75	1.80	1.85	1.90	2.00			

注 1. 中间值按插入法计算。

   2. 基础的 β_z 取对杆塔效应的 50%，即 β_z 基础＝（β_z 杆塔－1）/2＋1。

案例三   荷载工况组合的确定

（一）荷载分类

永久荷载：导线及地线、绝缘子及其附件、杆塔结构构件、杆塔上各种固定设备、基础以及土体等的重力荷载，土压力及预应力等荷载。

可变荷载：风和冰（雪）荷载，导线、地线及拉线的张力，安装检修的各种附加荷载，结构变形引起的次生荷载以及各种振动动力荷载。

（二）荷载方向

杆塔承受的荷载一般分解为：横向荷载、纵向荷载和垂直荷载三种。横向荷载是沿横担方向的荷载，纵向荷载是垂直横担方向的荷载，垂直荷载是垂直地面方向的荷载。

悬垂型杆塔应计算与线路方向成 0°、45°（或 60°）及 90°的三种基本风速的风向；一般耐张型杆塔只计算 90°和 45°两种基本风速的风向；终端杆塔除计算 90°和 45°两种基本风速的风向外，还应计算 0°基本风速的风向；悬垂转角塔和小角度耐张塔还应计算与导、地线张力的横向分力相反的风向。

风向与导、地线方向或塔面成夹角时，导、地线风荷载在垂直和顺线条方向的分量，塔身和横担风荷载在塔面两垂直方向的分量，根据 DL/T 5154《架空输电线路杆塔结构设计规定》，按照表 3－9－6 选用。

表 3－9－6　　　　　　　　　　　角度风作用时风荷载分配表

风向角 θ (°)	线条风荷载		塔身风荷载		水平横担风荷载	
	X	Y	X	Y	X	Y
0	0	$0.25W_x$	0	W_{sb}	0	W_{sc}
45	$0.5W_x$	$0.15W_x$	$K_1 \times 0.424 \times (W_{sa} + W_{sb})$	$K_1 \times 0.424 \times (W_{sa} + W_{sb})$	$0.4W_{sc}$	$0.7W_{sc}$
60	$0.75W_x$	0	$K_1 \times (0.747W_{sa} + 0.249W_{sb})$	$K_1 \times (0.431W_{sa} + 0.144W_{sb})$	$0.4W_{sc}$	$0.7W_{sc}$
90	W_x	0	W_{sa}	0	$0.4W_{sc}$	0

注　1. X、Y 分别为垂直与顺导、地线方向风荷载的分量。

2. W_x 为风垂直导、地线方向吹时，导、地线风荷载标准值。

3. W_{sa}、W_{sb} 分别为风垂直于杆塔侧面及正面时，塔身风荷载标准值。

4. W_{sc} 为风垂直于横担正面吹时，横担风荷载标准值。

5. K_1 为塔身风载断面形状系数。

（三）荷载组合

从我国规范、ASCE、IEC 标准来看，各国对杆塔的基本荷载组合均分为三类，按我国的习惯表示方法，为正常运行情况、安装情况和断线情况，另外，在 2008 年冰灾之后，我国规范又增加了不均匀覆冰情况。因此 1000kV 特高压交流线路按四种情况进行杆塔荷载组合。

1. 正常运行情况

（1）基本风速、无冰、未断线（包括最小垂直荷载和最大横向荷载组合）。

（2）设计覆冰、相应风速及气温、未断线。

（3）最低气温、无冰、无风、未断线（适用于终端和转角杆塔）。

2. 安装情况

（1）悬垂型杆塔。

1）提升导线、地线及其附件时的作用荷载。包括提升导地线、绝缘子和金具等重力荷载（导线宜按 1.5 倍计算，地线宜按 2.0 倍计算），安装工人和工具的附加荷载，动力系数取 1.1。

2）导线及地线锚线作业时的作用荷载。锚线对地夹角不宜大于 20°，正在锚线相的张力动力系数取 1.1。挂线点垂直荷载取锚线张力的垂直分量和导、地线重力和附加荷载之和，纵向不平衡张力分别取导、地线张力与锚线张力纵向分量之差。

（2）耐张型杆塔。

1）锚塔在锚地线时，相邻档内的导线及地线均未架设；锚导线时，在同档内的地线已架设。

2）紧线塔在紧地线时，相邻档内的地线已架设或未架设，同档内的导线均未架设；紧导线时，同档内的地线已架设，相邻档内的导、地线已架设或未架设。

3）锚线和紧线塔均允许计及临时拉线的作用，临时拉线对地夹角不应大于 45°，其方向与导、地线方向一致，导线的临时拉线按平衡导线张力标准值 40kN 取值，地线临时拉线按平衡地线张力标准值 10kN 取值。

4）紧线牵引绳对地夹角不宜大于 20°，计算紧线张力时应计及导、地线的初伸长、施工误差和过牵引的影响。

5）安装时的附加荷载。

（3）导、地线的架设次序，按自上而下逐相架设。对于双回路及多回路杆塔，应按实际需要计及分期架设的情况。

（4）终端杆塔应计及变电站一侧导线及地线已架设或未架设的情况。

（5）与水平面夹角不大于 30°且可以上人的铁塔构件，应能承受设计值 1000N 人重荷载，且不应与其他荷载组合。

3. 断线情况

（1）悬垂型杆塔。

1）单回路杆塔，任意一相导线有纵向不平衡张力，地线未断；断任意一根地线，导线未断。

2）双回路杆塔，同一档内，任意两相导线有纵向不平衡张力；同一档内，断一根地线，任意一相导线有纵向不平衡张力。

（2）耐张型杆塔。

1）同一档内，任意两相导线有纵向不平衡张力，地线未断。

2）同一档内，断任意一根地线，任意一相导线有纵向不平衡张力。

3）同一档内，断两根地线、导线无纵向不平衡张力。

4. 不均匀覆冰情况

10mm 冰区不均匀覆冰情况的导、地线不平衡张力取值应符合表 3–9–7 规定的导、地线最大使用张力百分数。垂直冰荷载宜取设计覆冰荷载的 75%计算。相应的气象条件宜按 −5℃、风速 10m/s 计算。

表 3-9-7　　　10mm 冰区不均匀覆冰情况的导、地线最小不平衡张力　　　　　%

悬垂型杆塔		耐张型杆塔	
导线	地线	导线	地线
10	20	30	40

案例四　杆塔荷载精细化设计

（一）杆塔荷载按呼高分组计算

根据 DL/T 5154《架空输电线路杆塔结构设计技术规定》中关于风荷载标准值的计算公式可知，风压高度变化系数 μ_z 和杆塔风荷载调整系数 β_z 都受杆塔高度的影响，在基本风速和水平档距一定的前提下，随着塔高增加，μ_z 和 β_z 均增大。若杆塔所有呼称高均按同一水平档距进行设计，势必出现铁塔塔头、上部塔身等公用塔体受高塔控制的情况，使得杆塔在低呼称高时无法充分发挥承载潜能。

另外，在实际工程中，为满足一些特殊需要（如交叉跨越、风偏、边线等），不得不将铁塔高度提高，而此时使用条件往往达不到规划条件，这就导致了杆塔单基指标偏高，经济性不佳，既增加了塔重又增大了基础作用力，造成不必要的浪费。

特高压交流工程设计时，按照铁塔的实际高度计算其对应的风荷载，对高塔折减档距，这样便可有效减小低呼高铁塔的风荷载，从而减轻塔重，同时也减小了低呼高铁塔的基础作用力，节省基础工程量。

（二）单回路耐张塔基础作用力分档设计

对单回路耐张塔，控制基础作用力的主要因素在于导线角度力，随着角度增加，杆塔基础作用力也会相应加大。按照设计习惯，特高压交流单回路耐张塔一般按照 20°进行分档。而在工程实际使用中，大多数杆塔角度并没有达到设计极限，因此，若按照极限角度进行基础作用力计算，势必造成基础工程量的浪费。表 3-9-8 中以特高压交流工程中常用的 33m/s 基本风速、10mm 设计覆冰、Ⅱ型耐张塔为例，列出了每 10°转角的基础作用力。

表 3-9-8　　　　　　　特高压交流单回路耐张塔基础作用力

塔名	角度分级（°）	呼高（m）	上拔力设计值（kN）			下压力设计值（kN）		
			T	T_x	T_y	N	N_x	N_y
J33102L	20~30	42	3093.0	530.0	459.0	−4345.0	708.4	627.0
		45	3254.8	557.7	483.0	−4572.3	745.5	659.8
	30~40	42	3942.4	642.4	575.3	−4902.7	798.6	708.4
		45	4148.7	676.0	605.4	−5159.2	840.4	745.5

由表 3-9-8 可以看出，若按照每 10°进行分档计算，小角度可比极限角度

基础作用力减小约 20%。针对这种情况，特高压交流单回路耐张塔按照每 10°计算基础作用力，有效减少了基础工程量，随着基础尺寸的减小，在一定程度上也可以控制基础施工对原始地面的破坏，使的基础设计更加经济环保。

案例五　施工荷载的确定

1000kV 特高压交流工程安装工况应与其他电压等级基本保持一致，但同时应考虑该电压等级输电线路的具体特点，对施工中附加荷载及耐张塔安装时临时拉线平衡张力作出合理调整。

（一）附加荷载

1000kV 特高压交流工程导线分裂数多，其重量约为 500kV 线路工程的 1.5 倍，且金具和安装导线所需设备的重量均比 500kV 线路工程大，因此附加荷载应有所增加。根据实际情况，在 1000kV 特高压交流工程设计时，附加荷载取值相对于 500kV 线路工程增加一倍。1000kV 特高压交流线路杆塔施工附加荷载见表 3-9-9。

表 3-9-9　　　　　　1000kV 特高压交流线路杆塔施工附加荷载　　　　　　kN

电压等级	导　线		地　线		跳线
	悬垂型杆塔	耐张型杆塔	悬垂型杆塔	耐张型杆塔	
1000kV	8.0	12.0	4.0	4.0	6.0

（二）临时拉线平衡张力

对于锚塔和紧线塔临时拉线平衡张力的取值，在 DL/T 5154—2002《架空送电线路杆塔结构设计技术规定》中规定：临时拉线一般可按平衡导地线张力的 30%考虑；对 500kV 杆塔临时拉线分别按平衡导线、地线张力标准值为 20kN 与 5kN考虑。根据以上取值，对 330kV 及以下输电线路的耐张塔来讲，安装荷载不会成为大部分构件的控制因素，但是对 500kV 线路的耐张塔来讲，已有较多构件，甚至部分主材由安装荷载控制。

针对以上情况，DL/T 5154—2012《架空输电线路杆塔结构设计技术规定》中，对临时拉线取值进行了如下调整：500kV 以下杆塔临时拉线一般可平衡导地线张力的 30%，500kV 及以上杆塔，4 分裂导线的临时拉线平衡导线张力标准值取30kN，6 分裂及以上导线的临时拉线平衡导线张力标准值取 40kN，地线临时拉线平衡地线张力标准值取 5kN。

根据计算对于特高压交流工程导线临时拉线平衡张力取值分别为 40、60、80kN 时，铁塔重量变化很小，平衡张力为 60kN 时，塔重比平衡张力为 40kN 时减轻约 1.07%，平衡张力为 80kN 时，塔重比平衡张力为 40kN 时减轻 1.44%。由于临时拉线平衡张力受现场施工条件制约较多，提高临时拉线平衡张力会使施工变得困难，甚至降低施工安全性，因此，特高压交流工程导、地线临时拉线平衡张力分别按照 40kN 和 10kN 取值。

（三）施工用孔限制荷载

特高压交流工程在杆塔设计时，为充分考虑施工需要，方便杆塔组立，在塔身适当位置设置了一定数量的施工用孔。但是如果对施工用孔没有明确其所能承受的极限荷载，一方面会给组塔施工带来一定不便，另一方面，若施工荷载超过了施工用孔的承受能力，也会带来一定的安全隐患。因此，设计单位在铁塔结构图中明确给出了各施工用孔的限制荷载，如图 3－9－1 所示。

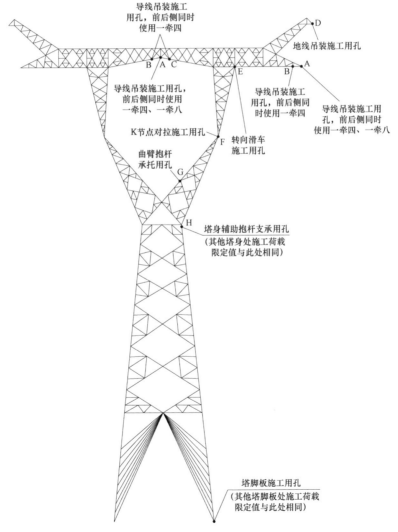

图 3－9－1　铁塔施工用孔示意图

第二节 小   结

结构可靠度是对结构在规定时间、规定条件下，能否完成预定功能的综合考量。结构设计可靠指标的确定应以达到结构可靠与经济的最佳平衡为原则。根据 GB 50068《建筑结构可靠度设计统一标准》的规定，最终确定特高压交流工程结构可靠指标为 $\beta \geqslant 3.7$。

杆塔结构重要性系数是确定杆塔荷载最重要的指标数据。参照 GB 50068《建筑结构可靠度设计统一标准》的规定，分析计算不同杆塔结构重要性系数对塔重及工程投资的影响，同时考虑不同荷载效应对结构的影响程度，确定特高压交流工程杆塔结构重要性系数取 1.1，其中安装工况取 1.0。

杆塔荷载按呼高分组计算可以有效的解决铁塔塔头、上部塔身等公用塔体受高塔控制的问题，使得杆塔设计更为经济合理；特高压交流单回路耐张塔按照每 10° 进行分档计算杆塔基础作用力，小角度可比极限角度基础作用力减小约 20%。

特高压交流工程直线塔附加荷载，导线取 8.0kN，地线取 4.0kN；耐张塔附加荷载，导线取 12.0kN，地线取 4.0kN；跳线附加荷载取 6.0kN；特高压交流工程导、地线临时拉线平衡张力分别按照 40kN 和 10kN 取值。

特高压交流工程在铁塔结构图中应标明各施工用孔的限制荷载，既满足施工的需要，又提高施工的安全性。

第十章 杆 塔 结 构

杆塔结构优化应根据材料的截面型式和材质进行杆件布置，综合考虑杆塔单基指标、基础工程量、占地面积等情况，力求达到最佳综合经济效益。同时，优化方案应使得结构传力清晰、受力合理，能充分发挥各类杆件的承载能力，既保证杆塔结构科学合理、安全可靠，又能降低单基杆塔的钢材耗量。

本章通过角钢塔、钢管塔节点优化设计以及铁塔长短腿配置方面的案例阐述了特高压交流工程关于杆塔结构优化方面的具体措施；通过钢管塔杆端弯矩的影响分析、钢管微风振动控制措施、杆塔埃菲尔效应校验方法、抱杆承托孔设计方案优化以及单、双挂点通用设计来说明针对可能出现的问题，特高压交流工程在杆塔设计方面开展的有针对性的结构优化案例。

第一节 典 型 案 例

案例一 杆塔节点优化设计

节点构造和优化处理直接关系到构件承载力设计值与实际承载力是否相符，对铁塔的安全运行十分重要，同时也会影响铁塔重量。结构构件的实际受力情况和传力途径往往和计算假定有一定的偏差，为使实际的结构形式与理论计算更加一致，需要对某些比较复杂的节点或结构采取必要的构造措施，以控制传力路线，保证结构安全。

（一）角钢塔节点优化设计

1. 主材采用双面连接

主材双面连接比单面连接承载力可提高 20%～30%，因此，考虑杆塔设计的经济性，主材应尽量采用双面连接。横担主材和塔身主材的连接就可以通过构造措施合理的采用双面连接（见图 3－10－1），通过这种处理方式，可以减小节点板的尺寸，提高连接的可靠性，也可减小横担主材规格。

2. 螺栓采用非标准线

铁塔主材和斜材的连接可适当采用非标准螺栓准线，斜材尽量伸入主材，这样使得节点更为紧凑，在保证刚度的前提下，可减小节点板的尺寸；在满足构造要求的前提下，可减小杆件偏心，提高杆件的端部连接刚度。

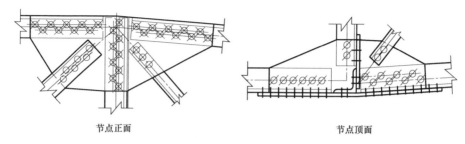

节点正面   节点顶面

图 3-10-1　横担上平面与材双面连接

3. 单变双节点优化

单、双角钢过渡的节点连接方式（见图 3-10-2）在特高压交流铁塔设计中使用已较为普遍，以往针对这种连接方式并无明确的设计原则，设计单位一般根据经验进行取值，往往偏于保守，中间水平连接板普遍偏厚。

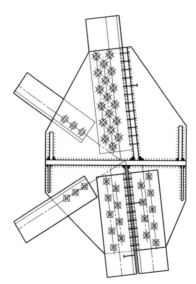

图 3-10-2　单、双角钢过渡节点示意图

选取单角钢规格 L300×30，双角钢规格 2L250×24，通过有限元计算分析，不同厚度中间水平连接板应力云图如图 3-10-3，应力计算值见表 3-10-1。

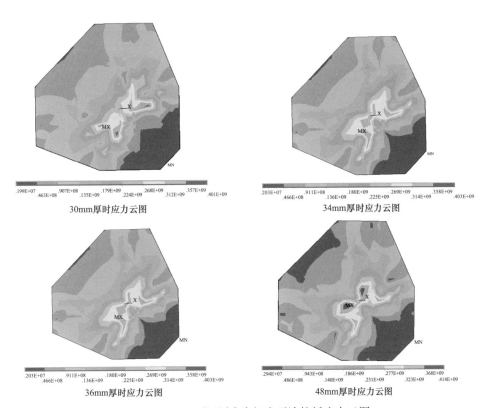

.199E+07	.907E+08	.179E+09	.268E+09	.357E+09
.463E+08	.135E+09	.224E+09	.312E+09	.401E+09

30mm厚时应力云图

.203E+07	.911E+08	.180E+09	.269E+09	.358E+09
.466E+08	.136E+09	.225E+09	.314E+09	.403E+09

34mm厚时应力云图

.203E+07	.911E+08	.180E+09	.269E+09	.358E+09
.466E+08	.136E+09	.225E+09	.314E+09	.403E+09

36mm厚时应力云图

.294E+07	.943E+08	.186E+09	.277E+09	.368E+09
.486E+08	.140E+09	.231E+09	.323E+09	.414E+09

48mm厚时应力云图

图 3-10-3 不同厚度中间水平连接板应力云图

表 3-10-1　　　　　　不同厚度中间水平连接板应力计算值

模型编号	中间连接板厚（mm）	破坏模式	单角钢最大应力（MPa）	中间板最大应力（MPa）
1	30	单角钢主材破坏	459	401
2	34		454	403
3	36		454	403
4	48		456	414

根据以上分析可知，在中间水平连接板不发生破坏的前提下，随着板厚的增加，并不能提高节点整体刚度及强度。且局部应力随着板厚增加略微有所提升。

特高压交流工程给出了主材单肢与双肢连接节点底板厚度建议值，见表 3-10-2。

主材单肢与双肢连接节点底板厚度建议值

上部单肢 角钢规格	最大承载力 N（kN）	拉力计算取值 T（kN）	最小板厚 t（mm）	最小板宽 A（mm）
L180×14	1555.7	1322.3	20	220
L180×16	1762.1	1497.8	20	220
L200×16	2010.6	1709.0	20	240
L200×18	2126.3	1807.4	22	240
L200×20	2344.6	1992.9	22	240
L200×24	2772.0	2356.2	26	240
L220×18	2246.4	2021.8	22	260
L220×20	2480.6	2232.6	22	260
L220×22	2709.1	2438.2	24	260
L220×24	2934.5	2641.1	26	260
L220×26	3157.0	2841.3	28	260
L250×24	3462.9	3116.6	26	280
L250×26	3727.6	3354.8	28	280
L250×28	3993.9	3594.5	30	280
L250×30	4257.7	3831.9	32	300
L250×32	4518.9	4067.0	34	300
L250×35	4906.0	4415.4	36	300

4. 曲臂 K 节点优化

单回路直线塔上下曲臂采用 K 形连接方式（见图 3–10–4），这种结构型式受力清晰、节省钢材，多年的运行经验表明这种结构是安全可靠的，但这种连接方式一般具有变形偏大的问题（见图 3–10–5）。

为减少节点位移，建议在杆塔设计中采取如下措施：① 上下曲臂主材断开，优化曲臂 K 节点主材夹角（建议夹角不小于 18°）；② 增加连接板刚度和连接螺栓的数量；③ 明确加工要求，提高加工精度，使 K 节点处螺栓和螺孔配合紧密。

（二）钢管塔节点优化设计

1. 钢管偏心设计

通常，在钢管塔设计中，当主材管径较大时，斜材与主材采用偏心连接，这样可以减小斜材负头，缩小节点板尺寸，使节点更为简洁紧凑，同时可以降低塔重。

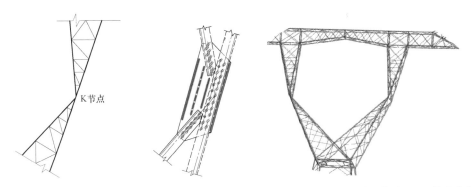

图 3-10-4　单回路直线塔曲臂 "K" 节点　图 3-10-5　单回路直线塔曲臂 "K" 节点位移图

根据研究结论，偏心率对主材承载力的影响较大，在斜材应力相同的情况下，偏心率增大 50%，主材极限承载力会减小 10%~15%。

考虑到偏心率对主材承载力的影响，杆塔上部内力较小，斜材偏心连接对主材承载力影响相对较大，不建议采用偏心布置形式；杆塔中下部内力较大，斜材偏心连接对主材承载力影响相对较小，可采用偏心布置形式（见图 3-10-6）。

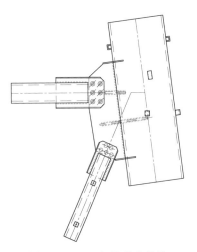

图 3-10-6　钢管偏心构造

2. 横担根部节点优化

钢管塔横担和塔身连接的节点受力大，结构复杂，处理不好易造成实际构造和计算模型不吻合的情况。设计中横担主材和塔身主材采用 "+" 型插板双面连接（见图 3-10-7），可以达到中心受力的目的，这种处理方式既减小了横担主材规格，又改善了节点受力特性。

3. 变坡处节点设计

钢管塔塔身变坡节点一般采用横向过渡板对焊（见图 3-10-8）和法兰连接（见图 3-10-9）两种形式。横向过渡板对焊式塔身变坡处上下主管通过一块焊板连接，该方式优点为节点安全可靠，缺点为节点复杂、焊接工作量大。法兰连接式塔身变坡处上下主管通过刚性法兰盘连接，该方式优点为节点构造简单清晰，缺点为下方法兰板为异形，加工精度要求高。

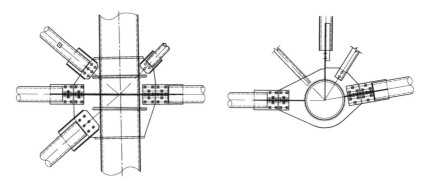

图 3−10−7　横担根部和主材的连接节点构造

　　通过计算分析，钢管塔塔身变坡处不论采用以上那种形式，只要参数取值合理，结构均安全可靠。但是横向过渡板对焊式需多使用 8 个锻造法兰，且加劲板数量较多，导致其塔重较法兰连接式增重约 2%；同时采用横向过渡板对焊式主材内力通过大板的厚度方向传递，需考虑横向过渡板厚度方向层状撕裂的问题。因此工程中塔身变坡处一般采用法兰连接的形式。

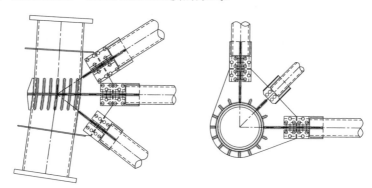

图 3−10−8　横向过渡板对焊式示意图

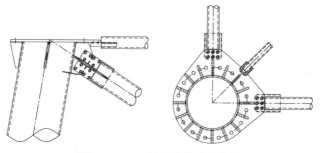

图 3−10−9　法兰连接式示意图

案例二 钢管塔杆端弯矩的影响分析

钢管塔构件焊接的连续性、节点板刚度都强于常规角钢铁塔，因此杆件端部受到很大的嵌固作用，节点限制杆件间夹角的变化，造成杆件弯曲，由此产生的杆端弯矩具有二阶效应，称为次弯矩。考虑杆端弯矩后，钢管塔主材的受力为拉弯或压弯，计算时需要同时考虑轴力和弯矩对杆件受力的影响。通过计算分析得出以下结论：

（1）最大杆端弯矩均出现在塔腿和塔身变坡处。

（2）部分构件由于出现了杆端弯矩，其应力超过了材料的屈服强度，但并不意味着材料已整体进入塑性发展阶段。

（3）对于轴力较小的构件，杆端弯矩可能成为控制因素。

（4）杆端弯矩对应力的贡献一般为应力的 15%～20%。

（5）除在变坡、下横担节点等产生同向弯曲处的杆端弯矩有所突变之外，杆端弯矩在塔腿处也较大。

通过相关计算分析，在杆端弯矩的影响下，钢管构件截面应力分布明显不均匀，并在截面边缘达到最大值，但由于钢管的塑性性能较好，当其边缘达到屈服点后，并未发生破坏，而是有效的进行内力重分布。因此，对于钢管塔的大部分构件，由于杆端弯矩产生的应力仅占全部应力的 20% 左右，可充分利用钢管优良的塑性性能来抵抗杆端弯矩的不利影响；当杆端弯矩产生的应力超载 20% 时，应考虑杆端弯矩的影响，避免出现塑性过度发展导致构件破坏，实际操作中可通过预留一定裕度（一般为 5%～10%）的方法来解决此类问题。

案例三 钢管微风振动控制措施

输电线路常见的截面形式中，圆截面形式的钢管构件更容易发生微风振动，微风振动的实质是构件在垂直于来流方向发生的涡激共振。构件发生微风振动有两个必要条件：① 雷诺数 R_e 处于亚临界范围，即 $3\times10^2 < R_e < 3\times10^5$，其中 $R_e = 69000VD$（V 为风速，D 为管径），所以便确定了可能诱发微风振动的最大风速为 $V_{\max} = \dfrac{100}{23D}$；② 来流风速必须大于构件微风振动一阶起振临界风速（V_{cr}），即 $V \geqslant V_{cr}$（$V_{cr}=5wD/2\pi$，w 为钢管构件一阶固有振动频率）。

因此，应设法让构件不能同时满足发生微风振动的两个必要条件，如果满足 $V_{cr} > V_{\max}$，就能有效地抑制构件的微风振动。根据研究成果，对于风速、风向非恒定的一般地区，起振临界风速可按不小于 8m/s 考虑。不同杆端约束条件钢管构件不发生微风振动的最大长细比限值见表 3-10-3。

表 3-10-3 不同杆端约束条件钢管构件不发生微风振动的长细比限值

杆端约束	最大长细比限值 λ
两端铰接	$\lambda^2 < 2.62 \times 10^4 D$
两端固接	$\lambda^2 < 5.89 \times 10^4 D$
悬臂	$\lambda^2 < 0.93 \times 10^4 D$

从表 3-10-3 中可见，管径越小，对应的构件长细比限值越小。比如当管径 $D=89$mm 时，要防治发生微风振动，对于两端铰接的构件，就要求其长细比在 48 以内，对于两端固接的构件，其长细比则需要控制在 72 以内。采用如此小的长细比，势必造成钢材的大量浪费，在输电线路钢管塔设计中是不可取的。因此，为了更好的防治微风振动的发生并且能够有效的节约钢材，对于受力较小或不受力的构件，应尽量采用角钢制作。如必须使用钢管构件，工程中采取控制长细比的方法来防止构件微风振动的发生，一般水平杆件长细比控制在 140 以下，斜材长细比控制在 160 以下。

案例四　杆塔埃菲尔效应校验方法

杆塔结构具有很大的空间尺度，因此不会同时在不同的高度上均达到最大风速。当杆塔某个高度处的风速达到最大值时，塔身离该点越远的位置，风速达到最大值的概率越小。风速变化的这种特性，对曲线形杆塔斜材的受力影响很大。鉴于曲线形杆塔与埃菲尔铁塔外形相似，因此把这种影响称之为斜材的埃菲尔效应。

根据 DL/T 5154《架空输电线路杆塔结构设计技术规定》，杆塔斜材的埃菲尔效应，可采用折减系数法或剪力比法进行计算。其中，较为常用的是折减系数法。

折减系数法是以变坡段主材的交点为界，将杆塔分成上下两大部分，并在其上下分别作用设计风载和折减风载，从而求得风速在最不利分布的情况下斜材内力的一种方法。设计风载是指按设计基本风速和相关系数计算确定的水平风荷载，折减风载是将设计风载乘以折减系数后得到的风荷载，折减系数法荷载工况示意如图 3-10-10 所示。

图 3-10-10 中，情况 1 为变坡段主材交点位于塔顶以上，塔身不构成上下两部分，仅需按设计风载计算即可；情况 2 为变坡段主材交点位于塔身范围内，应按图示荷载计算 3 个工况；情况 3 为塔身有 3 个坡度段，主材的两个交点都位于塔身内，应按图示荷载计算 5 个工况。

折减系数取值见表 3-10-4。

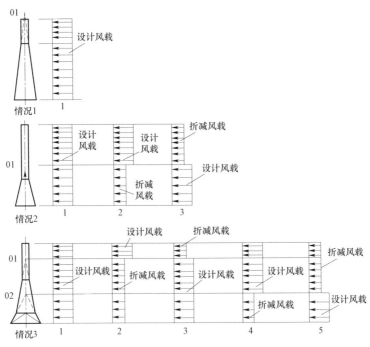

图 3-10-10 折减系数法荷载工况示意图

表 3-10-4   折 减 系 数 取 值

塔 型	风荷载	线条张力
悬垂直线塔	0.3	—
转角塔（包括悬垂转角塔）	0.3	0.8

此外，当曲线形杆塔斜材没有按照折减系数法或剪力比法计算埃菲尔效应时，为保证斜材具有足够的承载能力，其设计内力不宜小于主材内力的3%。

案例五 铁塔长短腿配置

输电线路工程所经地区往往地形复杂，山地、丘陵较多，采用全方位长短腿，根据塔位地形灵活地配置塔腿，可以有效的减少基础开挖土方量，起到保护环境的作用。

在个别选线困难，地形十分陡峭的塔位，也可能出现长短塔腿＋高低基础无法满足立塔要求的情况。针对这种情况，工程中采用了长短塔腿＋辅助桁架的设计方案，以满足立塔需要，如图3-10-11所示。

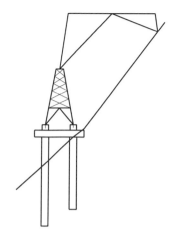

图 3-10-11　长短塔腿+辅助桁架设计方案

案例六　抱杆承托孔设置方案优化

输电线路铁塔组立一般采用内悬浮抱杆的方式，如图 3-10-12 所示，这种组塔方式要求铁塔塔身设置有固定抱杆承托绳的位置，以往铁塔设计未考虑此要求，组塔时一般会选择将抱杆承托绳捆绑在塔身节点处，这样容易导致铁塔锌层脱落，严重时甚至导致塔材扭曲。

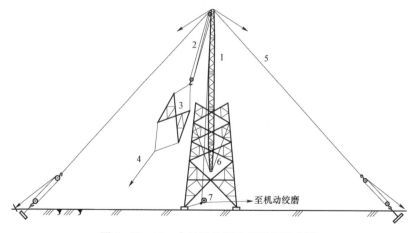

图 3-10-12　内悬浮抱杆分解组塔示意图

基于以上情况，特高压交流铁塔设计时，在角钢塔塔身内侧设置了用于固定抱杆承托绳的施工用孔，该组件为凸出的孤立构件，且焊接在塔身主材上，这种设置方式加大了塔材运输的难度，如果运输中不采取特殊措施，易发生碰撞变形，且无法修复，因此，为降低塔材运输难度，减少运输导致的杆件损坏，将角钢塔的焊接式辅助抱杆承托组件进一步改为螺栓连接,如图 3-10-13 所示。

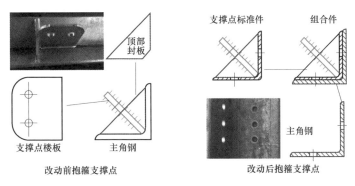

图 3-10-13　螺栓连接式抱杆承托组件

案例七　单、双挂点通用设计

为方便线路检修或者改造,要求杆塔挂点设置能够同时满足导线单挂和双挂的需求,因此设计了一种适用于特高压交流悬垂直线塔的单、双导线挂点通用型式,如图 3-10-14 所示。采用该通用型式挂点,铁塔加工时只需按设计图加工,现场安装时根据串型要求选择相应的悬挂方式,变更挂点处挂线角钢的安装方向即可。该挂点型式具有加工简便、安装简单、运营维护方便的特点。

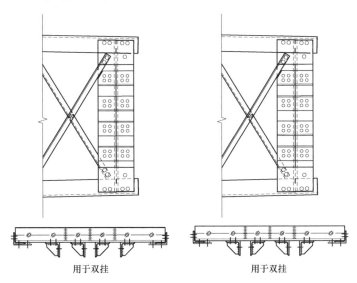

图 3-10-14　特高压交流悬垂直线塔单、双挂点通用型式

第二节　小　　结

　　本章通过角钢塔主材双面连接、单变双节点优化、曲臂 K 节点优化以及钢管塔偏心设计、横担根部节点优化、变坡处节点设计等方面的案例，阐述特高压交流工程在杆塔结构优化方面的一些实例，通过结构优化以达到杆塔设计经济合理、安全可靠的目的。

　　杆端弯矩、微风振动和埃菲尔效应是特高压铁塔设计中必须考虑的问题。当杆端弯矩产生的应力占全部应力的 20% 以下时，可不考虑其不利影响；当杆端弯矩产生的应力超过全部应力的 20% 时，可通过预留 5%～10% 的裕度来避免塑性过度发展导致构件破坏；消除微风振动最有效的措施是控制杆件长细比，工程中通常将水平杆件长细比控制在 140 以下，斜材杆件长细比控制在 160 以下；杆塔斜材的埃菲尔效应，可采用折减系数法或剪力比法进行计算，若没有按以上两种方法计算时，为保证斜材具有足够的承载能力，其设计内力不宜小于主材内力的 3%。

　　铁塔长短腿配置、抱杆承托孔设置方案优化以及单、双挂点通用设计均是杆塔结构优化方面的案例，通过这些优化工作，提高了杆塔的施工便利性以及环境适用性。

第十一章 杆 塔 材 料

杆塔材料的选择要考虑构件的截面特性。合理的选择杆塔材料对于线路工程的安全性、经济性、合理性以及先进性都有着非常重要的意义。

以往高压输电杆塔所使用的材料主要为普通规格（肢宽不大于 200mm）Q235和 Q345 热轧等边角钢，随着电压等级的不断提升以及双回路、多回路杆塔的使用，也大量采用了 Q420 高强角钢。特高压交流杆塔在外形尺寸以及所承受的荷载上均远远大于高压输电杆塔，常用的热轧等边角钢强度和规格已难以满足杆塔设计的要求，这就使得高强度大规格角钢（肢宽大于 200mm）、高强钢管在工程中的研究应用成为了必然。

本章通过高强钢、高强度大规格角钢、高强钢管以及锻造法兰的应用案例，阐述特高压交流杆塔材料的应用现状；通过复合材料创新使用的案例，论述特高压交流杆塔材料的发展趋势；通过极端低温条件下杆塔选材方案研究，说明了在极端条件下，特高压交流杆塔的差异化选材方案。

第一节 典 型 案 例

案例一 高强钢、高强度大规格角钢及高强钢管的应用

（一）高强钢的应用

合理采用高强度等级的结构钢材不仅可降低杆塔本体的重量，大幅度减少加工及施工难度，还有益于提高我国杆塔结构设计以及加工水平。目前特高压交流工程普遍使用 Q420 高强度角钢，同时配合应用大规格角钢，有效减少了组合角钢的使用，提高了结构的可靠性。

铁塔构件的承载能力由强度承载力和稳定承载力两个因素决定，强度承载力取决于构件的净面积（截面面积减去螺栓减孔面积）、钢材材质及连接特性等；稳定承载力则取决于构件的计算长度、回转半径、材质等。当轴心受压稳定承载力与净截面强度承载力相等时，杆件的使用最为经济，因此为了充分发挥材料特性，找出合理的经济长细比是很有必要的。表 3-11-1 以钢材同时满足受压强度和受压稳定强度为标准，列出了不同强度等级高强钢的理论经济长细比。

表 3-11-1 　　　　　　　　　　　高强钢的理论经济长细比

规格	经济长细比		
	Q345	Q390	Q420
L140×12	46.98	44.19	42.58
L140×14	47.21	44.40	42.79
L160×12	47.83	43.32	37.85
L160×14	48.06	45.20	43.55
L160×16	48.29	45.42	43.76
L180×14	44.60	41.95	37.22
L180×16	44.76	42.09	40.56
L200×14	36.39	25.78	17.81
L200×16	41.76	39.28	32.42
L200×18	41.91	39.42	37.99
L200×20	42.07	39.57	38.13

　　当然这只是理论上的优化，主材节间长度还需要考虑上下节间的统材、长短腿布置以及节间长度变化带来的辅助支撑杆的使用等问题的影响。

　　不同材质的角钢，其稳定系数随长细比的增大而减小的幅度是不一样的，相应承载力的变化也不同。不同长细比下 Q420 角钢承载力与 Q345 角钢承载力比值见表 3-11-2。

表 3-11-2　　　　　　　**Q420 角钢承载力与 Q345 角钢承载力的比值**

规格 ＼ 长细比	10	20	30	40	50	60	70	80	90	100	110	120
140×14	1.22	1.21	1.21	1.19	1.17	1.15	1.12	1.09	1.07	1.06	1.05	1.04
160×10	1.11	1.10	1.09	1.08	1.06	1.04	1.01	0.99	0.97	0.95	0.95	0.94
160×12	1.17	1.16	1.16	1.14	1.12	1.10	1.07	1.04	1.03	1.01	1.00	1.00
160×14	1.22	1.21	1.21	1.19	1.17	1.15	1.12	1.09	1.07	1.06	1.05	1.04
160×16	1.22	1.21	1.21	1.19	1.17	1.15	1.12	1.09	1.07	1.06	1.05	1.04
200×14	1.13	1.12	1.11	1.10	1.08	1.06	1.03	1.00	0.99	0.97	0.96	0.96
200×16	1.22	1.21	1.21	1.19	1.17	1.14	1.12	1.09	1.07	1.05	1.05	1.04
200×20	1.22	1.21	1.20	1.19	1.17	1.14	1.11	1.08	1.07	1.05	1.04	1.03
200×24	1.22	1.21	1.20	1.19	1.17	1.14	1.11	1.08	1.07	1.05	1.04	1.03

由表 3－11－2 可以看出，当构件长细比小于 40 时，构件由强度控制，采用 Q420 角钢选材，构件承载力可以得到大幅提高，材料规格可以得到降低；当构件长细比为 40～80 时，构件由稳定控制，采用 Q420 角钢选材，规格大都只能降一级，使用高强钢的优势效果不很明显；当构件长细比大于 80 时，构件由稳定控制，采用 Q420 角钢选材，杆件规格基本无变化。

根据工程应用经验，合理的采用 Q420 高强钢可有效节省钢材 6%～8%，具有较好的经济效益。

（二）高强度大规格角钢的应用

随着特高压电网的建设以及同塔多回路等技术的应用，杆塔荷载越来越大，塔身主材需要采用高强度的双拼或四拼普通规格组合角钢才能满足承载要求。但双拼和四拼普通规格组合角钢存在诸多不足之处，如角钢间受力分配不均匀、铁塔的加工量成倍增加、施工难度大等。相比普通规格角钢，大规格角钢（特指肢宽 220mm 及以上的角钢）主要优点为：与普通规格双组合角钢相比，能够有效的减少组合角钢中填板和螺栓的数量，从而使塔重降低；此外，与组合角钢相比，大截面单角钢具有构造简洁、受力明确、加工及施工方便等优点，简化了节点构造。因此，在大荷载杆塔中应用高强度大规格角钢，具有技术和经济优势，符合电网的发展趋势。

1. 大规格角钢与双拼普通规格角钢截面特性比较

根据 GB/T 706《热轧型钢》和 Q/GDW 706《输电铁塔用热轧大规格等边角钢》，大规格角钢截面示意如图 3－11－1 所示。大规格角钢和双拼普通规格角钢的截面特性分别见表 3－11－3 和表 3－11－4。

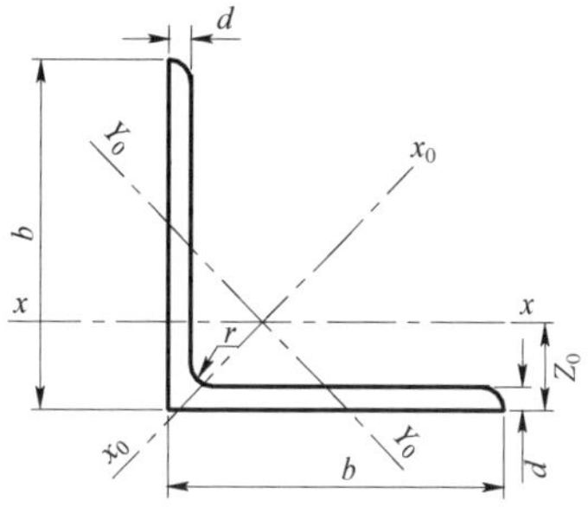

图 3－11－1　大规格角钢截面示意图

b—边宽度；d—边厚度；Z_0—重心距离；r—内圆弧半径

表 3－11－3　　　　　　　　　　　大规格角钢截面特性

截面尺寸（mm）			截面面积（cm²）	理论重量（kg/m）	最小轴回转半径 i_{y0}（cm）	平行轴回转半径 i_X（cm）
b	d	r				
220	16	21	68.664	53.90	4.37	6.81
	18		76.752	60.25	4.35	6.79
	20		84.756	66.53	4.34	6.76
	22		92.676	72.75	4.32	6.73

截面尺寸（mm）			截面面积（cm²）	理论重量（kg/m）	最小轴回转半径 $iy0$（cm）	平行轴回转半径 iX（cm）
b	d	r				
220	24	21	100.512	78.90	4.31	6.70
	26		108.264	84.99	4.30	6.68
250	18	24	87.842	68.96	4.97	7.74
	20		97.045	76.18	4.95	7.72
	24		115.201	90.43	4.92	7.66
	26		124.154	97.46	4.90	7.63
	28		133.022	104.42	4.89	7.61
	30		141.807	111.32	4.88	7.58
	32		150.508	118.15	4.87	7.56
	35		163.402	128.27	4.86	7.52

表 3－11－4　　　　　　　　　双拼普通规格角钢截面特性

规格	截面面积（cm²）	理论重量（kg/m）	最小轴回转半径 $iy0$（cm）	平行轴回转半径 iX（cm）
2∠160×10	63.004	49.46	6.27	6.57
2∠160×12	74.880	58.78	6.24	6.61
2∠160×14	86.600	67.98	6.20	6.62
2∠160×16	98.140	77.04	6.17	6.69
2∠180×12	84.482	66.32	7.05	7.44
2∠180×14	97.790	76.77	7.02	7.45
2∠180×16	110.930	87.08	6.98	7.49
2∠200×14	109.284	85.79	7.82	8.28
2∠200×16	124.020	97.36	7.79	8.29
2∠200×18	138.600	108.80	7.75	8.33
2∠200×20	153.000	120.11	7.72	8.37
2∠200×24	181.320	142.34	7.64	8.43

由表 3－11－3 和表 3－11－4 可知，双拼普通规格组合角钢的截面面积范围为 63.0～181.3cm²，最小回转半径的范围为 6.27～7.64cm；大规格角钢的截面面积范围为 68.7～163.4cm²，最小回转半径的范围为 4.37～4.86cm。

由以上分析可知：在不考虑螺栓减孔的情况下，仅从强度考虑，除了 2∠

200×24 外，其余普通规格双拼组合角钢均可由大规格角钢替代；在面积相当的情况下，大规格角钢回转半径比双拼普通规格组合角钢小，使其受压稳定性能相对较差，因此为了充分发挥大规格角钢的承载能力，需要增加辅助材以减小其计算长度。

2. 双拼大规格角钢与四拼普通规格角钢截面特性比较

当构件受力较大时，单肢大规格角钢的承载力也可能无法满足要求，这时需要用到双拼大规格组合角钢，双拼大规格组合角钢和四拼普通规格组合角钢的截面特性分别见表 3-11-5、表 3-11-6。

表 3-11-5　　　　　　　双拼大规格组合角钢截面特性

规格	截面面积（cm²）	理论重量（kg/m）	最小轴回转半径 i_{y0}（cm）
2∠220×16	137.328	107.80	8.59
2∠220×18	153.504	120.50	8.56
2∠220×20	169.512	133.07	8.52
2∠220×22	185.352	145.50	8.48
2∠220×24	201.024	157.80	8.45
2∠220×26	216.528	169.97	8.41
2∠250×18	175.684	137.91	9.76
2∠250×20	194.090	152.36	9.73
2∠250×24	230.402	180.87	9.66
2∠250×26	248.308	194.92	9.62
2∠250×28	266.044	208.84	9.58
2∠250×30	283.614	222.64	9.55
2∠250×32	301.016	236.30	9.51
2∠250×35	326.804	256.54	9.46

表 3-11-6　　　　　　　四拼普通规格组合角钢截面特性

规格	截面面积（cm²）	理论重量（kg/m）	最小轴回转半径 i_{y0}（cm）
4∠160×10	126.008	98.92	6.57
4∠160×12	149.760	117.56	6.61
4∠160×14	173.200	135.96	6.62
4∠160×16	196.280	154.08	6.69
4∠180×12	168.964	132.64	7.44

规格	截面面积（cm²）	理论重量（kg/m）	最小轴回转半径 i_{y0}（cm）
4∠180×14	195.580	153.53	7.45
4∠180×16	221.860	174.16	7.49
4∠200×14	218.568	171.58	8.28
4∠200×16	248.040	194.71	8.29
4∠200×18	277.200	217.60	8.33
4∠200×20	306.000	240.21	8.37
4∠200×24	362.640	284.67	8.43

由表3-11-5和表3-11-6可知,双拼大规格角钢的截面面积范围为137.3～326.8cm²,最小回转半径的范围为8.59～9.46cm;四拼普通规格角钢的截面面积范围为126.0～362.6cm²,最小回转半径的范围为6.57～8.43cm。

由以上分析可知:双拼大规格角钢和四拼普通规格角钢的最大截面面积较为接近,在不考虑螺栓减孔的情况下,仅从强度考虑,除了4∠200×24之外,其余四拼普通规格角钢均可由双拼大规格角钢替代;在面积相当的情况下,双拼大规格组合角钢的最小回转半径比四拼普通规格组合角钢大,所以双拼大规格组合角钢可获得更大的节间长度,需要的辅助材量也更少。

（三）高强钢管的应用

特高压交流双回路杆塔目前均为钢管塔,钢管构件具有受力性能好、体型系数小、截面面积大、回转半径大等方面的优点。由于其回转半径大的特点,在铁塔节间布置时,钢管主材可允许有更大的节间长度,这样可减少甚至省去辅助材的使用,使铁塔简洁美观,塔身挡风面积相应减少,铁塔重量进一步减轻。

目前,Q345强度等级的钢管在国内特高压交流工程中已得到了广泛应用,Q420高强钢管如能应用到输电线路工程中,将进一步发挥材料性能、降低塔重、减小基础作用力,还能够降低构件单重,方便运输安装。

对于特高压交流双回路钢管塔,按照29m/s基本风速、10mm设计覆冰,对比Q420高强钢管和Q345钢管的塔重见表3-11-7。

表3-11-7　　　　Q345钢管方案和Q420钢管方案计算塔重对比　　　　　　　　t

塔型	呼高（m）	Q345钢管方案	Q420钢管方案	塔重降低（%）
悬垂塔	51	105.5	98.4	6.73
	54	108.0	100.1	7.31

塔型	呼高（m）	Q345 钢管方案	Q420 钢管方案	塔重降低（%）
悬垂塔	60	122.6	116.1	5.30
	66	129.6	121.4	6.33
	72	139.5	129.2	7.38
	78	150.8	141.3	6.30
耐张塔	36	108.4	103.2	4.79
	39	110.7	105.0	5.14
	42	114.7	109.1	4.89
	45	117.7	111.9	4.94
	48	122.7	114.7	6.50
	51	127.8	120.5	5.71

由表 3-11-7 可以看出，当采用 Q420 高强钢管方案时，塔重较 Q345 钢管方案有不同程度的降低，悬垂塔降低较多，平均达 6.5%以上；耐张塔平均降低 5.3% 左右，可见经济性较为显著。因此，本着经济合理的目的，在北环工程的同塔四回路耐张塔和淮河大跨越杆塔上，国内首次试点应用了 Q420 高强钢管，并在之后的山东—河北环网工程中大面积的推广应用了 Q420 高强钢管。

案例二　锻造法兰研究应用

随着特高压工程的开展、大截面导线的应用，杆塔结构也呈现出大型化的发展趋势，因此钢管塔在工程中的应用也越来越普及。钢管塔主材的连接方式主要采用法兰连接，法兰的型式通常分为有劲法兰、无劲法兰和为特高压工程研制的新型带颈锻造法兰。

带颈锻造法兰主要有对焊和平焊两种型式（见图 3-11-2 和图 3-11-3）。对焊法兰仅有一条环向焊缝，焊接工作量相对较小；平焊法兰有两条角焊缝，焊接工作量较大且焊缝质量难以控制，因此，特高压工程钢管塔构件连接选用带颈对焊锻造法兰。我国特高压工程所采用的锻造法兰在型式上不同于其他国家，颈部考虑焊接影响而设置了直颈段，且法兰板厚度较薄，允许一定翘起变形，为柔性法兰设计理念，从而在保证安全性的同时也兼顾了经济性。

皖电东送工程在国内输电线路行业中首次应用了锻造法兰，该工程共选择了 8 基工程塔进行真型试验，所有塔型主材均为钢管，且采用锻造法兰连接。试验进行了包括大风超载工况在内的多个主要控制工况的荷载测试，验证了锻造法兰首次应用于我国输电线路杆塔结构的可行性及安全性。

在实际应用中，由于钢管规格繁多，法兰配对可多达几百种，为便于工程设计、加工及安装，基于柔性法兰设计计算方法配置了特高压输变电工程钢管塔用锻造法兰系列化规格表。钢管塔设计时，可以直接查表使用，大幅的提高了设计工作效率。

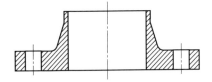
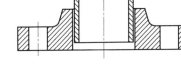

图 3-11-2　带颈对焊法兰　　　　　　图 3-11-3　带颈平焊法兰

案例三　复合材料创新使用

复合材料由于具有轻质、高强、耐腐蚀、易加工、可设计性和绝缘性能良好等优点，是建造输电杆塔结构的理想材料之一，其杆塔结构具有塔重轻、塔头尺寸小、结构轻便、易加工成型、运输和组装成本低、耐腐蚀、耐高低温、强度大、被盗可能性小、线路维护成本低等优点。

国家电网公司依托锡盟胜利工程，对单回路复合横担塔进行了系统的技术研究，成功研制出世界首基特高压交流单回路复合横担塔，得到了复合横担相关的设计成果，形成了施工验收及运行等成套解决方案，为复合材料杆塔的广泛应用提供了有力的技术支撑。

1. 复合材料杆塔横担布置方案

结合复合材料厂家生产能力，1000kV 复合横担采用单根通长布置，取消中间节点，整个横担由三角结构支撑加斜拉索的方式构成，横担下平面由两组支柱绝缘子呈一定夹角组成三角支撑，具体型式如图 3-11-4 所示。

2. 复合材料杆塔节点设计

对于特高压交流复合材料塔，可采用成熟可靠的钢套管式节点。复合绝缘子端部采用图 3-11-5 所示的连接型式。通过 ANSYS 有限元模拟分析和横担部件试验结果可知,此种连接方式传力清晰,节点安全可靠,具有很好的推广价值。

图 3-11-4 复合横担布置方案

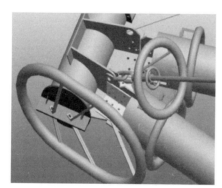

图 3-11-5 复合横担钢套管式连接节点

3. 复合材料杆塔结构选型

根据导线挂线方式、横担布置方案以及节点处理方案,对特高压交流线路复合横担塔提出了上翘型复合横担塔方案。其结构布置在 750kV 复合横担的基础上稍作改进,为了保证挂点到塔身水平距离最小,在满足横担绝缘长度的同时,可将横担下平面主材上翘,最大上翘角度为横担下平面主材与风偏后联板和线夹相碰时的角度。其方案如图 3-11-6 所示。

4. 特高压交流复合横担塔经济性分析

为全面考量复合横担塔的经济性,需综合考虑材料费、运输费、安装费等因素进行测算。由于复合横担塔充分利用了复合材料的电气绝缘性能,缩短或取消了悬垂绝缘子串,在相同的使用情况下,复合横担塔的呼高比传统酒杯型塔降低

8m。以 30m/s 基本风速、10mm 覆冰为设计条件、酒杯型角钢塔与复合横担塔经济性比较见表 3 - 11 - 8。

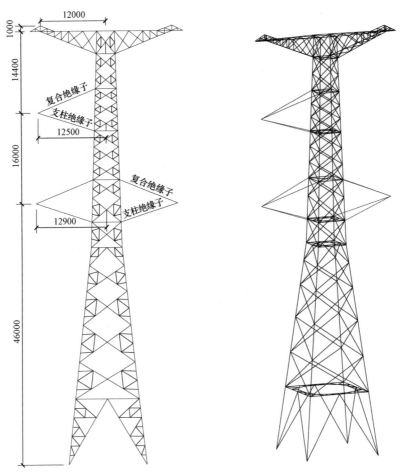

图 3 - 11 - 6　1000kV 上字型复合横担塔

表 3 - 11 - 8　　　　　　　　　　复合横担塔经济性分析

项目	酒杯型角钢塔	复合横担塔
呼高（m）	54	46
走廊宽度（m）	62	40.8
塔重（t）	62.5	55.7
复合横担（t）	0	3.18
基础混凝土（m³）	44.44	40.32

项目	酒杯型角钢塔	复合横担塔
基础钢筋（t）	3.82	3.42
塔材费（万元）	50.0	44.56
复合横担费用（万元）	0	6.36
安装运输费（万元）	18.75	17.66
基础费用（万元）	13.4	12.13
悬垂（支柱）绝缘子串（万元）	2.64	2.28
费用合计	84.79	82.0

由表 3-11-8 可以看出，与酒杯型角钢塔相比，上翘型复合横担塔走廊宽度减小 21.2m，塔重降低达 12%，基础混凝土方量减小 10%，综合本体造价降低 3%。

案例四　极端低温条件下杆塔选材方案研究

在常温下，钢材的力学性能指标不会有明显的变化，但是随着温度的降低，钢材的脆性会增强，塑性会降低，当温度降到一定程度时，钢材会完全处于脆性状态，结构容易发生脆性断裂破坏，破坏发生前往往没有先兆，突然发生，材料变形很小，破坏时的应力常小于钢材的屈服点，脆性破坏往往是灾难性的，因此钢结构必须考虑钢材在低温环境下材料特性的变化对于结构功能的影响。

目前，对于低温环境下钢材的选用和设计，国内外都有一些研究成果，GB 50017《钢结构设计规范》指出可通过控制钢材的冲击韧性指标对钢结构的低温脆裂进行控制。

锡盟胜利工程沿线极端最低温度达到 −42.4℃，该工程系统论证了极端低温环境下杆塔材质的选择，最终确定了特高压交流工程杆塔在不同极端最低温度下的选材方案为：当极端最低温度不低于 −30℃时，采用 Q235B、Q345B、Q420B 普通规格角钢及大规格角钢；当极端最低温度低于 −30℃、不低于 −40℃时，采用 Q235B、Q345B 普通规格角钢及大规格角钢或 Q420C 普通规格角钢；当极端最低温度低于 −40℃时，采用 Q235C、Q345C 普通规格角钢及大规格角钢或 Q420C 普通规格角钢。

第二节　小　　结

特高压交流工程采用高强钢、高强度大规格角钢以及高强钢管，相比传统杆塔材料，优势较为明显。根据长细比合理的选用 Q420 高强钢，相比使用 Q345 角钢，单基塔重可节省约 6%~8%；在不考虑螺栓减孔的情况下，单肢大规格角钢可替代绝大多数双拼普通规格角钢，双拼大规格角钢可替代绝大多数四拼普通规格角钢，杆塔设计采用高强度大规格角钢具有构造简洁、受力明确、加工及施工方便等优点；工程中采用 Q420 高强钢管相比 Q345 钢管，直线塔塔重平均降低约 6.5%，耐张塔塔重平均降低约 5.3%。

我国特高压交流工程钢管塔构件连接选用带颈对焊锻造法兰。锻造法兰的颈部考虑焊接影响而设置了直劲段，且法兰板厚度较薄，允许一定翘起变形，为柔性法兰设计理念，从而在保证安全性的同时也兼顾了经济性。

国家电网公司依托锡盟胜利工程，对单回路复合横担塔进行了系统的技术研究，成功研制出世界首基特高压交流单回路复合横担塔。相比酒杯型角钢塔，上翘型复合横担塔走廊宽度减小 21.2m，塔重降低 12%，基础混凝土方量减小 10%，技术经济效益明显。该塔型的成功研制，为特高压交流输电线路杆塔应用新材料做了积极有效的探索。

第十二章　基　础　选　型

特高压输电线路工程中，杆塔基础型式的合理选择，关系到投资建设、安全运行的各个环节，因地制宜地选择合理的基础型式对特高压输电线路工程十分重要。

本章根据特高压输电线路工程基础的设计特点，依据不同地质、地形条件，有针对性的列举了平原地区、山丘地区、河网泥沼地区（湖区、跨越河流段）、采动影响区等典型地区的基础选型方案，并对 PHC 管桩基础、挤扩支盘桩、斜插式深基础、中空大直径挖孔桩等基础型式进行了介绍。目的是让工程设计人员，更好的了解特高压输电线路工程在基础选型上应考虑的因素和采用的方法，更好的促进特高压建设的发展。

第一节　典　型　案　例

案例一　平原地区基础型式的选择

（一）基本情况

平原地区杆塔基础型式的选择，主要考虑基础的作用荷载、地质条件和地下水埋深等制约因素。榆横潍坊工程平原地区线路主要分布于晋中站—潍坊站段内，分为黄土平原、山前岗坡地和冲积平原三大类。黄土平原、山前岗坡地地区水位埋藏均相对较深，基本在 5.0～8.0m；冲积平原地下水位埋藏较浅，基本在 2.0～5.0m，河道附近和丰水期时最高水位可达到地表以下 0.5m，部分河漫滩地区地下水位基本接近地表。

根据榆横潍坊工程实际调查的水文地质情况，对平原地区有地下水和无地下水两种地质条件进行了基础型式的选择，并选用典型悬垂型和耐张型杆塔进行了基础型式的技术经济比较，明确了不同水文地质条件下的最优基础方案。

（二）无地下水地区基础型式的选择

本工程黄土平原和部分山前岗坡地以及剥蚀平原的地下水均埋藏较深，一般在 5.0～8.0m，基本可不考虑地下水对基础稳定的影响。黄土平原地区上部主要以黄土为主，下部基本为硬塑状粉质黏土，地基承载力特征值 f_{ak}=130～140kPa。山前岗坡地上部以黄土状粉土、可塑～硬塑状粉质黏土为主，土层厚度一般为 4.0～

8.0m，地基承载力特征值f_{ak}=110～130kPa，下部以中粗砂、卵砾石和强风化基岩为主。

此类平原地区地基土承载力相对较好，且地下水埋藏较深，一般可选择的基础型式有斜柱板式基础、直柱掏挖基础和挖孔基础（见图3-12-1）。但考虑到特高压输电线路工程杆塔基础作用力较大，计算的直柱掏挖基础直径多达2.0m以上，且埋置深度较深，不具备很好的经济效益，因此本工程根据其地质和地形条件仅对斜柱板式基础和挖孔基础进行了经济技术对比，地区代表性地质参数见表3-12-1，基础的经济技术指标比较结果见表3-12-2。

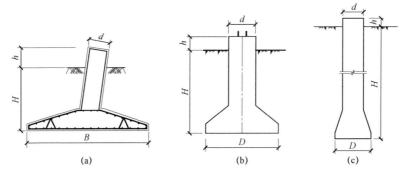

图3-12-1　无水地区常规采用的基础型式

（a）斜柱板式基础；（b）直柱掏挖基础；（c）挖孔基础

表3-12-1　　　　　　　　　无水平原地区代表性地质参数

岩土名称	状态或密实度	重力密度 γ （kN/m³）	黏聚力 C （kPa）	内摩擦角 Φ （°）	极限侧阻力标准值 q_{sik} （kPa）	极限端阻力标准值 q_{pk} （kPa）	地基承载力特征值 f_{ak} （kPa）
黄土状粉土	稍密	18.3	10	15	35		120
粉质黏土	可塑～硬塑	19.4	30	17	70		180
中粗砂	稍密～中密	19.5	5	28	78	900	190
卵砾石	中密～密实	19.7	2	30	150	1600	300

表3-12-2　　　无水平原地区双回路塔基础经济技术指标比较

塔型	基础型式	基础型号及尺寸（m）	混凝土（m³）	钢筋（kg）	土方量（m³）	造价（元）	相对比例
SZ1	斜柱板式基础	RA5042+0.5	18.15	1936	228.00	32060	100%
	挖孔基础	1×1.5×13.5	23.86	2328	22.98	30182	94%

塔型	基础型式	基础型号及尺寸（m）	混凝土（m³）	钢筋（kg）	土方量（m³）	造价（元）	相对比例
SZ2	斜柱板式基础	RA5442＋0.5	21.20	2301	253.04	36619	100%
	挖孔基础	1×1.6×14.0	28.15	3015	27.15	35718	97%
SZ3	斜柱板式基础	RA5842＋0.5	24.72	2749	280.10	42677	100%
	挖孔基础	1×1.7×14.5	32.91	3491	31.78	41377	96%
SJ2	斜柱板式基础	RB8452＋0.5	66.73	6996	655.41	105924	100%
	挖孔基础	1×2.8×14.5	85.95	6474	83.69	102626	97%

通过以上对比计算可知，在地质条件较好的情况下，斜柱板式基础由于可加大基础埋深减少底板宽度，混凝土用量和钢筋用量都有所减少，但其土石方量远远大于挖孔基础，且对周边环境的破坏较大，余土需增加外运费用。挖孔基础相对斜柱板式基础而言，混凝土用量和桩体钢筋用量有所增加，但其土石方开挖量少，浇筑混凝土时不需支模，施工周期较短。综合考虑基础材料和机械化施工等因素后，挖孔基础造价与斜柱板式基础相比有一定的经济性。

因此，对榆横潍坊工程无地下水的平原地区，在一定的地质条件下，从经济、环境保护、机械化施工等角度综合考虑，优先采用挖孔基础。

（三）有地下水地区基础型式的选择

榆横潍坊工程在河北邢台市—山东济南市段内基本以冲湖积、冲洪积平原为主，地基土基本呈现稍密～中密粉土、软塑～可塑状粉质黏土和中密粉细砂交互沉积特点。浅层土地基承载力特征值 f_{ak}=90～110kPa，地下水埋深基本在 2.0～5.0m 之间，河道附近和丰水期最高地下水位可至地表以下 0.5m 左右。针对此类水文地质条件以及 1000kV 杆塔基础作用力特点，榆横潍坊工程有地下水地区的基础型式以斜柱板式基础、灌注桩单桩基础、灌注桩群桩基础三种类型进行对比分析。

在线路工程中，灌注桩基础主要用于地下水较高、地基土承载力差或荷载较大的塔位。基础设计可依据桩径、桩数、布置方式等以及基础荷载条件进行优化比选，以取得经济性和合理性的最佳组合。

根据本工程特点，选取典型冲洪积平原地质参数，对工程中的双回路悬垂型杆塔基础选型进行了经济性对比，见表 3－12－3。

表 3 – 12 – 3　　有水平原地区双回路悬垂型塔基础经济技术指标比较

塔型	基础型式	基础型号及尺寸（m）	混凝土（m³）	钢筋（kg）	土方量（m³）	造价（元）	相对比例
SZ1	斜柱板式基础	XD3574＋0.5 埋深3.5，板宽7.4，立柱宽1.2	41.09	3370	202.61	76175	100%
	灌注桩单桩基础	桩：1×1.6×18.0	36.19	3964	0.00	59146	78%
	灌注桩群桩基础	承台：4.0×4.0×1.2 桩：4×0.8×12.0	20.64 24.13	1775 2868	22.40	78305	103%
SZ2	斜柱板式基础	XD3678＋0.5	47.40	4587	231.19	90141	100%
	灌注桩单桩基础	桩：1×1.8×18.0	45.80	4459	0.00	70530	78%
	灌注桩群桩基础	承台：4.0×4.0×1.2 桩：4×0.8×14.0	20.64 28.15	1863 3954	22.40	90260	101%
SZ3	斜柱板式基础	XD3880＋0.5	49.80	4811	256.00	96636	100%
	灌注桩单桩基础	桩：1×1.8×19.0	48.35	4691	0.00	74388	77%
	灌注桩群桩基础	承台：4.0×4.0×1.2 桩：4×0.8×15.0	20.64 30.16	1863 4218	22.40	94905	98%

通过表 3 – 12 – 3 的对比可知，对基础作用力相对较小的悬垂型杆塔而言，灌注桩单桩基础的混凝土量最小，由于单桩基础基本无开挖土方量，对环境破坏小，其经济指标最优；斜柱板式基础材料量相对单桩基础有所减少，但由于板式基础土石方开挖量较大，综合评价后经济性差于单桩基础。

因此，对于本工程而言，根据特定的地质特点，在平原地区有地下水的塔位，基础作用力较小时采用灌注桩单桩基础最经济，其次是斜柱板式基础。当基础作用力较大且灌注桩单桩基础不能满足时，应根据具体技术经济对比采用灌注桩群桩基础。

案例二　山丘地区基础型式的选择

（一）基本情况

榆横潍坊工程部分山丘地区主要地质条件为粉砂岩、灰岩、片麻岩、花岗岩等，地基承载力高，上覆粉质黏土层相对较薄。对于此类地区，应根据具体塔位，细致勘察基岩埋藏深度，充分考虑发挥原状岩体的力学特性，降低基础材料用量。

根据以往工程经验，山丘地区应视地势坡度、覆盖层厚度、施工运输等条件选用岩石锚杆基础、岩石嵌固基础和挖孔基础。

（二）山丘地区各类基础型式的经济技术分析

依据榆横潍坊工程具有代表性的岩石地质，分别对岩石锚杆基础、岩石嵌固基础、挖孔基础在不同地形坡度、岩性和风化程度条件下的基础材料量和造价进行了分析。地质参数和计算指标分别见表 3-12-4～表 3-12-6，计算时覆盖层厚度取 1.5m。

表 3-12-4　　　　　　　山丘地区代表性地质参数

岩石名称	风化程度	岩石等代剪切强度特征值 τ_s（kPa）	锚杆与岩石间黏结强度标准值 τ_b（kPa）	地基承载力特征值 f_{ak}（kPa）	桩侧阻力标准值（kPa）
软质岩、泥岩	中风化	30	300	700	250
硬质岩花岗岩	强风化	25/30	400	600	200
	中风化	40/80	600	1500	350

表 3-12-5　　　缓坡岩质地区（坡度≤20°）单回路塔基础经济技术指标比较

塔型	地质类型	基础型式	基础型号及尺寸（m）	混凝土（m³）	钢筋（kg）	土方量（m³）	造价（元）	相对比例
ZC2	中风化硬质岩	岩石锚杆基础	承台：1.3×1.3×1.2 锚杆：9×0.1×4.0	4.19 0.28	408 306	3.66	17456	100%
		岩石嵌固基础	YG4319+1.0	8.98	527	7.09	17980	103%
		挖孔基础	1×1.4×6.0（露头1.0）	9.24	644	7.70	18503	106%
	强风化硬质岩	岩石锚杆基础	承台：1.9×1.9×1.2 锚杆：16×0.1×4.0	6.49 0.50	522 545	8.72	25729	100%
		岩石嵌固基础	YG4621+1.0	9.76	557	8.47	19441	76%
		挖孔基础	1×1.4×7.0（露头1.0）	10.78	948	9.24	22572	88%
	中风化软质岩	岩石锚杆基础	承台：1.7×1.7×1.2 锚杆：16×0.1×4.0	5.63 0.50	494 544	6.36	21146	100%
		岩石嵌固基础	YG4619+1.0	9.45	558	8.07	20511	97%
		挖孔基础	1×1.4×6.0（露头1.0）	9.24	644	7.7	20299	96%

塔型	地质类型	基础型式	基础型号及尺寸（m）	混凝土（m³）	钢筋（kg）	土方量（m³）	造价（元）	相对比例
JC1	中风化硬质岩	岩石锚杆基础	承台：1.7×1.7×1.2 锚杆：16×0.1×4.0	6.41 0.50	626 544	6.36	28313	100%
		岩石嵌固基础	YG6021＋1.0	12.85	1453	11.77	29445	104%
		挖孔基础	1×1.4×9.0（露头1.0m）	13.85	2324	12.31	30578	108%
	强风化硬质岩	岩石锚杆基础	承台：2.5×2.5×1.2 锚杆：16×0.12×6.0	10.44 1.09	866 964	14.94	40752	100%
		岩石嵌固基础	YG7128＋1.0	16.06	1541	14.98	38938	96%
		挖孔基础	1×1.4×11（露头1.0m）	16.93	2120	15.391	40110	98%
	中风化软质岩	岩石锚基础杆	承台：2.2×2.2×1.2 锚杆：16×0.12×6.0	8.75 1.09	743 964	10.65	36650	100%
		岩石嵌固基础	YG6626＋1.0	15.87	1578	13.79	35184	96%
		挖孔基础	1×1.4×11（露头1.0m）	16.93	2120	15.39	36284	99%

表 3－12－6　陡坡岩质地区（坡度＝30°）单回路塔基础经济技术指标比较

塔型	地质类型	基础型式	基础型号及尺寸（m）	混凝土（m³）	钢筋（kg）	土方量（m³）	造价（元）	相对比例
ZC2	中风化硬质岩	岩石锚杆基础	承台：1.7×1.7×1.2 锚杆：16×0.1×6.0	9.35 0.75	867 746	7.80	39509	100%
		岩石嵌固基础	YG4319＋3.0	12.06	955	9.90	32919	83%
		挖孔基础	1×1.4×7.0	10.78	1137	6.16	28651	72%
	强风化硬质岩	岩石锚杆基础	承台：2.2×2.2×1.2 锚杆：25×0.1×6.0	11.69 1.18	984 1165	12.62	48812	100%
		岩石嵌固基础	YG4522＋3.0	12.78	981	10.32	34946	72%
		挖孔基础	1×1.4×9.0	13.85	1106	9.23	34168	70%
	中风化软质岩	岩石锚杆基础	承台：2.3×2.3×1.2 锚杆：16×0.1×6.0	12.23 0.75	1071 746	11.64	44536	100%
		岩石嵌固基础	YG4520＋3.0	12.48	981	9.32	34261	77%
		挖孔基础	1×1.4×8.5	13.08	1051	8.46	31620	71%

塔型	地质类型	基础型式	基础型号及尺寸（m）	混凝土（m³）	钢筋（kg）	土方量（m³）	造价（元）	相对比例
JC1	中风化硬质岩	岩石锚杆基础	承台：2.52×2.52×1.2 锚杆：25×0.12×6.0	15.30 1.70	1373 1506	13.97	62073	100%
		岩石嵌固基础	YI5922＋3.0	19.75	2265	16.71	53085	86%
		挖孔基础	1×1.4×11	16.93	2769	12.314	47796	77%
	强风化硬质岩	岩石锚杆基础	承台：3.1×3.1×1.2 锚杆：25×0.12×6.0	19.21 1.70	1653 1506	20.49	73381	100%
		岩石嵌固基础	YI7031＋3.0	24.18	2545	21.37	62060	85%
		挖孔基础	1×1.5×12	21.21	3409	15.91	59439	81%
	中风化软质岩	岩石锚杆基础	承台：3.0×3.0×1.2 锚杆：25×0.12×6.0	18.48 1.70	1587 1506	16.60	68387	100%
		岩石嵌固基础	YI6827＋3.0	22.89	2495	20.71	58995	86%
		挖孔基础	1×1.4×13	20.01	2947	15.39	54710	80%

通过以上计算对比结果，可得出下列结论：

（1）在坡度较缓、覆盖层较薄的岩质区域，基岩为中等风化硬质岩时，岩石锚杆基础的混凝土量和土方量最低，岩石锚杆基础相对其他两种基础型式的综合造价最低。在中等风化软质岩层时，岩石锚杆基础的经济性不占优势，基岩为强风化硬质岩层时，岩石锚杆基础的经济性下降，岩石嵌固基础更为经济。

（2）在坡度较陡的山丘区域，一般需要加长岩石锚杆基础的立柱来满足基础配置的要求，造成基础混凝土量的增大，土石方量也存在不同程度的增加，不同岩质条件下的岩石锚杆基础经济性均低于岩石嵌固基础和挖孔基础。在陡坡条件下，岩石嵌固基础由于边坡安全距离的要求需增大埋深，其经济性低于挖孔基础。因此，坡度较陡山丘地区宜采用挖孔基础。

（三）山丘地区基础的选型原则

综合考虑以上分析结果，山丘地区基础的选型宜遵照下列原则进行：

（1）塔位处地形较缓、覆盖土层较薄时，宜采用岩石锚杆基础。

（2）塔位处地形较缓、覆盖土层厚度较厚时，宜采用岩石嵌固基础。

（3）塔位处地形较陡时，宜采用挖孔基础。

对山丘地区岩石基础而言，基础设计尚需特别注意以下几点：

（1）必须逐基鉴定岩体的稳定性、覆盖层厚度、岩石的强度以及风化程度。

（2）岩孔开凿后，孔壁需仔细清洗，将粘附在孔壁上的岩石粉屑、松动的岩石、钻孔时遇水软化的岩末等清除干净，使浇灌的混凝土与原状岩石紧密结合，确保混凝土与孔壁的可靠粘结。

案例三　PHC管桩基础的应用

（一）基本情况

北环工程起于安徽省淮南市潘集区平圩镇境内的淮南变电站，止于上海市青浦区境内的上海（沪西）变电站，线路途经安徽、江苏、上海等省市。沿线地形平地为46.9%、河网泥沼为46.2%、丘陵为2.9%、山地为4.0%。

为确保特高压输电线路工程缩短施工工期、减少工程投资，北环工程开展了安全可靠、绿色环保、技术经济的预应力高强度混凝土管桩（PHC管桩）基础的试用和研究工作。积累了基础设计、施工、检测、试验等多方面的经验，并进行了工程经济性分析，为后续PHC管桩基础在特高压输电线路工程上的应用提供了重要依据。

根据北环工程特点，结合进场道路交通的便利性，在工程淮河河漫滩地段选择了G19、G23、G24、G25、G26等五处塔位试用PHC管桩基础，实现了在特高压输电线路工程上的首次应用。

（二）PHC管桩实施方案及构造

北环工程淮河河漫滩地段，地表至地下30m深度范围内主要由新生界第四系全新统及上更新统冲积形成的黏性土、粉土和砂性土组成。本工程选用SZ273、SZ274、SZ275三种塔型作为PHC管桩试验基础的塔型，基础设计参数及PHC管桩布置方案如下。

1. 铁塔基础作用力

本工程采用PHC管桩基础的铁塔，基础作用力见表3-12-7。

表3-12-7　　　　　　　　　基 础 作 用 力

塔型	上拔力（kN）			下压力（kN）		
	T	T_x	T_y	N	N_x	N_y
SZ273	2847	391	368	3935	521	498
SZ274	3234	443	420	4468	595	571
SZ275	3605	501	469	4884	679	647

2. PHC管桩基础布置方案

基础管桩采用外径600mm、壁厚130mm的AB型PHC管桩，长度为10m+11m

组合，管桩参数符合国家建筑标准设计图集《预应力混凝土管桩》10G409。基础采用 12 根桩带承台型式，桩间距为 3.5 倍管桩直径，承台尺寸为 7.7m×5.6m×1.25m，PHC 管桩平面布置如图 3-12-2 所示。

3. 基础材料

（1）基础承台、立柱采用 C30 级混凝土。

（2）基础承台、立柱主筋采用 HRB400 级，箍筋采用 HPB300 级。

（3）PHC 管桩采用 C80 级高强度混凝土。

（4）PHC 管桩预应力钢筋采用低松弛预应力混凝土用螺旋槽钢棒。

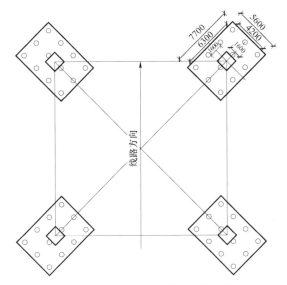

图 3-12-2　PHC 管桩平面布置图

4. 主要构造措施

（1）桩与桩之间采用机械啮合接头，如图 3-12-3 所示。机械接头零部件的数量、尺寸、构造及质量等要求应符合 DBJ15-63-2008《预应力混凝土管桩机械啮合接头技术规程》。

（2）桩与承台连接构造参考国家标准图集《预应力混凝土管桩》（10G409），示意图如图 3-12-4 所示。其中桩端抗拔力主要通过填芯混凝土和管壁与承台的粘结传递；考虑管桩填芯混凝土与管桩内壁黏结的可靠性难以得到保证，施工时增加了端板焊接钢筋作为强度储备。

图 3-12-3　机械啮合接头实景图

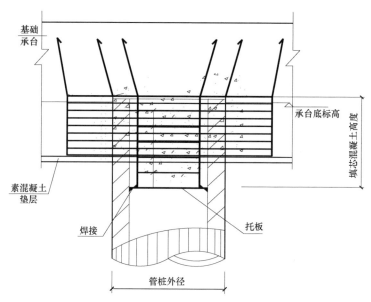

图 3-12-4　桩顶与承台连接构造示意图

（三）PHC 管桩基础技术经济性分析

本工程对试点塔位 G19、G23、G24、G25、G26 在相同条件下采用 PHC 管桩基础和灌注桩基础进行了设计方案、基础材料量和基础经济指标对比，分别见表 3-12-8～表 3-12-10。

表 3-12-8 　　　　　PHC 管桩与灌注桩基础设计方案对比表

塔位	塔型	PHC 管桩					灌注桩				
		桩长(m)	桩径(m)	桩间距(m)	桩数(根)	承台尺寸(m)	桩长(m)	桩径(m)	桩间距(m)	桩数(根)	承台尺寸(m)
G19	SZ275	21	0.6	2.1	12	7.7×5.4×1.25	26	1.1	3.3	4	5.5×5.5×1.6
G23	SZ274	21	0.6	2.1	12	7.7×5.4×1.25	22	1.1	3.3	4	5.5×5.5×1.6
G24	SZ274	21	0.6	2.1	12	7.7×5.4×1.25	22	1.1	3.3	4	5.5×5.5×1.6
G25	SZ273	21	0.6	2.1	12	7.7×5.4×1.25	22	1.0	3.0	4	5.0×5.0×1.5
G26	SZ274	21	0.6	2.1	12	7.7×5.4×1.25	22	1.1	3.3	4	5.5×5.5×1.6

注　PHC 管桩采用直径为 600mm、壁厚为 130mm 的 AB 型桩，长度为 10～11m。管桩参数符合国家建筑标准设计图集《预应力混凝土管桩》(10G409)。

表 3-12-9 　　　　　PHC 管桩与灌注桩基础材料量对比表

塔位	塔型	PHC 管桩				灌注桩			
		桩长(m)	桩数(根)	承台混凝土(m³)	承台钢筋(kg)	桩混凝土(m³)	桩钢筋(kg)	承台混凝土(m³)	承台钢筋(kg)
G19	SZ275	21	12	57.8	4.58	100.4	11.17	52.8	3.79
G23	SZ274	21	12	57.8	4.58	85.2	13.22	52.8	3.24
G24	SZ274	21	12	57.8	4.58	85.2	13.22	52.8	3.24
G25	SZ273	21	12	57.8	4.58	74.6	8.8	48.4	2.94
G26	SZ274	21	12	57.8	4.58	85.2	13.22	52.8	3.24

注　表中为单个塔腿的基础材料量。

表 3-12-10 　　　　　单基 PHC 管桩和灌注桩基础经济指标比较表

塔位	桩型	桩长(m)	桩径(m)	桩体混凝土(m³)	钢筋(t)	承台混凝土(m³)	承台钢筋(t)	垫层混凝土(m³)	施工总费用(万元)	节约百分比
G19	PHC 管桩	21	0.6	17.28	11.52	231.2	18.32	28.4	106	19.6%
	灌注桩	26	1.1	401.6	44.68	211.2	15.16	20.4	132	
G23	PHC 管桩	21	0.6	17.28	11.52	231.2	18.32	28.4	106	8.92%
	灌注桩	22	1.1	340.8	39.93	209.2	12.96	20.4	117	
G24	PHC 管桩	21	0.6	17.28	11.52	231.2	18.32	28.4	106	8.92%
	灌注桩	22	1.1	340.8	39.93	209.2	12.96	20.4	117	
G25	PHC 管桩	21	0.6	17.28	11.52	231.2	18.32	28.4	106	2.10%
	灌注桩	22	1.0	298.4	35.4	205.6	11.76	17.2	109	
G26	PHC 管桩	21	0.6	17.28	11.52	231.2	18.32	28.4	106	8.92%
	灌注桩	22	1.1	340.8	39.93	209.2	12.96	20.4	117	
综合	PHC 管桩			86.4	57.6	1156	91.6	142	530	10.01%
	灌注桩			1692.8	195.16	1004.4	66.82	98.8	592	

注　表中 PHC 管桩的桩体混凝土和钢筋为管桩填芯混凝土用量和钢筋用量。

通过分析可以得出以下结论：

（1）在相近地质条件下，本工程试点的 5 基 PHC 管桩基础可节约本体造价约 10%，具有很好的经济效益。

（2）PHC 管桩基础施工时的道路修复及青苗赔偿等建场费用，是决定其经济性的关键要素。考虑进场费用后，5 基 PHC 管桩基础较灌注桩基础共节省 27 万元，在本工程试用少量 PHC 管桩基础的情况下，依然有一定的经济优势。

（3）PHC 管桩可实现工厂化生产、机械化施工，省去了桩基养护时间，较灌注桩基础施工工期大幅度缩短，符合国家电网公司"全过程机械化施工"的建设理念和"资源节约型、环境友好型"的工程建设要求；

（4）当大范围采用 PHC 管桩基础时，建议选择施工道路修筑工程量少、能共用道路的连续塔位。使用小桩径管桩，研发小型施工设备，减少道路修复及青苗赔偿费用。

（四）PHC 管桩基础的优缺点

1. 优点

（1）单桩承载力高。PHC 管桩桩身采用高强度混凝土，可打入密实的砂层和强风化岩层，由于桩与土（岩）体的挤压效应，桩端承载力比原状土质提高 70%～80%，桩基侧摩阻力提高 20%～40%。因此，PHC 管桩承载力设计值相比同直径的沉管灌注桩、钻孔灌注桩和挖孔桩有明显提高。

（2）抗弯性能好。PHC 管桩选用高强度低松驰的螺纹钢筋作为预应力主筋，使桩身具有较高的预压应力，其抗弯抗裂性能良好。PHC 管桩有较好的贯入性能，能穿透密实的砂层，适应复杂的环境与地理条件。

（3）质量稳定可靠。PHC 管桩是工厂化、专业化、标准化生产，采用先进的工艺和设备，质量容易控制。在抗压、抗弯、抗拔性能上均易得到保证。管桩质量监测、运输吊装方便，接桩快捷，机械化施工程度高，操作简单。

（4）造价经济。采用标准桩型，在大批量集中使用条件下，PHC 管桩的综合造价相比其他桩基型式占有显著优势。

（5）施工速度快、工期短。PHC 管桩为工厂预制桩，沉桩流程简单，相比灌注桩基础减少了桩基养护时间，打桩后即可浇注承台。施工过程中可同时进行承载力的桩基检测，节约了额外的检测时间，提高了施工速度，缩短了工期。

（6）施工文明，现场整洁。PHC 管桩机械化施工程度高，现场堆放整洁，无大量的砂石、水泥，与灌注桩基础相比无泥浆排放污染，施工环境可得到良好的控制，环保优势明显。

2. 缺点

（1）施工机械相对较大，对进场道路和场地要求比较高。

（2）锤击打桩噪声以及振动较大，不适于建筑密集地区施工。

（3）单节桩长受运输条件和施工条件（打桩机高度）限制；每根桩的接头数量不宜超过 3 个，送桩总长度有限。

（4）挤土效应大，要求施工有序，宜适当加大桩间距。

案例四　湖区杆塔基础型式的选择

（一）基本情况

山东扩大环网工程线路穿越南四湖中的南阳湖，南阳湖段线路范围为老京杭运河向东至白马河东堤，线路长度约 13.0km，其中内堤段（约 9.0km）需考虑船舶运输、水上施工等因素。该段沿线地层主要为第四系全新统冲湖积层，为淤泥、淤泥质粉质黏土、粉土、粉质黏土、中砂等。根据湖区水位及地质条件，基础设计需要穿透 3.0～5.5m 的淤泥层，考虑湖区最高水位后至少需要 6.0m 左右的基础抬高。

（二）湖区杆塔基础选型考虑的因素

根据以往工程经验并结合湖区线路工程地质及杆塔基础的工程特性，山东扩大环网工程湖区立塔时，基础选型考虑的因素如下：

（1）基础选型应满足湖区防洪要求，基础主柱截面宜为圆形，尽量减小基础的阻水面积。

（2）确保塔腿主、斜材不长期浸泡于水中，基础能够承受流水压力、漂浮物撞击、冰荷载等作用。

（3）采取合理的结构型式，减小基础所受外荷载作用，改善基础受力状态。

（4）充分利用原状土地基承载力高、变形小的良好力学性能，因地制宜采用原状土基础。

（三）湖区杆塔基础型式的适应性分析

一般湖区立塔基础选型方案有预应力管桩、钢管桩及钻孔灌注桩等几种型式。根据本工程实际情况并结合各基础型式特点，对各桩基础进行了适用性分析，见表 3－12－11。

表 3－12－11　　　　　　　　湖区常用基础型式的适用性分析

基础型式	适应地质	施工情况	经济技术分析	本工程适用性分析	是否可行
预应力管桩	地质条件差或地下水位高	需专门打桩设备；施工工艺简单；施工文明，现场整洁	单桩承载力高，单位承载力价格低，施工速度快	湖水较浅，打桩船无法进入工作区域，航道清理需考虑大型打桩船，工程量巨大	否

基础型式	适应地质	施工情况	经济技术分析	本工程适用性分析	是否可行
钢管桩	地质条件差或地下水位高	需专门打桩设备,施工工艺复杂	单桩承载力高,施工速度快	湖水较浅,打桩船无法进入工作区域,航道清理需考虑大型打桩船,工程量巨大	否
钻孔灌注桩	地质条件差或地下水位高	机械设备简单、基础型式多样	承载力高、质量可靠,在地质条件差的地区费用相对较少	可采用搭建施工平台方式施工,航道清理仅考虑运输船舶的需求,航道清理工程量相对较小	是

通过分析,预应力管桩和钢管桩均需要大型打桩船施工,而由于湖区水位较浅,无法满足打桩船的航行要求,航道清淤工程量巨大,成本较高,本工程不推荐采用。而钻孔灌注桩基础实施的航道清淤仅需考虑运输船舶的需求,航道清淤工程量相对较小。根据已往特高压输电线路工程基础设计经验,本工程选择钻孔灌注桩基础作为湖中立塔的可行性基础方案。

参照附近线路的运行经验,湖区内悬垂型杆塔采用高桩承台基础;耐张型杆塔立于湖中平坦地带,采用低桩承台基础。

案例五　跨越河流段基础的设计

(一)基本情况

北环工程沿线跨越河流较多,河流区域地下水位浅,地基承载能力低,且存在较厚的淤泥质土层,局部地区存在流沙坑、泥水坑。地下水位埋深在 0.0～2.0m 之间,主要接受大气降水、地表水的补给,径流条件较差。地下水位的变化幅度为 0.5～1.0m;由于地下水位埋深较浅,丰水季节按 0m 水位考虑。

(二)河中基础选型考虑的因素

北环工程跨越河流段的基础选型主要考虑了以下方面:

(1)跨越河流地段水位较浅,采用开挖类基础时不易降水挖槽,加之基础设计考虑水的浮力后,混凝土用量增多,给施工带来极大的困难,且施工质量无法得到有力保证。若采用灌注桩基础可利用钢护筒辅助施工,无需大面积降水;不仅保证了施工质量,而且也可减少对周围环境的破坏。

(2)跨越河流地段多为淤泥质土,地基承载力差,易遭受水流冲刷,采用开挖类基础容易造成基础主柱的外露,给后期的运行带来安全隐患。桩基础因钻孔施工埋入较深,可穿透淤泥质土层,当采用框架连梁结构设计时,可大幅度提高基础的稳定性,线路的安全运行可以得到很好的保障。

(3)跨越河流地段因地质条件差,开挖类基础所用材料量相对较多,为保证基础的上拔稳定要求，需采取必要的筑岛防护措施，整体造价高于灌注桩基础。因此，在施工、运行、造价等方面综合考虑，开挖类基础不是最优的选型方案。

（4）河流地段由于地质原因造成的不确定因素较多。加之长年水流冲刷，易造成水土流失，引起河道局部变迁。基础的选择应考虑深基础型式，提高基础的整体安全性，避免河道变迁带来的不利影响。

（三）河中基础设计方案的选择

跨河地段基础型式的选择是工程设计中的重点和难点，河流地段采用何种基础型式是线路安全运行的前提。由于跨河地段线路存在冲刷和淹水，因此，基础设计需考虑加大埋深，基础主柱的外露还要考虑丰水期水位的不利影响。

在综合考虑地质环境、水位条件以及安全运行等因素下，可优先选用钻孔灌注桩基础。钻孔灌注桩基础设计时，可根据冲刷深度和水位高度灵活调整桩的外露长度，达到防冲刷和防水淹的目的。灌注桩基础施工方便，安全性较好，单桩或承台柱露出设计地面高度不应低于 5 年一遇洪水位高程，当露头较高时，还应同时考虑洪水冲刷、流水动压力、漂浮物等因素的影响。

案例六 采动影响区基础型式的选择

（一）基本情况

随着电网建设的不断发展，线路走廊日趋紧张，输电线路途经采动影响区的情况日渐突出。煤矿开采后留下大面积空面及巷道，矿体上覆盖岩层失去支撑，引起采空区上方地表的位移和变形，造成地表的不均匀沉降、坍塌。在这些区域立塔，轻则造成基础的倾斜、开裂、杆塔变形，重则可造成基础沉陷、杆塔倾倒，严重威胁着输电线路的安全运行。采动影响区常见地形如图 3-12-5 所示。

图 3-12-5 采动影响区常见地形图

（二）采动影响区杆塔基础采取的措施

采动影响区杆塔基础的选型，不仅要满足正常设计条件的要求，还应考虑能抵抗一定程度的地基变形（通常包括垂直沉降、水平偏移和倾斜）。蒙西天津南工程采动影响区基础的选型，根据相关规程、规范采取了以下措施：

（1）采厚比小于 30 时，煤炭开采容易引起地表突发性的非连续变形，危害塔基和塔体，需结合塔位变形预测值采取综合措施处理，并论证立塔的适应性。

（2）采厚比在 30～100 范围内，根据不同的开采方式及地基变形预测值，一般采用钢筋混凝土板式基础、基础底板设置防护大板和加长地脚螺栓方法。对于根开较大的杆塔采用中空防护大板基础（见图 3-12-6）；防护大板基础能够一定程度抵抗采动影响区不均匀沉降、水平偏移和倾斜三种地基变形。

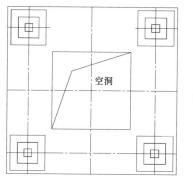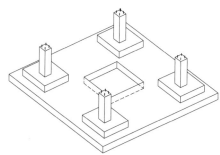

图 3-12-6　中空防护大板基础示意图

（3）当采厚比大于 100 时，煤炭开采引起地表变形相对较小，基础采用钢筋混凝土板式基础并加长地脚螺栓的设计方法，可不考虑地基和基础处理措施。

（4）当矿层较薄（2.0～3.0m）、回采率低于 30%、采厚比介于 40～100、顶板岩层无地质构造破坏时，基础采用钢筋混凝土板式基础，并加长地脚螺栓。

（5）矿层埋深超过 1000m 时，基础仅加长地脚螺栓。

（6）矿层顶板岩层松散的特殊地区，应做专门的地质稳定性评价，基础处理可参照上述规定采取相应的措施。

（7）加长地脚螺栓长度应能满足基础下沉后的调节范围，不应小于 150mm。

（三）采动影响区选用中空防护大板基础

当铁塔根开较大时，钢筋混凝土防护大板混凝土用量巨大，造成材料的不必要浪费。根据此种情况，经过多方面的论证和研究，防护大板推荐采用中空式。中空防护大板是在钢筋混凝土防护大板基础上的一种改进型式，大板中间采用开孔方式设计，在不影响整体刚度的前提下与钢筋混凝土防护大板基础相比，可减少基础中间空洞部分的土石开方和混凝土浇筑，经济性相对较好，对环境的破坏有所减少。当地基发生不同程度的沉降时，中空防护大板基础可保证四个塔腿的整体稳定，避免对杆塔的安全造成损坏。

案例七　挤扩支盘桩基础的应用

（一）基本情况

北环工程某施工标段起点为江苏省淮安市与扬州市交界的"淮扬市界"，位于高邮湖北部边缘区域，路径长度为28.9km。地貌单元为平原，地形平坦，地形起伏不大（见图3-12-7），地层岩性差异性较小，线路沿线以旱地及水稻田为主，跨越部分河流、鱼塘及湖区。

根据地质、道路交通等条件的比较，北环工程选择交通便利、无液化土的施工地段进行了挤扩支盘桩基础的试验研究及施工图设计。

图3-12-7　塔位地形地貌

（二）挤扩支盘桩基础的实施方案

根据挤扩支盘桩基础的适用条件，结合本工程地质、施工道路，在考虑机械设备运输情况的前提下，本施工段试用了6基挤扩支盘桩基础，具体塔位及设计参数见表3-12-12～表3-12-14。

1. 挤扩支盘桩工程应用情况

表3-12-12　　　　　　北环工程挤扩支盘桩应用情况统计表

塔位	塔型	呼高（m）
E013	SZ303	66
E014	SZ302	60
E016	SZ306	87
E028	SZ305	72
E029	SZ305	72
E034	SZ304	66

表 3-12-13
北环工程挤扩支盘桩基础配置表

塔位桩号	杆塔型式	呼高(m)	基础型式代号			
			A	B	C	D
E013	SZ303	66	Z3Z013A	Z3Z013A	Z3Z013A	Z3Z013A
E014	SZ302	60	Z2Z014A	Z2Z014A	Z2Z014A	Z2Z014A
E016	SZ306	87	Z6Z016A	Z6Z016A	Z6Z016A	Z6Z016A
E028	SZ305	72	Z5Z028A	Z5Z028A	Z5Z028A	Z5Z028A
E029	SZ305	72	Z5Z029A	Z5Z029A	Z5Z029A	Z5Z029A
E034	SZ304	66	Z4Z034A	Z4Z034A	Z4Z034A	Z4Z034A

表 3-12-14
杆 塔 基 础 作 用 力

塔型	上拔力（kN）			下压力（kN）		
	T_x	T_y	T	N_x	N_y	N
SZ302	421	397	3202	549	527	-4319
SZ303	469	449	3391	625	607	-4616
SZ304	542	520	3772	736	709	-5211
SZ305	584	564	4085	799	773	-5680
SZ306	662	635	4441	940	907	-6422

2. 挤扩支盘桩基础工程布置方案

挤扩支盘桩基础平面图和立面图分别如图 3-12-8 和图 3-12-9 所示。

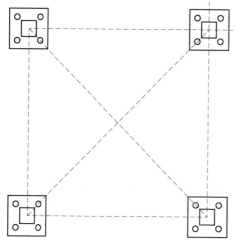

图 3-12-8 挤扩支盘桩基础平面图

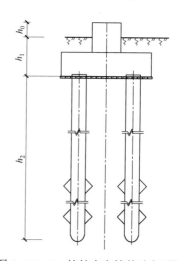

图 3-12-9 挤扩支盘桩基础立面图

3. 挤扩支盘桩基础尺寸及材料

基础尺寸及材料见表 3-12-15 和表 3-12-16。

表 3-12-15　　　　　　　基 础 尺 寸 及 材 料

基础 型式代号	桩径 （m）	桩长 （m）	桩混凝土 （m³）	桩钢筋 （kg）	承台宽 （m）	承台高 （m）	承台混凝 土（m³）	承台钢筋 （kg）	垫层 （m³）	根数	盘数
Z2Z014A	0.6	15	20.4	4372.8	3.6	1.1	17.2	1420.7	2.9	4	1
Z3Z013A	0.6	17	22.8	6072.7	3.6	1.1	17.2	1420.7	2.9	4	1
Z4Z034A	0.6	19	25.2	6749.9	3.6	1.1	17.6	1527.3	2.9	4	1
Z5Z028A	0.7	17	29.6	7078.8	3.7	1.1	18.9	1647.7	3.1	4	1
Z5Z029A	0.7	19	32.8	7865.2	3.7	1.1	19.2	1674.5	3.1	4	1
Z6Z016A	0.7	18	32.8	9271	4.0	1.2	25.4	2078.4	3.6	4	2

注　1. 表中根数为一个基础的数量，盘数为单根桩上的数量；

　　2. 考虑桩径较小，桩长控制在 20m 内。

表 3-12-16　　　　　　　挤扩支盘桩构造尺寸　　　　　　　　　　　　mm

桩径	单支临界宽度	承力盘直径	承力盘高度
600～700	280	1400	700

4. 挤扩支盘桩基础材料

（1）基础混凝土：采用 C30 级。

（2）基础垫层：采用 C15 级素混凝土或碎石灌浆垫层。

（3）保护帽：采用 C15 级。

（4）基础钢材：主筋采用 HRB400 级，其他钢筋采用 HPB300 级。

（5）地脚螺栓：采用 35 号或 45 号优质碳素钢。

（三）挤扩支盘桩基础的优缺点

1. 优点

（1）承载力高。挤扩支盘桩通过机械方式在较稳定的土层中形成承力盘，承力盘可起到端承作用，可有效提高基础的上拔力和下压力。

（2）嵌固性好。挤扩支盘桩的各承力盘与持力层土体相互嵌固，使挤扩支盘桩的竖向抗压承载力、抗拔承载力以及抗水平推力都得到相应的提高。对承受动荷载、地震荷载均有良好的作用。

（3）经济性好。挤扩支盘桩在承受相同外部荷载的情况下，相比普通等直径灌注桩可缩短桩长，减小桩径。通过合理的优化设计，可改变桩基的组成结构，从而达到桩基施工工期短、节约原材料、保护环境的目的。

2. 缺点

与普通灌注桩基础相比，当采用挤扩支盘桩基础时，塔位处地质土层必须具有成盘持力层，地质条件有一定的局限性。

（四）挤扩支盘桩基础的承载性能

挤扩支盘桩基础一般在承载力相对较好的硬质土层中设置支盘扩大头。此种状态下，承载特性属摩擦型端承桩，极限破坏多表现为渐进压缩型破坏，基础自身沉降变形相对较小，有助于上部杆塔结构的稳定。挤扩支盘桩承力盘盘径一般较大，可提高桩身的总摩阻力，使单桩的抗压和抗拔能力得到显著提高。另外，挤扩支盘桩基础施工时，由于支盘成型装置对桩侧土的强力挤压，可起到一定的挤密加固作用，桩周摩擦力均得到较大提高。

试验表明，挤扩支盘桩分支和承力盘的成型挤压效果显著，挤压影响区主要集中在水平方向桩外缘 1.0m 范围以内、垂直支盘方向 0.5m 范围内。分支挤压效果可提高土体干密度的 15%～20%左右。

挤扩支盘桩基础除在硬质土层设置大尺寸承力盘外，还可在桩身其他位置设置尺寸相对较小的挤扩分支，进一步提高桩基的水平承载力和侧向稳定性。挤扩支盘桩单向分支和双向（十字型）分支，如图 3-12-10 所示。

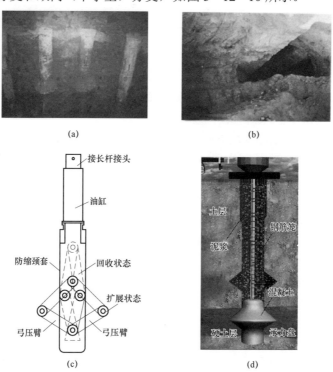

图 3-12-10　挤扩支盘桩示意图

（a）挤扩支盘桩开挖后实景图；（b）支盘处土体挤密效果图；（c）挤扩支盘机械示意图；（d）挤扩支盘桩成桩示意图

（五）挤扩支盘桩基础的适用范围

根据挤扩支盘桩的构造和施工要求，一般适用于下列地质条件：

（1）可塑、硬塑状态的黏性土，中密、密实的粉土和砂土，碎石土，全风化岩和强风化软质岩层。

（2）分支和承力盘应避开液化土层、流塑状黏性土以及中等风化、微风化和未风化的岩石层。

（3）对塑性指数偏高的黏土，应经试验确定成盘的可靠性。

案例八　斜插式深基础的应用

（一）基本情况

1000kV 特高压输电线路工程杆塔基础作用力较 500kV 线路工程成倍增加，铁塔根开相对更大。山区塔位由于地形陡峭等原因，要满足基础受力、桩顶位移等设计要求，通常采取的措施只能是加大桩径或增加桩基埋深。这就使得桩基承台和各基桩的尺寸相对较大，基础材料大幅度提高，导致了工程投资的增加。

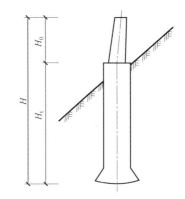

图 3-12-11　斜插式深基础示意图
注：H_t 为基桩长度；H 为基础总高度；H_0 为斜立柱垂直高。

（二）斜插式深基础简述

斜插式深基础是由上部斜立柱和下部基桩组合而成的基础型式，如图 3-12-11 所示。斜插式深基础上部斜立柱的设置，避免了由于基桩露头过高而导致的大桩径的问题。斜立柱的设计可有效减小水平力对地表覆土的侧向压力，减小基桩顶面的位移。同时，下部基桩可充分发挥原状土基础的优势，有效提高基桩的上拔和下压稳定。

斜插式深基础可参照 DL/T 5219—2014《架空输电线路基础设计技术规程》相关规定计算。

另外，对于下部基桩扩大头部分，应遵循的主要设计原则如下：

（1）桩底扩大头的构造和计算要求可遵照 JGJ 94—2008《建筑桩基技术规范》执行。

（2）桩顶箍筋加密区长度参考 JGJ/T 225—2010《大直径扩底灌注桩技术规程》，宜按 3d（d 为桩的直径）取值。

（3）对于群桩基础，桩间距不应小于 $3d$；对于扩底桩桩间距同时不应小于 $2.5d$、$1.5D$（$D \leqslant 2m$）或 $D+1.5m$（$D>2m$）的要求，其中 D 为基桩扩大头直径。

（三）斜插式深基础的经济技术指标比较

由于斜插式深基础上部立柱倾斜布置，基础顶面的水平位移得到显著改善，可有效减小桩径、缩短埋深，节约基础的材料用量。

表 3-12-17 以锡盟山东工程 JC30102 耐张塔为例，对比分析了常规桩基础和斜插式深基础的材料用量。可以看出，对于水平荷载较大的耐张塔，采用斜插式深基础可有效节约基础费用 15%左右，具有可观的经济效益。

表 3-12-17　　　斜插式深基础与常规桩基础的材料用量对比

基础型式	桩径（m）	桩长（m）	混凝土（m³）	基钢（kg）	基础费用（万元）
常规桩基础	2.2	14.0	57.6	5043	14.08
斜插式深基础	2.0	13.5（桩长 8.5，立柱长 5.0）	48.4	3769	12.08

通过分析可知，斜插式深基础设计方法明确，设计思路清晰，易于操作，具有较好的经济效益。因此，对于山区陡峭地区露头较高的单桩基础可优先采用。

（四）斜插式深基础的优点

斜插式深基础是一种新型的基础型式，其经济效益好，易于操作。很好的结合了桩基础和斜柱式基础的优点，在山区较陡地形条件下，通过上部设置斜立柱可有效改善作用在桩顶的弯矩，满足基础侧向倾覆稳定要求。斜插式深基础可结合山区地形特点，在塔位较陡或基础露头较高的山丘地区有针对性的应用。

案例九　中空大直径挖孔基础的应用

（一）基本情况

榆横潍坊工程某标段 4S101～4S113 号塔全部采用双回路杆塔，沿线属黄土丘陵地貌，地基土层为黄土（粉土），呈稍密～中密状，具中等（偏高）压缩性，承载力工程特性一般。该段地下水位埋深一般大于 25m，可不考虑地下水对塔基基础的影响。

结合本工程初设要求和现场勘察结果，选取 4S103 和 4S105 两处塔位试点应用中空大直径挖孔基础。两塔位地形地貌分别如图 3-12-12 和图 3-12-13 所示。

图 3-12-12　4S103 号塔位地形地貌

图 3-12-13　4S105 号塔位地形地貌

（二）中空大直径挖孔基础简述

中空大直径挖孔基础（见图 3-12-14）的设计理念是利用人工或机械成孔，采用内模板将一定深度范围内的基础浇筑成有空腔的筒形桩，基础施工时可利用弃土将空腔填充。该基础型式可减少基础混凝土用量和弃土外运量，就地消纳部分施工弃土，适用于无地下水的地区。

中空大直径挖孔基础空腔直径的大小和空腔位置的不同对基础的受力影响很

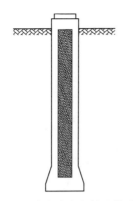

图 3-12-14 中空大直径挖孔基础示意图

小，因此，基础设计时，可适当增加空腔直径，以节省基础混凝土。但需要注意的是，空腔对桩身截面刚度和强度会产生一定程度的削弱作用，此时，须对桩身截面进行验算复核。

随着特高压工程的不断建设，特别是偏远山区中的塔位，充分利用原状土的承载特性是一种很好的选择。由于山区运输条件的限制以及对环境保护要求的越来越高，挖孔基础的弃土处理问题一直是影响塔基周围环境的重要因素。中空大直径挖孔基础不仅可以减少基础混凝土的材料用量，而且还可以在基础中回填部分弃土，减少了余土的外运，对塔基周围环境的保护起到了很好的作用。

（三）中空大直径挖孔基础的经济性分析

根据以往特高压输电线路工程设计和施工经验，对中空大直径挖孔基础和普通挖孔基础进行了经济性比较，见表 3-12-18。

表 3-12-18　　　中空大直径挖孔基础与普通挖孔基础经济性比较

杆塔号	混凝土（m³）			钢筋（t）		
	普通挖孔基础	中空大直径挖孔基础	节省	普通挖孔基础	中空大直径挖孔基础	节省
4S103	203.08	168.23	17.16%	13.71	14.53	-5.97%
4S105	169.54	135.94	19.82%	10.68	11.41	-6.87%
合计	372.62	304.17	18.40%	24.39	25.94	-6.40%

由表 3-12-18 可以看出，中空大直径挖孔基础与普通挖孔基础相比，基础的混凝土用量可降低 17%～20%，钢筋用量则增加 5%～7%；4S103 和 4S105 两基塔位采用中空大直径挖孔基础时，混凝土用量总计可降低 18.4%，钢筋用量增加 6.4%。根据比选结果考虑最终造价投资，采用中空大直径挖孔基础具有一定的经济效益，但由于该基础型式施工难度大，不宜操作，应根据实际情况酌情选用。

（四）中空大直径挖孔基础的构造及优点

（1）中空大直径挖孔基础上部实心段的长度由地脚螺栓锚固长度确定，底部实心段高度应满足底板冲切承载力要求。

（2）基础设计时，可根据主柱直径采用单层或双层钢筋笼布置方式，在满足构造要求的前提下确定空腔壁厚，并验算桩身强度。

（3）中空大直径挖孔基础与普通挖孔基础相比，在特定的地质条件下，在材料用量上有一定的经济优势。

（4）中空大直径挖孔基础可以减少施工弃土的外运，既保护环境，又减少运输成本。

第二节　小　　结

特高压交流输电线路工程中基础型式的选择，涉及基础的施工安全和整体造价。在不同地质、地貌、施工等因素条件下确定合理的基础型式至关重要。

本章结合特高压输电线路基础受力特点，对平原有地下水和无地下水地区、山丘地区、河网泥沼地区、采动影响区等多种典型地质地貌下基础的选型进行了分析和介绍。针对特高压输电线路工程平原地区杆塔基础特点，从设计、施工、经济、环保等角度综合考虑，确定了平原地区无水情况下，优先采用挖孔基础的设计方案；在平原地区有地下水情况下，当基础作用力较小时优先采用单桩基础，其次为板式基础，当基础作用力较大时宜采用群桩基础。

山区、丘陵地带杆塔基础的选型应结合实际情况，根据地形坡度、覆盖层厚度、岩石风化程度等，对岩石锚杆基础、岩石嵌固基础和挖孔基础进行经济性分析，综合考虑造价和施工因素后确定，总的设计原则如下：

（1）塔位地形较缓、覆盖土层较薄时，宜采用岩石锚杆基础。

（2）塔位地形较缓、覆盖土层较厚时，宜采用岩石嵌固基础。

（3）塔位地形较陡且具备掏挖条件时，宜采用挖孔基础。

河网泥沼地区由于地质条件差，地基承载力低，施工难度高，选用开挖回填类基础时易造成基础不均匀沉降、回填土施工不达标等后果，给后期的安全运行带来极大隐患。灌注桩基础因可穿透较深土层，承载力高，施工质量可以得到保证，在地质条件较差地区，与其他基础型式相比整体费用相对较少，通过搭建简单的施工平台即可满足施工要求，易于操作。对于淤泥层比较厚，地基承载力低的地质情况，采用灌注桩基础型式是最好的选择方案。

针对煤矿采空区特点和采深采厚比的不同，杆塔基础应结合实际情况结合相关规程规范采取下列措施：

（1）加长地脚螺栓。

（2）采用复合柔性大板基础型式。

（3）预留塔高。

（4）多种方法组合使用。

目前，预应力高强度混凝土管桩（PHC 管桩）基础、挤扩支盘桩基础、斜插式深基础、中空大直径挖孔基础等作为特高压输电线路工程中的新型基础，已在工程中进行了试点应用，与常规基础型式相比，具有一定的经济效益和社会效益。在以后的工程设计中，可根据工程特点有针对性的综合考虑地质、地貌、施工、环保等因素后采用。

本章通过对五类典型地区基础型式的选择进行分析和介绍，在综合考虑地区地质特点等多种因素后，归纳、总结得出基础选型应遵循的原则如下：

（1）结合工程地形、地貌以及水文地质特点及运输条件应尽可能采取合理的结构型式，减小基础所受水平力和弯矩的大小，改善基础受力状态，充分发挥基础各部分优势。

（2）在安全、可靠的前提下，重视环境保护和可持续发展战略，基础选型应做到经济、环保，减少施工对环境的破坏。尽可能采用原状土基础型式，发挥其地基承载力高、变形小的力学性能，做到因地制宜、设计合理。

（3）应注重施工的可操作性和质量的可控性，并结合施工措施和方法，根据工程特点采取合理的机械化施工方案。

第十三章 基 础 材 料

输电塔基础材料通常由钢筋、混凝土、地脚螺栓等组成，基础材料性能的优越与否，直接影响到基础的安全运行和耐久性的整体评估。

由于近年来机械加工设备和制造工艺的不断发展，基础材料在力学性能和物理性能方面不断提升。输电塔基础的钢材（钢筋）由原来的 HPB235 级、HRB335 级逐渐推广到 HRB400 级和 HRB500 级；混凝土由 C15 级、C20 级逐渐应用到 C40 级；地脚螺栓由优质碳素钢逐步过渡到合金结构钢的普遍应用。科技的不断发展对高强度材料的应用起到了很大的推动作用，对混凝土结构工程的设计和施工产生了积极的影响。新材料的推广不仅可减少钢材和混凝土的用量，同时也改善了混凝土结构中节点和钢筋密集分布的现状，有利于混凝土的浇筑和施工质量的管控。

第一节 典 型 案 例

案例一 高强度钢筋的应用

GB 50010—2010《混凝土结构设计规范》发布之前，特高压输电线路工程在基础钢筋的选择上均采用 HPB235 级和 HRB335 级。因该种钢筋抗拉强度低，基础在承受外部荷载作用时，由于钢筋强度等因素的制约基础设计受到限制。GB 50010—2010《混凝土结构设计规范》发布之后，工程建设中大力推广应用 400MPa、500MPa 级高强度钢筋，为特高压基础工程带来了质的发展。

特高压输电线路工程与一般高压或超高压工程相比，杆塔基础作用力大幅度提高，若仍按一般传统设计思路采用 HPB235、HRB335 级钢筋，在基础底板和主柱配筋以及主柱斜截面承载力计算时，势必导致钢筋配筋数量增多、钢筋分布密集，增加工程投资。

高强度钢筋在特高压输电线路工程中的推广应用，取得了良好的经济效益和社会效益。以浙北福州工程为例，介绍高强度钢筋在线路工程上的应用，并进行经济性对比分析。不同材质钢筋的经济技术比较见表 3 – 13 – 1。

表 3-13-1　　　　　　　　不同材质钢筋经济技术比较（双回路）

塔型	钢筋（kg）			造价（万元）		
	HRB335	HRB400	节省	HRB335	HRB400	节省
Ⅰ型直线塔	12208	11298	6.45%	47.1	45.3	3.52%
Ⅱ型直线塔	15470	14056	8.14%	56.4	54.0	3.90%
Ⅲ型直线塔	17906	16142	8.85%	62.7	60.0	4.00%
Ⅰ型转角塔	42518	38150	9.27%	122.1	117.6	3.39%
Ⅱ型转角塔	58492	52248	9.67%	146.7	141.0	3.59%
Ⅲ型转角塔	65548	60690	6.41%	168.0	163.2	2.56%

通过表 3-13-1 的对比结果可知，采用 HRB400 级高强度钢筋后，较 HRB335 级钢筋在钢材用量上可节约 6.41%～9.67%；综合考虑造价后，可节约 2.56%～4.00%的费用投资，具有一定的经济优势。

因此，建议特高压输电线路工程中推广应用 HRB400 级钢筋，并开展 HRB500 级钢筋在特高压工程中的应用与研究。

案例二　高强度混凝土的应用

特高压输电线路工程基础作用力较大，在基础承受三项力（基础上拔力、基础下压力、基础水平力）作用时，主柱正截面、基础底板正截面以及桩基承台的冲切、剪切等计算都由混凝土的强度起控制作用。为满足基础承载力要求，采用 C20 级混凝土时，只能采取加大基础各部分尺寸来满足。若采用 C25 级或 C35 级混凝土则可避免此种情况的发生。采用高强度等级的混凝土可减少基础材料的大量使用，减少基础各部分尺寸，降低基坑开挖范围，减少材料上的投资。

浙北福州工程在使用 HRB400 级高强钢筋的同时，配合采用 C25 级混凝土，达到了良好的效果。

浙北福州工程 3 种悬垂塔和 3 种耐张塔的基础荷载及地质条件见表 3-13-2 和表 3-13-3，采用高强度钢筋和高强度混凝土后的基础材料及造价对比见表 3-13-4。

表 3－13－2 杆塔基础荷载（双回路）

类型	下压荷载（kN）			上拔荷载（kN）		
	N	N_x	N_y	T	T_x	T_y
Ⅰ型悬垂塔	－3234.53	－387.96	－372.17	2455.40	301.71	284.97
Ⅱ型悬垂塔	－3730.13	－462.20	－436.40	2741.19	353.41	327.62
Ⅲ型悬垂塔	－3934.85	－521.25	－498.26	2847.44	390.76	367.77
Ⅰ型耐张塔	－6316.97	－898.50	－934.51	4575.13	648.62	690.75
Ⅱ型耐张塔	－6820.83	－979.92	－1000.50	4988.64	706.89	754.02
Ⅲ型耐张塔	－7993.53	－1217.54	－1150.65	5691.39	883.33	833.38

表 3－13－3 地 质 条 件 表

项 目	参数值
土重度（kN/m³）	18
内摩擦角（°）	17
黏聚力（kN/m²）	45
承载力标准值（kN/m²）	200

表 3－13－4 基础材料及造价对比表（双回路）

塔型	混凝土（m³）			钢筋（kg）			造价（万元）		
	C20	C25	节省	HRB335	HRB400	节省	C20＋HRB335	C25＋HRB400	节省
Ⅰ型悬垂塔	156.94	144.34	8.02%	12208	11298	7.45%	47.1	45.3	3.82%
Ⅱ型悬垂塔	186.20	178.78	3.98%	15470	14056	9.14%	56.4	54.0	4.26%
Ⅲ型悬垂塔	205.24	189.14	7.84%	17906	16142	9.85%	62.7	60.0	4.30%
Ⅰ型耐张塔	382.76	356.72	6.80%	42518	38150	10.27%	122.1	117.6	3.69%
Ⅱ型耐张塔	443.94	413.98	6.74%	58492	52248	10.67%	146.7	141.0	3.89%
Ⅲ型耐张塔	511.00	478.1	6.44%	65548	60690	7.41%	168.0	163.2	2.86%

　　由表 3－13－4 的对比情况可知，采用 C25 级混凝土配合 HRB400 级钢筋后，混凝土用量可节省 3.98%～8.02%，钢筋用量可节省 7.41%～10.67%，在考虑综合造价之后，可节省投资 2.86%～4.30%，具有一定的经济优势。

　　此外，按照 GB 50010—2010《混凝土结构设计规范》第 4.2.1 条条文说明的要求，工程建设应"推广 400MPa、500MPa 级高强热轧带肋钢筋作为纵向受力的主导钢筋；限制并准备逐步淘汰 335MPa 级热轧带肋钢筋的应用；用 300MPa 级光圆钢筋取代 235MPa 级光圆钢筋"。因此，当杆塔基础作用力较大时，基础设计应结合高强度混凝土和 HRB400 级钢筋配合使用。

案例三　高强度地脚螺栓的应用

特高压输电线路工程中杆塔与基础的连接通常采用地脚螺栓式或插入钢管（角钢）式连接。一般对荷载较小的塔型，目前我国线路工程中多采用 Q235 和 35 号优质碳素钢等材质的地脚螺栓，其特点是适应性强、采购费用低，各塔腿采用 4 根或 8 根地脚螺栓即可满足设计要求。

但对于荷载较大的特高压输电线路工程而言，增加地脚螺栓数量虽然可以满足杆塔上拔的承载能力，同时也会造成塔脚板尺寸的增大和加劲板的多处焊接，增加地脚螺栓和焊板的钢材用量。

蒙西天津南工程为避免上述情况的发生，在地脚螺栓材质的选择上优先采用了 42CrMo 合金结构钢。单腿、单双回路时 35 号优质碳素钢和 42CrMo 合金结构钢地脚螺栓的经济性分析分别见表 3-13-5 和表 3-13-6。

表 3-13-5　　　　不同材质地脚螺栓的经济性对比（单腿、单回路）

设计上拔力（kN）	35 号优质碳素钢地脚螺栓					42CrMo 合金结构钢地脚螺栓				
	地脚螺栓规格及个数	总质量（kg）	地脚板质量（kg）	造价（元）	百分比	地脚螺栓规格及个数	总质量（kg）	地脚板质量（kg）	造价（元）	百分比
1500	4×M60	237.2	124.5	2351	100%	4M48	124.0	90.1	1701	72%
2000	4×M68	339.5	165.8	3284	100%	4M52	156.0	119.1	2178	68%
2500	8×M56	384.0	301.9	4458	100%	4M60	237.2	160.7	3179	71%
3000	8×M60	474.4	369.4	5485	100%	4M64	286.0	193.2	3830	70%
3500	8×M64	572.0	465.3	6742	100%	4M68	340.0	233.2	4576	68%
4000	8×M68	680.0	551.1	8002	100%	4M72	410.8	276.9	5497	69%
4500	8×M72	821.6	655.1	9599	100%	4M76	480.0	318.3	6389	67%
5000	8×M76	960.0	753.9	11140	100%	8M60	474.4	476.9	7369	66%

表 3-13-6　　　　不同材质地脚螺栓的经济性对比（单腿、双回路）

设计上拔力（kN）	35 号优质碳素钢地脚螺栓					42CrMo 合金结构钢地脚螺栓			
	地脚螺栓规格及个数	总质量（kg）	百分比	造价（元）	百分比	地脚螺栓规格及个数	总质量（kg）	百分比	造价（元）	百分比
2500	12×M45	390.3	100%	2537	100%	12M42	250.0	64%	2250	89%
3000	12×M48	368.8	100%	2397	100%	12M42	250.0	68%	2250	94%

设计上拔力 (kN)	35 号优质碳素钢地脚螺栓					42CrMo 合金结构钢地脚螺栓				
	地脚螺栓规格及个数	总质量 (kg)	百分比	造价 (元)	百分比	地脚螺栓规格及个数	总质量 (kg)	百分比	造价 (元)	百分比
3500	12×M52	469.7	100%	3053	100%	12M42	250.0	53%	2250	74%
4000	12×M56	573.8	100%	3730	100%	12M45	390.3	68%	3513	94%
4500	12×M60	711.7	100%	4626	100%	12M48	368.8	52%	3319	72%
5000	12×M64	857.4	100%	5573	100%	12M48	368.8	43%	3319	60%
5500	12×M64	857.4	100%	5573	100%	12M52	469.7	55%	4227	76%
6000	12×M68	1020.0	100%	6630	100%	12M52	469.7	46%	4227	64%
6500	12×M72	1232.4	100%	8011	100%	12M56	573.8	47%	5165	64%
7000	12×M72	1232.4	100%	8011	100%	12M60	711.7	58%	6405	80%
7500	12×M76	1440.0	100%	9360	100%	12M60	711.7	49%	6405	68%
8000	12×M76	1440.0	100%	9360	100%	12M60	711.7	49%	6405	68%
8500	16×M68	1360.0	100%	8840	100%	12M64	857.4	63%	7717	87%
9000	16×M72	1643.2	100%	10681	100%	12M64	857.4	52%	7717	72%
9500	16×M72	1643.2	100%	10681	100%	12M68	1020.0	62%	9180	86%
10000	16×M76	1920.0	100%	12480	100%	12M68	1020.0	53%	9180	74%
10500	16×M76	1920.0	100%	12480	100%	12M68	1020.0	53%	9180	74%
11000	16×M76	1920.0	100%	12480	100%	12M72	1232.4	64%	11092	89%

由表 3-13-5 和表 3-13-6 的对比分析可知,对于单回路杆塔当地脚螺栓材质为 42CrMo 合金结构钢时,相对 35 号优质碳素钢地脚螺栓可节约 30% 的费用;双回路杆塔地脚螺栓采用 42CrMo 合金结构钢时可节约 25% 的费用。采用 42CrMo 合金结构钢具有明显的经济优势。

相同荷载条件下,地脚螺栓材质的改变,可减少地脚螺栓净截面积,减少螺栓数量和塔脚板尺寸,避免了 Q235 和 35 号优质碳素钢带来的不利因素。42CrMo 合金结构钢地脚螺栓的应用,简化了塔脚板结构,有利于地脚螺栓的绑扎和定位,给施工带来了极大的便利,取得了良好的经济效益。

第二节 小 结

近年来,随着材料加工工艺的不断发展,高强材料在特高压输电线路工程中得到广泛推广,并取得了良好的效果。

HRB400 级钢筋具有强度高、抗弯性能好、强屈比高等优点，相对 HRB335 级钢筋而言可减少钢材的使用，降低工程成本，节约工程物资及人力的投入，切实做到了节能、降耗、环保的设计理念。

高强度混凝土的应用，可显著体现混凝土的抗压性能，减小基础主柱和底板等构件截面的尺寸，与 HRB400 级钢筋配合使用，可提高构件的抗弯刚度和抗裂性能，同时在一定程度上可减小腐蚀源对基础的侵蚀，提高基础的安全储备，有利于工程质量的保证。

合金结构钢地脚螺栓具有较高的抗拉强度和屈强比，与优质碳素钢地脚螺栓相比可有效降低地脚螺栓规格和数量，减少钢材的用量。同时有效简化了塔脚板连接件的尺寸和构造，减少了塔脚板处的焊接，给加工和施工带来了方便。

基础材料在特高压输电线路工程中占有相当大的比重，材料的品种和加工水平直接制约着工程的结构形式和施工方法，影响着特高压输电线路工程的安全可靠性、耐久性及适用性。因此，新材料的推广应用，对促进电力行业的发展具有重要意义。

第十四章 基 础 优 化

特高压输电线路工程基础的优化，是根据设计所追求的性能目标，在满足给定的各种约束条件下，在多种方案中选择最佳方案的设计方法。

基础的优化设计一直是行业内多年来秉行的设计方针，我国特高压输电线路工程的不断实施，给结构工程师们在杆塔基础的创新和全面发展上提供了条件，在工程实践中也积累了丰富的经验。

本章分别对岩石类基础、开挖类基础、灌注桩基础等三个基础型式的设计案例进行分析，就三种类型基础在工程中的优化成果进行介绍，以用于指导设计，为后期工程提供参考。

第一节 典 型 案 例

案例一 岩石锚杆基础立柱及承台的优化

根据以往山区线路工程基础选型的设计经验，对覆盖层较薄、上拔力不大的杆塔，可采用直锚式岩石锚杆基础。而对于基础上拔力较大、覆盖层厚或者坡度较陡的斜坡塔位，可采用承台式岩石锚杆基础。

承台式岩石锚杆基础可根据塔位处地势情况对承台立柱进行加高，覆盖层较厚时仍可使用，因此，承台式岩石锚杆基础对地形、地质条件的适应性较强，施工方便灵活。

为更好的发挥岩石锚杆基础在特高压输电线路工程中的优势，山东—河北环网工程在传统岩石锚杆基础上对锚杆承台进行了优化，使其结构型式进一步得到改善，受力更为合理。

山东—河北环网工程中岩石锚杆基础采用方形立柱和方形承台型式，在基础优化上采用了基础立柱偏心设计方案，如图 3-14-1 所示。

1. 岩石锚杆基础承台柱的优化

根据以往的工程设计经验，岩石群锚基础的破坏通常由锚筋的强度控制，大量的试验也证明了这一点。在全风化或强风化岩层中，当锚杆基础作用外荷载时，锚筋不但承受基础的上拔力，而且也承受着部分基础水平力。基础承台上的水平力越大，对应的基础承台和锚杆的尺寸就越大。山东—河北环网工程为消除锚杆基础水平力的作用，对锚杆承台立柱进行了偏心设计。承台立柱的偏心设计有效的减小了作用在基础上的弯矩，最大程度的减小了对基础的不利影响，其设计方案有两种：

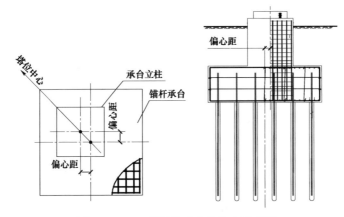

图 3-14-1 锚杆基础立柱偏心示意图

（1）采用承台直立柱偏心设计。
（2）采用承台斜柱设计。
两种锚杆基础立柱布置方案及优缺点详见表 3-14-1。

表 3-14-1 承台直立柱偏心设计和承台斜柱设计方案对比表

方案	基础外型	工程特性及优点	存在的问题
承台直立柱偏心设计		平地、斜坡、覆盖层厚的塔位均可采用，操作简单，施工方便；基础作用力较大时经济效益明显	因构造原因，基础立柱偏心距相对较小，承台宽度较大

方案	基础外型	工程特性及优点	存在的问题
承台斜柱设计		适用于平地或坡度较缓的山地，承台宽度相对较小，上部结构优先采用插入式连接；地脚螺栓式连接时需采用斜柱斜顶方式。覆盖层较厚、基础立柱较高时有较好的经济优势	斜坡较陡时，受塔腿与基础配置的限制，承台立柱放样施工相对复杂

由表 3-14-1 的对比分析可知，综合考虑设计、施工等因素，两种优化方案相对传统锚桩基础都具有良好的创新性和实用性，优化后的锚杆基础在结构受力和经济性等方面成效显著。

2. 基础承台适用性比较

岩石锚杆基础承台可设计成方形或圆形（见图 3-14-2），就锚杆承台的施工工艺来讲，都可以实现。但哪种设计方法更具使用性，下面做简单的比较和分析。

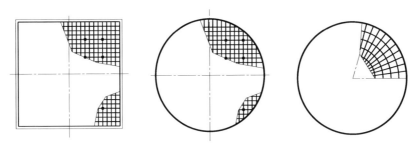

图 3-14-2 锚杆基础方形承台与圆形承台示意图

（1）方形承台与圆形承台相比，抵抗弯矩的能力更强，但方形承台相对圆形承台耗材量略大。

（2）方形承台配筋计算方法相对成熟，操作简单，施工方便；圆形承台配筋相对复杂，不论采用环形配筋还是纵、横向正交配筋，施工放样均相对复杂，不易操作。

综上所述，山东—河北环网工程在岩石锚杆基础设计时，优先采用了方形承台和直立柱偏心设计方案，使传统岩石锚杆基础在结构受力方面得到了进一步的改进，取的了很好的经济效益。

案例二　岩石锚杆基础底部的优化

（一）涨壳式岩石锚杆

随着近几年工程技术的不断发展，岩石锚杆基础已由以往的中等风化硬质岩成功推广应用到了强风化、较破碎的软质岩地基中，并普遍在 500kV 和 220kV 线路工程中得到了应用。

然而，在特高压输电线路工程中，由于杆塔基础的荷载较大，在地质岩层较差地区，由于锚杆与岩体的黏结性能受到岩性等因素的制约，采用传统的岩石锚杆基础型式已不能很好的体现其经济性。

因此，为更好的发挥岩石锚杆基础的特性，榆横潍坊工程采用了涨壳式岩石锚杆基础。涨壳式岩石锚杆是对传统岩石锚杆基础的一种改进，它是在传统锚杆底部安装金属扩大头来提高上拔性能的一种基础型式，如图 3-14-3 所示。与传统岩石锚杆基础相比，锚杆底部增加扩大头后，有利于与周边岩体形成较大的摩擦面，使锚杆由原来的摩擦破坏变为岩石的剪切破坏，如图 3-14-4 所示。从而提高了锚杆的锚固作用和有效锚固长度，解决了锚杆仅靠侧摩阻力来提供抗拔力的缺点和不足。

图 3-14-3　涨壳式锚杆示意图

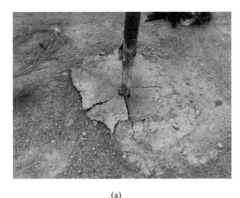

(a)   (b)

图 3-14-4 锚杆基础破坏模式对比图

(a) 传统岩石锚杆基础; (b) 涨壳式岩石锚杆基础

（二）涨壳式岩石锚杆的优点

（1）涨壳式岩石锚杆的极限承载力是底部锚固力和锚杆全长锚固力的叠加，由于锚杆底部扩大头产生的锚固效应，基岩中的压应力区显著增大，锚杆的整体锚固力得到明显加强。

（2）在相同地质条件下，采用涨壳式锚杆基础可有效减少锚筋根数，节省钢材用量 20%以上，经济效益显著。

（3）当锚固深度相同时，涨壳式单锚杆的极限抗拔承载力较传统单锚杆提高50%以上，且基础破坏时位移变形较小。

案例三 斜柱斜顶基础的应用

线路工程中基础立柱的型式一般为直柱式和斜柱式两种。直柱式基础由于自身结构原因需承受较大的水平荷载作用，基础立柱截面和配筋往往都很大，相对斜柱式基础而言混凝土和钢材都有所增加，从在基础受力上来讲并不是理想的基础型式。

浙北福州工程在施工图基础设计时，为较好的发挥斜柱式基础的优势，对斜柱式基础的立柱进行了优化——在采用斜柱式基础的同时将斜柱顶面由平面改为斜面，即通常所说的斜柱斜顶基础，如图 3-14-5 所示。斜柱斜顶基础是斜柱式基础的一种改进型式，在继承斜柱式基础优点的同时，与上部铁塔的连接可采用插入式连接也可采用地脚螺栓式连接。斜柱斜顶基础的优点主要体现在以下几个方面：

（1）当基础为斜柱斜顶时，与上部结构的连接方式可采用地脚螺栓式也可采用插入式，连接方式的多样化，方便了基础的施工和连接件的加工；

（2）与斜柱平顶基础相比，当采用地脚螺栓连接时，可避免地脚螺栓的火曲，无须对地脚螺栓的强度进行折减，有利于地脚螺栓的传力。

（3）斜柱斜顶基础当采用地脚螺栓连接时，由于塔脚板的存在，提高了塔腿根部的刚度，有利于塔腿的抗弯。

（4）采用斜柱斜顶基础时，塔脚板和塔腿主材成90°加工，施工时不受塔腿坡度的影响，可避免繁琐的加工放样工作，提高了加工精度。

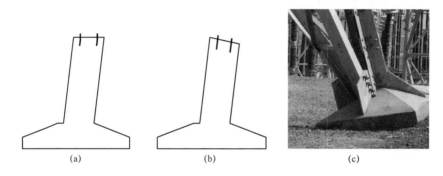

图3-14-5　斜柱斜顶基础示意图

（a）斜柱平顶基础；（b）斜柱斜顶基础；（c）斜柱斜顶基础工程实例图

案例四　基础地脚螺栓偏心设计

特高压输电线路工程基础选型时，设计者会依据不同的地质条件及水文情况，合理地选择基础型式。当采用直柱式基础时，由于基础顶面水平力的存在，对基础主柱和底板都产生较大的弯矩。基础在满足各方面承载力要求的前提下，势必会导致基础主柱截面和基础底板尺寸的增大，造成基础材料的增加。

蒙西天津南工程基础设计时，为减少水平荷载对基础的不利影响，在掏挖基础设计中采取了地脚螺栓偏心设计，如图3-14-6所示。此种设计方案的优点在于：基础在承受上拔力或下压力时，可在一定程度上抵消基础相应水平力的不利影响，改善基础主柱及底板的受力状态，减小基础主柱和基础底板的尺寸，降低基础混凝土和钢筋的用量。

因此，当采用基础作用力较大的杆塔时，优先推荐采用地脚螺栓偏心设计方案，可有效降低基础所受外荷载的影响，降低基础材料用量，起到减少造价的目的。

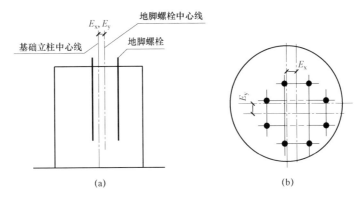

图 3-14-6 地脚螺栓偏心示意图

（a）地脚螺栓偏心设计立面图；（b）地脚螺栓偏心设计平面图

注：图中 E_x、E_y 为地脚螺栓在基础主柱截面上 X 轴和 Y 轴的偏心距。

案例五 灌注桩群桩基础采用旋转承台和立柱偏心设计

灌注桩基础一般多用于地下水位较高的黏性土和砂土地基，特高压输电线路工程中，由于杆塔基础作用力较大，灌注桩基础一般均设计成为群桩基础。但传统灌注桩群桩基础在轴向力和水平力的共同作用下，计算的桩基承台会较厚，且承台底部各桩受力都不均匀。且为了制图和施工上的方便，施工图设计阶段往往都以受力最大的单桩来绘制基础施工图，这样就导致了受力不同的多根单桩尺寸相同，造成了桩基材料的不必要浪费。

通过对上述问题的分析和研究，得出解决问题的关键即是：解决承台底部各桩均匀受力的问题。针对此种情况，山东—河北环网工程在桩基设计时，对桩基承台和承台柱都进行了优化，最大程度的使桩基受力合理，工程设计方案最优。采取的措施如下：

（1）灌注桩群桩承台旋转 45° 后布置。

（2）灌注桩群桩承台柱改为偏心设计。

以下对灌注桩群桩基础的优化过程进行分析，如图 3-14-7 所示。

（1）灌注桩基础按 A 方案布桩后，在基础外荷载作用下，承台底部的各桩受力最不均匀，外侧基桩受力大，内侧基桩受力小；承台柱为双向偏心受力构件。

（2）灌注桩基础按 B 方案布桩后，灌注桩承台旋转 45°（承台立柱不变）布置。此时，承台外侧两基桩受力最大，内侧两基桩受力最小；承台立柱为单向偏心受力构件。

（3）灌注桩基础按 C 方案布桩后，灌注桩承台在旋转 45°的同时，将承台立柱进行偏心设计。桩基通过立柱在承台上的偏心布置，可抵消部分水平力对基础产生的弯矩，使各基桩受力趋于均匀；承台立柱基本为单向偏心受力构件。

（4）D方案是在C方案基础上进一步对承台立柱进行偏心，使基础合力对承台底产生的弯矩接近于零，各基桩受力基本均匀，承台立柱基本为轴向受力构件。

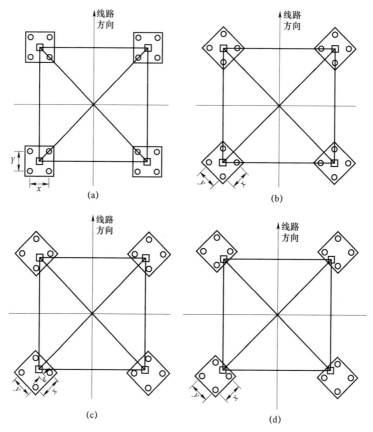

图3-14-7 灌注桩基础优化示意图

（a）A方案；（b）B方案；（c）C方案；（d）D方案

通过上述四个方案的简单分析，灌注桩群桩基础的优化可采用旋转承台加立柱偏心的设计方案，最大程度的减小基础水平力对承台及基桩的作用效应。这样既可减小承台的厚度，又可使承台底部的各基桩受力均匀，有利于控制桩顶的水平位移，从而起到节省工程材料量和工程造价的目的。

山东—河北环网工程中具有代表性的双回路杆塔灌注桩基础在不同布置方案下的技术计算结果对比见表3-14-2。计算比较时，C方案主柱偏心量为0.2m，D方案偏心量0.4m。

表 3 – 14 – 2 不同布置方案计算结果比较

序号	灌注桩方案	承台尺寸 （m）	桩径 （m）	桩长 （m）	混凝土 （m³）	钢筋 （kg）
1	五桩承台 A	6.5×6.5×1.2	1.0	22.0	359.2	44894.0
2	五桩承台 B	6.5×6.5×1.2	1.0	20.0	334.0	41752.5
3	五桩承台 C	6.5×6.5×1.2	1.0	19.0	321.5	40181.8
4	五桩承台 D	6.5×6.5×1.2	1.0	18.0	309.9	38811.0

根据表 3 – 14 – 2 计算结果可知，承台 45°摆放后（B 方案），灌注桩桩长较传统布桩方案（A 方案）减少 1.0～2.0m。立柱偏心布置后，当立柱偏心距取最大偏心量的一半时（C 方案），基础混凝土量较 A 方案降低 12%，主要原因是立柱偏心布置抵消了部分基础水平力产生的弯矩，使各桩受力较为均匀，基桩钢筋量显著下降。当采用 D 方案时，基础作用力对承台底产生的弯矩接近于零，基础立柱基本为轴向受力构件。此时，相对 A 方案来讲，基础的材料量又有明显的降低。

通过以上分析，特高压输电线路工程中灌注桩基础采用承台 45°摆放加承台立柱偏心设计是可行的。与传统灌注桩基础相比，该方案改变了承台底部各桩的受力状态，减小了基础的尺寸，降低了工程造价，具有显著的经济优势。

第二节 小 结

本章通过对传统基础型式的分析和研究，根据特高压输电线路工程自身特点，对基础的局部结构和布置型式进行了深入的优化和改进，并取得了良好的效果。

通过对岩石锚杆基础承台直立柱的偏心设计和斜柱布置，有效改善了基础的整体受力状态，使作用于基础上的水平力降至最低，减小了基础的尺寸，节约了工程投资。

岩石锚杆基础底部的优化案例，是对传统锚杆基础的一种改进，锚筋底部安装金属扩大头后，改善了锚杆的受力状态，使锚筋由拔出破坏改为岩石的抗剪破坏，提高了岩石锚桩基础的整体锚固能力，减少了锚筋根数，节省钢材用量达 20%以上。

斜柱式基础立柱顶面的优化，不仅使连接上部结构的方式多样化，而且有利于上部结构的传力。不仅节省了地脚螺栓材料用量，而且简化了塔脚板复杂的放样加工过程，与插入式连接方式相比，提高了塔腿根部的刚度，有利于铁塔的安全运行。

通过改善灌注桩承台的布置方式和承台柱的偏心设计，在不增加施工难度的情况下，有效改变了承台底部各桩的受力状态，使得各桩受力基本趋于均匀，在结构设计和工程投资之间取得了一个很好的平衡。

特高压输电线路工程中基础的优化和应用，使设计人员积累了丰富的设计经验，解决了以往基础设计时出现的不利因素。优化后的基础型式不管在结构受力还是在材料用量等方面都得到了很大的改善。

回顾本章基础的典型案例与分析，特高压输电线路工程中基础的优化设计应遵循如下几点原则：

（1）以结构体系受力合理为优化的整体目标，工程设计应采取合理的结构型式，最大程度的减小基础所受水平力和弯矩的作用，改善基础的受力状态。

（2）充分利用基础受力体系特点，遵循现行规程、规范，改善基础结构形式，节约材料消耗，达到经济性和安全性的统一。

（3）在合理的结构体系下，应以造价最低为优化目标，并考虑线路工程各塔位处微地形和水文地质条件的差异性和离散性，分别采取有针对性的措施，降低基础的工程量和工程投资。

第十五章 基础机械化施工

在特高压输电线路工程中，基础工程作为输电线路结构体系的重要组成部分，在造价、工期和劳动消耗量等方面占有很大比重。其中，工程投资约占整个线路工程本体投资的20%，施工工期约占整个工期的50%。

新形势下的特高压建设已不同于传统的施工模式和运作方式，特高压工程中的设计方案应与现代机械化施工紧密配合，以达到优秀设计和高效施工的一体化。

科学合理的采用全过程机械化施工，可有效提高施工效率、缩短工期、减轻劳动强度、降低工程造价，充分体现"科学建设、高效施工、以人为本"的理念，极大的提高施工人员的安全保障。

本章着重介绍在特高压输电线路工程中不同地质条件、不同基础型式下，机械工器具的选择及参数配置的典型案例，使设计人员在基础设计时对机械化施工有所了解，为基础的选型和施工做好准备。

第一节 典 型 案 例

案例一 开挖类基础机械化施工

挖掘机是线路工程中开挖类基础施工使用最多的一种机械设备，由于其功率大、灵活性好、易于操作，在基础基坑开挖过程中得到了广泛的应用。目前，应用最多的是全液压全回转挖掘机，一般为正、反铲挖掘机（见图3-15-1）和拉、抓铲挖掘机（见图3-15-2）。在输电线路基础工程开挖中拉铲挖掘机和抓铲挖掘机的应用一般较少，正铲挖掘机和反铲挖掘机使用较多，尤其以正铲挖掘机最为常见。

根据挖掘机行走装置的不同，又可将挖掘机分为履带式、轮胎式和步履式三种，各机械设备的特点如下：

（1）履带式挖掘机［见图3-15-3（a）］驱动力大、接地比压小，越野性能及稳定性好，爬坡能力强，转弯半径小，灵活性好。

（2）轮胎式挖掘机［见图3-15-3（b）］运行速度快，机动性能好，运行时轮胎对路面不会造成损坏。

（3）步履式挖掘机［见图3－15－3（c）］采用轮式行驶与步履运动相组合的复合型底盘，即可全轮驱动，也可步履行进，可进入其他施工设备无法到达的作业区域进行施工。

(a)

(b)

图3－15－1　正、反铲挖掘机

（a）正铲挖掘机；（b）反铲挖掘机

(a)

(b)

图3－15－2　拉、抓铲挖掘机

（a）拉铲挖掘机（b）抓铲挖掘机

(a)　　　　　　　　　　　　　　　　　(b)

(c)

图 3-15-3　挖掘机

（a）履带式挖掘机；（b）轮胎式挖掘机；（c）步履式挖掘机

各类型挖掘机技术参数见表 3-15-1～表 3-15-3。

表 3-15-1　　　　　　　　　履带式挖掘机技术参数

型　号	LWJ-65	LWJ-135	LWJ-215	LWJ-365
整机质量（kg）	6700	13500	20900	34100
标准斗容（m³）	0.25	0.53	0.93	1.6
额定功率（kW）	40.9	69.6	129	190.5
额定转速（r/min）	2100	2200	2150	2000
回转速度（r/min）	11.5	12	12.5	9.5

型 号	LWJ-65	LWJ-135	LWJ-215	LWJ-365
爬坡能力（%）	70	70	70	70
斗杆挖掘力（kN）	35	66.13	100	180
行走速度（高速/低速）(km/h)	5.2/2.7	5.5/3.5	5.6/3.3	5.5/3.5
铲斗挖掘力（kN）	51	92.7	138	220
最大挖掘半径（mm）	6235	8290	9885	10615
最大挖掘深度（mm）	4065	5500	6630	7040
最大卸载高度（mm）	5110	6170	6475	7140
最大挖掘高度（mm）	7010	8645	9305	9810
最大垂直挖掘深度（mm）	3335	4850	5980	6280
挖掘机履带长度（mm）	2700	3665	4250	5050
挖掘机尺寸（长×宽×高，mm×mm×mm）	6095×2120×2580	7700×2550×2815	9400×2980×2960	11015×3190×3315
最小离地间隙（mm）	370	420	440	550
尾部旋转半径（mm）	1800	2205	2750	3300
履带轨距（mm）	1600	1990	2380	2590
标准履带板宽（mm）	400	500	600	700

表 3-15-2　　　　　　　　　轮胎式挖掘机技术参数

型 号	LWJ-60	LWJ-136	LWJ-200	LWJ-210
整机重量（kg）	6000	13600	20000	21140
斗容（m³）	0.3	0.6	0.8	0.86
发动机功率（kW）	50	70	194	129
爬坡度（%）	58	40	40	35
最大挖掘力（kN）	45	75.86	92	115
最大行走速度（km/h）	36	31.38	50	31
挖掘机尺寸（长×宽×高，mm×mm×mm）	5500×2100×2830	7595×2750×3850	6770×2760×3780	9135×2552×3370
最大挖掘距离（mm）	6020	7300	9100	9613
最大卸载高度（mm）	3900	4700	6600	7530
最大挖掘深度（mm）	3380	3700	5300	5755
最大挖掘高度（mm）	6000	6400	9250	10528
最小回转半径（mm）	1725	2440	2820	2820
最小离地间隙（mm）	300	275	275	340

表 3-15-3

步履式挖掘机技术参数

型号参数	LWJ-110	型号参数	LWJ-110
挖掘机尺寸（长×宽×高，mm×mm×mm）	6200×2210×3200	最大挖掘深度（mm）	5400
前端工作装置最小回转半径（mm）	2800	最大挖掘高度（mm）	8800
最大挖掘半径（mm）	7780	最大卸载高度（mm）	7300
发动机型号	康明斯 Cummins4B3.9	行走速度（高/低）（km/h）	10
发动机额定功率（kW）	93	回转速度（r/min）	0～10
发动机额定转速（r/min）	2200	爬坡能力（%）	45
整机重量（kg）	11000	铲斗挖掘力（kN）	63
标准铲斗容量（m³）	0.3	斗杆挖掘力（kN）	47

案例二 掏挖基础和挖孔基础机械化施工

随着特高压输电线路工程的不断发展，多分裂、大截面导线的不断应用，杆塔荷载原因引起的基础尺寸相应增加。在山区或丘陵地区考虑边坡稳定后，挖孔基础的设计埋深可超过 10m。基础施工过程中虽已设置护壁，并辅以小型工具，但施工人员下坑作业面临的安全风险也无法避免，尤其是基础扩底部分开挖风险较高。

为了在施工过程中降低安全风险，提高施工效率，减轻施工人员的劳动强度，在特高压输电线路工程中对掏挖基础的机械化施工进行了试点。目前，机械成孔设备主要有旋挖钻机和机械洛阳铲两种，如图 3-15-4 所示。

(a)   (b)

图 3-15-4 掏挖基础（挖孔基础）机械成孔设备

（a）旋挖钻机；（b）机械洛阳铲

（一）旋挖钻机

旋挖钻机是一种适合成孔作业的施工机械，采用液压履带式伸缩底盘，具有一定的爬坡能力，适用于平原和丘陵地区地势较平缓、有施工道路，且连续多基可机械化成孔的工程条件。旋挖钻机采用回转斗、短螺旋钻头或其他钻具进行干、湿钻进成孔，可实现砂土、黏土、粉质土和强风化岩石等多种地基基础的施工。除回转斗和短螺旋钻头外，旋挖钻机可通过配置长螺旋钻具、扩底钻头及其附属装置、地下连续墙抓斗等不同作业装置，完成多种桩的成孔施工。旋挖钻机的额定功率一般为 125～450kW，动力输出扭矩为 120～400kN·m，成孔直径范围可达 1.5～4.0m，成孔最大深度为 60～90m，可满足各类大型基础施工的要求。表 3-15-4 列举了两种旋挖钻机技术参数，可供基础施工参考。

表 3-15-4 旋 挖 钻 机 技 术 参 数

序号	名 称		XR180L	XR200L
1	最大钻孔直径（mm）		ϕ1500	ϕ2000
2	最大钻孔深度（m）		土层 20、岩层 12	土层 25、岩层 12
3	工作状态钻机尺寸（长×宽×高）（mm×mm×mm）		7510×3800×14200	7700×3800×14200
4	运输状态钻机尺寸（长×宽×高）（mm×mm×mm）		10600×2600×3450	10800×2600×3500
5	整机工作重量（t）		38	40
6	最大单件重量（t）		不大于 5	整体运输不大于 32
7	发动机	发动机型号	康明斯 QSB6.7-C	
		发动机额定功率/转速（kW）	194 /2200r/min	
8	液压系统	主泵最大工作压力（MPa）	32	
9	动力头	动力头的最大扭矩（kN·m）	180	200
		动力头的转速（rpm）	7～27	
10	加压油缸	加压油缸最大加压力（kN）	120	
		加压油缸最大提升力（kN）	160	
		加压油缸行程（mm）	3500	
11	主卷扬	主卷扬提升力（kN）	155	
		主卷扬最大单绳速度（m/min）	65	
12	副卷扬	副卷扬提升力（kN）	100	
		副卷扬最大单绳速度（m/min）	60	

续表

序号	名称		XR180L	XR200L
13	钻桅	桅杆前/左/右倾角（°）	5/4/4	
14	转台回转	转台回转角度（°）	360	
15	行走	整机最大行走速度（km/h）	2	
		整机最大爬坡度（%）	60	
16	履带	履带宽度（mm）	600	
		履带外宽（最小～最大）（mm）	2600～3800	
		离地间隙（mm）	大于260	
17	涨壳钻头	涨壳直径（m）	1.16～3.6	

（二）机械洛阳铲

机械洛阳铲利用卷扬机作为施工提升动力，靠自重及下落加速度进行挖土和垂直运输的设备。挖孔基础施工时，只需在孔底扩大头部分采用人工作业即可。机械洛阳铲在工程中的应用，降低了施工人员的安全风险，在确保成孔质量的前提下，提高了工作效率，加快了施工进度。机械洛阳铲施工不受地形条件限制，方便工程施工。机械洛阳铲技术参数见表3-15-5。

表3-15-5 机械洛阳铲技术参数

设备名称	机械洛阳铲
自重（t）	1.3（可拆分，最大单件350kg）
交通条件	无限制，能运输塔材即可
适用地质条件	土、碎石土
设备可靠性	成熟可靠
设备数量	大量（可随时批量加工）
挖孔直径范围（m）	最大2.6
挖孔深度（m）	22
涨壳情况	人工涨壳

（三）掏挖基础和挖孔基础机械化施工时设计参数的确定

当基础采用机械化施工时，施工图设计阶段应充分考虑基础的外形尺寸与机械设备钻孔器具的匹配性，以充分发挥机械设备的特有性能，做到便捷、安全、快速的施工。结合基础的设计经验和机械工器具的选择，基础设计应考虑下列因素：

（1）基础主柱。基础主柱截面尺寸的大小应根据旋挖钻机的钻头规格确定。目前，土质地基中孔径序列一般为 0.6～2.0m，并以 200mm 为级差。

（2）基础扩底。机械旋挖时，岩石地基的扩底直径应结合岩石的强度确定。按照目前旋挖钻机的施工能力，扩底直径最大为 2.0 倍主柱直径且不大于 4.0m，其中，岩石饱和单轴抗压强度大于 10MPa 时，不能采用扩底。

（3）基础的孔壁稳定。机械化施工应考虑基础孔壁的稳定性以及土体的黏聚力、内摩擦角、上覆土重度等。

案例三　岩石锚杆基础机械化施工

岩石锚杆基础作为一种资源节约型、环境友好型的基础型式，在减小施工劳动强度、减少土石方开挖以及节约混凝土、节约运力等方面具有明显的优势。

岩石锚杆基础机械化施工工艺相对成熟，环保性能好。常用的锚杆钻机机械有水钻、风钻、气钻等多种形式。由于岩石锚杆基础多在高山、丘陵等地区作业，故通常选用气钻式钻孔机械。气钻式钻孔机械主要由锚杆钻机、空气压缩机和控制台三个主要部分组成，各部分设备轻便且容易操作，运输相对简单，有利于山区基础的施工，锚杆钻机设备如图 3-15-5 所示。

图 3-15-5　锚杆钻孔设备

岩石锚杆基础常用钻机的主要技术参数见表 3-15-6。

表 3-15-6 岩石锚杆钻机主要技术参数

型　号	JYM-1700	型　号	JYM-1700
钻孔深度（m）	40-60	钻杆深度（m）	73-89
钻孔直径（m）	75-168	钻孔倾斜度（°）	0-90
动力头转速（r/min）	40	电动机功率（kW）	10.5
动力头回转扭矩（N·m）	1700	主机外形尺寸（mm×mm×mm）	2800×1000×1200
最大提升力（kN）	25	钻机质量（kg）	45
最大给进力（kN）	15	最大分解部件质量（kg）	200

案例四　灌注桩基础机械化施工

灌注桩基础一般采用回转钻机（见图 3-15-6）成孔，回转钻机可适用于除流动淤泥层外的黏土、粉土、砂土及含有部分卵石、碎石的地层。对具有大扭矩动力头和自动内锁式伸缩钻杆的钻机，可适用于微风化岩层的施工。回转钻机具有成孔速度快、装机功率大、机动灵活、施工效率高、占地面积小等特点。目前，回转钻机的最大钻孔直径为 3.0m，最大钻孔深度达 120m（主要集中在 40m 以内），最大钻孔扭矩为 620kN·m。

回转钻机技术参数见表 3-15-7。

图 3-15-6　回旋钻机

表 3-15-7 回 转 钻 机 技 术 参 数

型　号	JMP-200	JMP-200-A	JMP-300	JMP-300-A
钻孔深度（m）	200	200	300	300
钻孔直径（m）	800～1000	1000～1200	1000～1200	1200～1500
转盘通用直经（mm）	250	250	340	340
钻杆直径（mm）	130	130	130	130
钻杆长度（mm）	6000/3650	6000/3650	6400/3850	6400/3850
起吊钢丝绳直径（mm）	$\phi15$	$\phi15$	$\phi15$	$\phi15$
转盘转速（正/反）（r/min）	45/65	45/65	36/52	36/52
转盘额定输出扭矩（kN·m）	7	7	10	10
卷扬单绳提升能力（kN）	22	22	30	30
龙门架承载能力（kN）	150	150	150	150

型号	JMP－200	JMP－200－A	JMP－300	JMP－300－A
主机配套动力（kW）	22	22	22	22
离合方式	平皮带离合	机械离合	平皮带离合	机械离合
整机结构尺寸（mm×mm×mm）	4400×3900×9200	4400×3900×9200	4400×3900×9200	4400×3900×9200
整机质量（kg）	2450	2450	2680	2680
备注	钻杆长度数据依次为主钻杆长、辅助接杆长			

在桩基成孔的机械选择时，应兼顾环保、施工场地条件等要求，制订合理可行的施工方案。

第二节 小 结

本章主要针对特高压输电线路工程中不同基础型式采用的机械化工器具施工案例进行阐述，介绍了各种机械设备的优缺点和工程的适用性。

针对开挖回填类基础的施工特点，优先选择挖掘机作为基础施工的常用机械，挖掘机可适用于黏土、粉土、砂土等多种地质条件的施工，操作灵活，租赁成本低，在基坑开挖、平整基面、道路修筑等方面占有很大优势。

掘挖类基础一般采用旋挖钻机和机械洛阳铲等机械设备施工，旋挖钻机能实现掘挖基础的自动取土、自动扩底等功能，成孔直径可达 1.5～4.0m，成孔深度范围 60～90m。机械洛阳铲具有体积小、重量轻、操作简单等优势，施工不受地形条件限制，具有杰出的机动性。

岩石锚杆基础施工设备一般采用气钻式钻孔机械，基础施工携带轻便，易于操作，不受地形和交通条件限制，施工效率高。

灌注桩基础施工机械设备较多，可根据设备的适应性进行经济性比较和选择。回转钻机是目前灌注桩基础施工较为常见的机械设备，可适用于多种地质条件，机动灵活、施工方便。

特高压输电线路工程中机械化程度的不断发展，大幅度提高了基础的施工效率，降低了施工人员的劳动强度，规避了下坑作业的安全风险。机械化施工设备选择时，应结合交通运输能力、地形地貌、基础型式等因素有针对性的进行，为输电线路的建设创造良好的条件。

环 保 水 保 篇

第十六章 环 境 保 护

　　保护环境是国家的基本国策,特高压交流线路工程遵循保护优先的基本原则,落实"预防为主、综合治理、环境友好"的建设理念,履行和完成应尽的职责和义务,努力协调好电网建设与环境保护之间的关系。本章针对特高压交流输电线路工程的特点,结合环境保护相关重点要求,梳理了线路工程各建设阶段环境保护工作内容,分析了线路穿越自然保护区、水源保护地和森林公园等典型案例,为后续工程设计提供有益参考。

第一节 环境保护工作内容

一、环境保护有关制度和要求

　　近年来,建设项目环境保护管理的思路和方法发生了深刻的变化,有效监管越加严格和规范,部分法律法规和管理规定重新进行了修订并正式实施,如《环境保护法》《环境影响评价法》《建设项目环境保护管理条例》等。特高压交流输电线路工程各阶段环境保护工作遵照国家法律法规、部委规章及规范性文件、地方有关规定及标准等有关制度和要求,制订依法合规的工作程序,开展行之有效的环境保护工作。其中,国家对于建设项目环境保护管理的有关制度和要求中,与电网线路工程建设最为密切的相关条款,需要各参建单位工作人员重点掌握并在各自工作中进行有效落实。为此,本节对相关条款进行了重点整理和汇总,为依法合规开展环境保护工作提供依据。

　　1.《中华人民共和国环境保护法》相关条款

　　第五条　环境保护坚持保护优先、预防为主、综合治理、公众参与、损害担责的原则。

　　第十九条　编制有关开发利用规划,建设对环境有影响的项目,应当依法进行环境影响评价。

　　未依法进行环境影响评价的开发利用规划,不得组织实施;未依法进行环境影响评价的建设项目,不得开工建设。

　　第二十九条　国家在重点生态功能区、生态环境敏感区和脆弱区等区域划定生态保护红线,实行严格保护。

各级人民政府对具有代表性的各种类型的自然生态系统区域，珍稀、濒危的野生动植物自然分布区域，重要的水源涵养区域，具有重大科学文化价值的地质构造、著名溶洞和化石分布区、冰川、火山、温泉等自然遗迹，以及人文遗迹、古树名木，应当采取措施予以保护，严禁破坏。

第四十一条 建设项目中防治污染的设施，应当与主体工程同时设计、同时施工、同时投产使用。防治污染的设施应当符合经批准的环境影响评价文件的要求，不得擅自拆除或者闲置。

第四十二条 排放污染物的企业事业单位和其他生产经营者，应当采取措施，防治在生产建设或者其他活动中产生的废气、废水、废渣、医疗废物、粉尘、恶臭气体、放射性物质以及噪声、振动、光辐射、电磁辐射等对环境的污染和危害。

第五十六条 对依法应当编制环境影响报告书的建设项目，建设单位应当在编制时向可能受影响的公众说明情况，充分征求意见。

负责审批建设项目环境影响评价文件的部门在收到建设项目环境影响报告书后，除涉及国家秘密和商业秘密的事项外，应当全文公开；发现建设项目未充分征求公众意见的，应当责成建设单位征求公众意见。

2.《建设项目环境保护管理条例》相关条款

第六条 国家实行建设项目环境影响评价制度。

第七条 国家根据建设项目对环境的影响程度，按照下列规定对建设项目的环境保护实行分类管理：

（一）建设项目对环境可能造成重大影响的，应当编制环境影响报告书，对建设项目产生的污染和对环境的影响进行全面、详细的评价；

（二）建设项目对环境可能造成轻度影响的，应当编制环境影响报告表，对建设项目产生的污染和对环境的影响进行分析或者专项评价；

（三）建设项目对环境影响很小，不需要进行环境影响评价的，应当填报环境影响登记表。

建设项目环境影响评价分类管理名录，由国务院环境保护行政主管部门在组织专家进行论证和征求有关部门、行业协会、企事业单位、公众等意见的基础上制定并公布。

第八条 建设项目环境影响报告书，应当包括下列内容：

（一）建设项目概况；

（二）建设项目周围环境现状；

（三）建设项目对环境可能造成影响的分析和预测；

（四）环境保护措施及其经济、技术论证；

（五）环境影响经济损益分析；

（六）对建设项目实施环境监测的建议；

（七）环境影响评价结论。

建设项目环境影响报告表、环境影响登记表的内容和格式，由国务院环境保护行政主管部门规定。

第九条　依法应当编制环境影响报告书、环境影响报告表的建设项目，建设单位应当在开工建设前将环境影响报告书、环境影响报告表报有审批权的环境保护行政主管部门审批；建设项目的环境影响评价文件未依法经审批部门审查或者审查后未予批准的，建设单位不得开工建设。

……

依法应当填报环境影响登记表的建设项目，建设单位应当按照国务院环境保护行政主管部门的规定将环境影响登记表报建设项目所在地县级环境保护行政主管部门备案。

……

第十一条　建设项目有下列情形之一的，环境保护行政主管部门应当对环境影响报告书、环境影响报告表作出不予批准的决定：

（一）建设项目类型及其选址、布局、规模等不符合环境保护法律法规和相关法定规划；

（二）所在区域环境质量未达到国家或者地方环境质量标准，且建设项目拟采取的措施不能满足区域环境质量改善目标管理要求；

（三）建设项目采取的污染防治措施无法确保污染物排放达到国家和地方排放标准，或者未采取必要措施预防和控制生态破坏；

（四）改建、扩建和技术改造项目，未针对项目原有环境污染和生态破坏提出有效防治措施；

（五）建设项目的环境影响报告书、环境影响报告表的基础资料数据明显不实，内容存在重大缺陷、遗漏，或者环境影响评价结论不明确、不合理。

第十二条　建设项目环境影响报告书、环境影响报告表经批准后，建设项目的性质、规模、地点、采用的生产工艺或者防治污染、防止生态破坏的措施发生重大变动的，建设单位应当重新报批建设项目环境影响报告书、环境影响报告表。

建设项目环境影响报告书、环境影响报告表自批准之日起满 5 年，建设项目方开工建设的，其环境影响报告书、环境影响报告表应当报原审批部门重新审核。原审批部门应当自收到建设项目环境影响报告书、环境影响报告表之日起 10 日内，将审核意见书面通知建设单位；逾期未通知的，视为审核同意。

审核、审批建设项目环境影响报告书、环境影响报告表及备案环境影响登记表，不得收取任何费用。

第十三条　建设单位可以采取公开招标的方式，选择从事环境影响评价工作的单位，对建设项目进行环境影响评价。

任何行政机关不得为建设单位指定从事环境影响评价工作的单位进行环境影响评价。

第十四条　建设单位编制环境影响报告书，应当依照有关法律规定，征求建设项目所在地有关单位和居民的意见。

第十五条　建设项目需要配套建设的环境保护设施，必须与主体工程同时设计、同时施工、同时投产使用。

第十六条　建设项目的初步设计，应当按照环境保护设计规范的要求，编制环境保护篇章，落实防治环境污染和生态破坏的措施以及环境保护设施投资概算。

建设单位应当将环境保护设施建设纳入施工合同，保证环境保护设施建设进度和资金，并在项目建设过程中同时组织实施环境影响报告书、环境影响报告表及其审批部门审批决定中提出的环境保护对策措施。

第十七条　编制环境影响报告书、环境影响报告表的建设项目竣工后，建设单位应当按照国务院环境保护行政主管部门规定的标准和程序，对配套建设的环境保护设施进行验收，编制验收报告。

建设单位在环境保护设施验收过程中，应当如实查验、监测、记载建设项目环境保护设施的建设和调试情况，不得弄虚作假。

除按照国家规定需要保密的情形外，建设单位应当依法向社会公开验收报告。

第二十一条　建设单位有下列行为之一的，依照《中华人民共和国环境影响评价法》的规定处罚：

（一）建设项目环境影响报告书、环境影响报告表未依法报批或者报请重新审核，擅自开工建设；

（二）建设项目环境影响报告书、环境影响报告表未经批准或者重新审核同意，擅自开工建设；

（三）建设项目环境影响登记表未依法备案。

第二十二条　违反本条例规定，建设单位编制建设项目初步设计未落实防治环境污染和生态破坏的措施以及环境保护设施投资概算，未将环境保护设施建设纳入施工合同，或者未依法开展环境影响后评价的，由建设项目所在地县级以上环境保护行政主管部门责令限期改正，处 5 万元以上 20 万元以下的罚款；逾期不改正的，处 20 万元以上 100 万元以下的罚款。

违反本条例规定，建设单位在项目建设过程中未同时组织实施环境影响报告书、环境影响报告表及其审批部门审批决定中提出的环境保护对策措施的，由建设项目所在地县级以上环境保护行政主管部门责令限期改正，处 20 万元以上 10 万元以下的罚款；逾期不改正的，责令停止建设。

3.《建设项目环境影响评价分类管理名录》相关条款

第二条　国家根据建设项目对环境的影响程度，对建设项目的环境影响评价实行分类管理。

建设单位应当按照本名录的规定，分别组织编制环境影响报告书、环境影响报告表或者填报环境影响登记表。

第三条　本名录所称环境敏感区，是指依法设立的各级各类自然、文化保护地，以及对建设项目的某类污染因子或者生态影响因子特别敏感的区域，主要包括：

1）自然保护区、风景名胜区、世界文化和自然遗产地、饮用水水源保护区；

2）基本农田保护区、基本草原、森林公园、地质公园、重要湿地、天然林、珍稀濒危野生动植物天然集中分布区、重要水生生物的自然产卵场、索饵场、越冬场和洄游通道、天然渔场、资源性缺水地区、水土流失重点防治区、沙化土地封禁保护区、封闭及半封闭海域、富营养化水域；

3）以居住、医疗卫生、文化教育、科研、行政办公等为主要功能的区域，文物保护单位，具有特殊历史、文化、科学、民族意义的保护地。

第四条　建设项目所处环境的敏感性质和敏感程度，是确定建设项目环境影响评价类别的重要依据。

涉及环境敏感区的建设项目，应当严格按照本名录确定其环境影响评价类别，不得擅自提高或者降低环境影响评价类别。环境影响评价文件应当就该项目对环境敏感区的影响作重点分析。

目录中规定：500 千伏及以上；涉及环境敏感区［敏感区特指第三条（一）中的全部；（三）中的全部］的 330 千伏及以上输变电项目编制环境影响报告书，其余编制环境影响报告表。

4.《建设项目环境影响评价文件分级审批规定》相关条款

第二条　建设对环境有影响的项目，不论投资主体、资金来源、项目性质和投资规模，其环境影响评价文件均应按照本规定确定分级审批权限。

第三条　各级环境保护部门负责建设项目环境影响评价文件的审批工作。

第四条　建设项目环境影响评价文件的分级审批权限，原则上按照建设项目的审批、核准和备案权限及建设项目对环境的影响性质和程度确定。

第七条　环境保护部直接审批环境影响评价文件的建设项目的目录、环境保护部委托省级环境保护部门审批环境影响评价文件的建设项目的目录，由环境保护部制定、调整并发布。

5.《环境保护部审批环境影响评价文件的建设项目目录》（2015 年本）相关条款

由原环境保护部审批的电网工程包括：跨境、跨省（区、市）±500 千伏及以上直流项目；跨境、跨省（区、市）500 千伏、750 千伏、1000 千伏交流项目。

6. 关于印发《输变电建设项目重大变动清单（试行）》的通知中的相关要求

为进一步规范输变电建设项目环境管理，根据《环境影响评价法》和《建设项目环境保护管理条例》有关规定，该通知规定输变电建设发生《输变电建设项目重大变动清单（试行）》中一项或一项以上，且可能导致不利环境影响显著加重的，界定为重大变动，其他变更界定为一般变动。其中，清单中规定的内容与线路工程建设密切相关的条款有以下七项：

（1）电压等级升高；

（2）输电线路路径长度增加超过原路径长度的 30%；

（3）输电线路横向位移超出 500 米的累计长度超过原路径长度的 30%；

（4）因输变电工程路径、站址等发生变化，导致进入新的自然保护区、风景名胜区、饮用水水源保护区等生态敏感区；

（5）输变电工程路径、站址等发生变化，导致新增的电磁和声环境敏感目标超过原数量的 30%；

（6）输电线路由地下电缆改为架空线路；

（7）输电线路同塔多回架设改为多条线路架设累计长度超过原路径长度的 30%。

二、环境保护工作职责和分工

建设项目环境保护工作是国家进行环境管理的重要方面。特高压交流输电线路工程多跨区域建设，项目输送距离长，沿线经过众多行政区域和生态系统类型，此外，跨区域电网选址选线还涉及工程安全性、经济性和避让城市规划区等众多因素，故完全避免环境敏感区存在较大难度。为此，特高压交流输电线路工程应在建设过程中贯彻和落实环境保护相关要求，积极采取一系列环境保护措施，有效控制工程建设对区域自然生态系统的影响，有效控制工程项目电磁环境、声环境等对周围环境的影响，在工程竣工后完成验收报告及客观、真实且准确的验收意见，同时接受相关部门及公众的有力监督。各参建单位在工程建设的各阶段均承担相应的责任和义务，在工作各环节应相互配合，并开展通畅的信息交流和反馈，促进环境保护工作的有效开展。

1. 设计阶段

随着建设项目环境保护工作从工程核准条件到开工条件的转变，特高压交流线路工程也需相应的进行工程流程的转变和工作模式的调整。各参建单位在工程设计阶段需积极交流和沟通，工程主体设计单位要向环境影响评价单位及时提供环评单位需要的工程资料，及时反馈线路路径环保制约性因素和调整情况，提交环境敏感区的相关资料，配合环境影响评价单位环评审查，对线路路径进行必要的澄清和说明；环境影响评价单位要向工程主体设计单位明确线路境保护主要关心内容及环评成果，反馈线路沿线执行的环保标准或环境功能区划文件等。

在工程可行性研究阶段，工程主体设计单位编写的设计报告中需设环境保护专篇，环境影响评价单位启动环境影响报告书编制工作。进行主体工程投资估算时，应同时估算环境保护措施投资，并将其纳入工程总投资，以保证环境保护措施得以实施。

在工程初步设计阶段，工程主体设计单位结合可行性研究阶段各项环境保护要求，在设计报告中设置环境保护专篇内容，对环境保护要求和措施进行细化，配合环境影响评价单位完成环境影响报告书编制工作。确定工程投资概预算时，应将环境保护措施投资一并纳入主体工程投资概算中，为环境保护措施的后续实施奠定基础。值得注意的是，线路工程环境影响评价阶段最敏感的是环境敏感点调查，在编制环境影响报告书过程中应尽量准确地运用大比例地图来定位线路周围的环境敏感点，对于涉及保护区的线路项目，建议采用航拍等高科技来进行准确定位，这样就可以在竣工环保验收调查时避免发生太大偏差。

在工程施工图设计阶段，工程主体设计单位需落实初步设计阶段成果、环境影响报告书以及相应批复文件所确定的各项环境保护要求。工程环境保护措施应与主体工程同时设计，设置专项卷册进行工程环境保护专项设计，对环境保护要求和措施进行详细说明。主体工程设计还应根据工程变更情况，复核并完善环境保护的相关内容。对输电线路两侧附近电磁环境、噪声或其他指标超标的敏感目标，主体工程应设计必要的电磁防护、噪声治理等环境保护措施。建设单位可根据工程情况，组织环境影响评价单位和设计单位召开设计联络会或交底会，保证环境保护的各项要求落实到主体工程设计之中。

2. 建设施工阶段

工程建设施工阶段是环境保护措施和要求得以实施的关键时期。输电线路建设施工阶段产生的主要环境影响包括施工期造成的水土流失以及生态环境影响，施工产生的污水、废气、噪声、固体废物对周围环境影响，施工引起的居民拆迁和安置的问题等。施工单位应做到科学规划和合理组织，确保将环境保护措施和要求落实到施工方案确定、土建施工、组塔架线、设备安装等各个施工过程环节中。

建设单位组建业主项目部时，需配置环境管理人员。主体工程设备、施工招标时，需将环境保护要求纳入招标文件中。工程施工前，建设单位应组织设计、施工、监理等单位进行施工图交底，对工程施工中有关环境保护要求和措施，进行必要的解释和澄清，并对施工时间和施工工艺等进行详细说明。

环境监理受建设单位委托，应依据环境影响评价文件、环境保护行政主管部门批复及环境监理合同，按监理制度和程序要求，对项目施工建设实行有效的环境保护监督管理工作，落实环境保护设施与措施，防止环境污染和生态破坏，保障环境保护措施与主体工程同时施工，实现工程建设项目环保目标。

3. 运行验收阶段

以往工程建设项目竣工后，建设单位向环境保护部提出验收调查申请，同时提交建设项目环境保护同时设计、同时施工、同时投产（简称"三同时"）执行情况报告以及相关信息公开证明，环境保护部委托技术审查单位对项目申请材料初步审核，验收调查单位接受委托后，签订工作合同，按照合同规定开展验收调查，验收调查报告经技术审查并提出技术审查意见后，在 20 个工作日内报送环境保护部；符合验收条件的建设项目，环境保护部通知建设单位正式提交竣工环境保护验收申请。申请批复后即正式投运。

2017 年底，原环境保护部发布了《建设项目竣工环境保护验收暂行办法》，旨在贯彻落实新修改的《建设项目环境保护管理条例》，强化建设单位环境保护主体责任，落实建设项目环境保护"三同时"制度，规范建设项目竣工后建设单位自主开展环境保护验收的程序和标准。2017 年 10 月 1 日起，工程建设项目竣工后，建设单位应按照国务院环境保护行政主管部门规定的标准和程序，对项目配套的环保设施及措施进行自验收。建设单位组织编写竣工环境保护验收报告，并组织验收工作组，对环境影响评价报告书及其批复中提出的各项环保措施和要求进行验收。建设单位组织有关参建单位对验收工作组提出的问题进行整改，整改合格后出具验收合格意见。建设项目环境保护设施验收合格后，主体工程可投入生产或者使用。当然，建设单位应及时向社会公开验收报告和验收意见，接收社会监督。

第二节　典　型　案　例

案例一　穿越自然保护区

太行山猕猴自然保护区为国家级自然保护区，总面积约 566km²，以猕猴、金钱豹等野生动物为主要保护对象,区域内猕猴是华北地区唯一残留的灵长类动物。根据国家《自然保护区条例》的相关规定,自然保护区划分为核心区、缓冲区和试验区。在自然保护区的核心区和缓冲区内,不得建设任何生产设施。在自然保护区的试验区内,不得建设污染环境、破坏资源或者景观的生产设施。自然保护区内部未分区的,依照核心区和缓冲区的规定管理。试验示范工程需经猕猴保护区试验区,有关管部门同意穿越。

在工程各建设阶段,为减少工程建设对保护区的影响,采取了各种保护措施,主要如下:

(1)工程选线:线路路径从保护区实验区通过;线路路径选择避开猕猴活动区域,晋城—沁阳公路穿越猕猴保护区公路交通流量大,声音嘈杂,人类活动频繁,猕猴很少进入此区域,为此线路选择在该公路东侧约 1km 平行走线,有效地保护了猕猴动物。

(2)导线选型及线间距:经综合比较,线路在保护区段的导线截面由一般段的 8×JL/G1A－500/45 增加至 8×JL/G1A－630/45,有效限制运行中产生的电晕,同时将导线间的距离从 22.2m 增至 23.2m,进一步降低电场强度和可听噪声,降低电磁环境影响。

(3)对地距离:线路在保护区段加大导线对地距离,一般线路非居民区导线离地平均高度为 25m,保护区段非居民区导线离地平均高度提高至 30m,有效降低电场强度和可听噪声。

(4)建设施工:保护区内尽量避免在夜间施工,减少灯光和噪声对野生动物的影响;塔基的施工采用全人工方式完成,即人工输送沙石料、塔材;施工放线采用特殊放线措施,避免砍伐放线通道。

(5)工程运行:针对猕猴善于攀跃的特点,采取相应的保护措施(如杆塔设网栏)防止猕猴等野生动物攀爬,造成摔伤或触电;尽量减少线路巡检和维护时的人员和车辆,减少对生态环境的影响;加强对线路巡检人员的环境教育工作,提高其环保意识,巡检过程中应关注环保问题。

线路运行后,对保护区的影响主要是电磁和噪声。因山区塔位多在山顶或较高的坡上,导线对地距离较高,丛密的树木对工频电场有较大的屏蔽作用,不会使地面 0.3～1.5m 处工频电场超过 4kV/m 限值;经检测,即使特高压线路的导线下工频磁场也没有超过 0.1mT 的评价标准,故猕猴、金钱豹、斑羚等中小型动物所受到的电磁影响将比较小;线路边相导线外 20m 处,噪声控制在 50dB(A)以下,可听噪声满足 GB 3096—1993《城市区域环境噪声标准》0 类要求;电场强度和磁强强度低于 500kV 线路水平,满足国家限制要求;土石方开挖和树木砍伐量大幅降低，最大限度地减少了本工程对保护区生态环境的影响。

案例二　穿越水源保护地

临朐县嵩山水库引用水水源保护范围分一级保护区和二级保护区两部分。一级保护区指水域范围为取水口半径 300m 范围内的区域，陆域范围为取水口两侧正常水位线以上 200m 范围内的陆域，但不超过流域分水岭范围；二级保护区指水域范围为一级保护区水域边界外的水域面积；陆域范围为水库周边山脊线以内（一级保护区以外）的区域及入库河流上溯 3000m 的汇水区域，但不超过流域分水岭范围。榆横潍坊工程线路途经临朐县嵩山水库水源保护区，且无法进行避让。

根据《中华人民共和国水污染防治法》有关规定，饮用水水源保护区分为一级保护区和二级保护区。禁止在饮用水水源一级保护区内新建、改建、扩建与供水设施和保护水源无关的建设项目，禁止在饮用水水源二级保护区内新建、改建、扩建排放污染物的建设项目。因此，输电线路禁止跨越饮用水水源一级保护区范围。但是，经有关主管部门同意，输电线路允许跨越饮用水水源二级保护区范围。

工程设计阶段，设计单位将工程建设经过水源保护区的情况向嵩山水库引用水水源保护区的主管部门临朐县环境保护局进行了详细汇报和充分沟通。由于本工程避开了水源保护区的一级保护区，同时运行期不排污，施工生活污水和施工废水能达到排放标准要求，临朐县环境保护局同意工程建设方案。在榆横潍坊工程线路环评报告审查后，临朐县环境保护局在环评初审意见中明确同意工程经过饮用水源保护区。

案例三　穿越森林公园区域

临朐县嵩山森林公园位于临朐县城西南 25km 处，主要包括崔木景区、嵩山寺景区、白牙寺景区、苍山景区和桥头五部分，榆横潍坊工程线路穿越了崔木景区、嵩山寺景区和苍山景区，经细致研究，无法进行完全避让。临朐县凤凰谷省级森林公园位于临朐县南部，主要包括森林植物景观、水文景观、峡谷景观和人文景观等，榆横潍坊工程线路从森林公园北部穿越，穿越区域非鸟类聚居区，塔基不占用古树名木及生态服务价值较高的林地，占地以草地与裸地为主，线路路径也无法进行完全避让。

根据《山东省森林资源条例》规定，在工程设计阶段，设计单位将工程建设穿越嵩山森林公园、凤凰谷森林公园情况向嵩山森林公园、凤凰谷森林公园的主管部门——山东省林业厅进行了详细汇报和充分沟通。山东省森林公园管理办公室在潍坊市临朐县主持召开了《榆横—潍坊 1000kV 特高压交流输变电工程对临朐嵩山、凤凰谷省级森林公园生态环境影响评价报告》论证会议，经过详细讨论，会议认为，虽工程可能会对森林公园土地利用、植物保护、动物保护、景观保护等造成轻微影响，但由于穿越长度有限、塔基数少、分布不连续，通过采取有力的生态设计、防护与修复、管理措施，整体影响会最小化，不会造成明显不利影响，会议通过了《榆横—潍坊 1000kV 特高压交流输变电工程队临朐嵩山、凤凰谷省级森林公园生态环境影响评价报告》，山东省林业厅批复同意工程建设方案。

第三节　小　　结

为实现特高压交流工程"安全可靠、先进适用、经济合理、环境友好、世界一流"的总体目标，工程建设中必须加强环境保护意识，建设资源节约型、环境友好型的智能绿色坚强电网，实现国家经济建设的可持续发展。

本章从环境保护相关规定要求出发，梳理了环境保护工作的内容，结合特高压交流输电线路工程典型案例，介绍了穿越自然保护区、水源保护地及森林公园区设计方案，为实际工程应用提供了借鉴和参考。随着我国电网建设的快速发展，电网建设项目更需关注跨越自然保护区、风景名胜区和饮用水水源保护区等环境敏感区，只有在符合国家相关法律法规要求的前提下合理跨越，并做好线路跨越环境敏感区段的环境保护工作，才能保证电网建设符合国家规定要求，实现经济发展与生态环境保护的双赢。

第十七章　水　土　保　持

加强水土保持是保障国家生态安全的战略措施，《中华人民共和国水土保持法》第三条规定："水土保持工作应实行预防为主、保护优先、全面规划、综合治理、因地制宜、突出重点、科学管理、注重效益的方针"，特高压交流输电线路工程作为国家能源发展战略的重要组成部分，一直高度重视水土保持工作，在配置工程项目水土保持防治措施时，严格贯彻和落实该方针。本章针对特高压交流线路工程的特点，结合水土保持相关重点要求，梳理了线路工程各建设阶段水土保持工作内容，并分析了典型案例，为后续工程设计提供有益参考。

第一节　水　土　保　持　工　作　内　容

一、水土保持有关制度和要求

水土保持法律法规、部委规章及规范性文件、地方有关规定及标准等有关制度和要求是特高压交流输电线路工程水土保持工作的方向指导，使得工程建设的水土保持工作有法可依、有章可循，部分文件中相关重点要求更是特高压线路工程水土保持工作的重要依据。为此，本节对相关条款进行了重点整理和汇总，为依法合规开展环境保护工作提供依据。

1.《中华人民共和国水土保持法》相关条款

第三章

第二十五条　在山区、丘陵区、风沙区以及水土保持规划确定的容易发生水土流失的其他区域开办可能造成水土流失的生产建设项目，生产建设单位应当编制水土保持方案，报县级以上人民政府水行政主管部门审批，并按照经批准的水土保持方案，采取水土流失预防和治理措施。没有能力编制水土保持方案的，应当委托具备相应技术条件的机构编制。

水土保持方案应当包括水土流失预防和治理的范围、目标、措施和投资等内容。

水土保持方案经批准后，生产建设项目的地点、规模发生重大变化的，应当补充或者修改水土保持方案并报原审批机关批准。水土保持方案实施过程中，水土保持措施需要作出重大变更的，应当经原审批机关批准。

第二十六条　依法应当编制水土保持方案的生产建设项目，生产建设单位未编制水土保持方案或者水土保持方案未经水行政主管部门批准的，生产建设项目不得开工建设。

第二十七条　依法应当编制水土保持方案的生产建设项目中的水土保持设施，应当与主体工程同时设计、同时施工、同时投产使用；生产建设项目竣工验收，应当验收水土保持设施；水土保持设施未经验收或者验收不合格的，生产建设项目不得投产使用。

2.《中华人民共和国水土保持法实施条例》相关条款

第二章

第十四条　在山区、丘陵区、风沙区修建铁路、公路、水工程，开办矿山企业、电力企业和其他大中型工业企业，其环境影响报告书中的水土保持方案，必须先经水行政主管部门审查同意。

3.《中华人名共和国环境影响评价法》相关条款

第三章

第十七条　涉及水土保持的建设项目，还必须有经水行政部门审查同意的水土保持方案。

4.《建设项目环境保护管理条例》相关条款

第二章

第八条　涉及水土保持的建设项目，还必须有经水行政部门审查同意的水土保持方案。

5. 关于印发《水利部生产建设项目水土保持方案变更管理规定（试行）》的通知中的相关要求

第三条　水土保持方案经批准后，生产建设项目地点、规模发生重大变化，有下列情形之一的，生产建设单位应当补充或者修改水土保持方案，报水利部审批。

（一）涉及国家级和省级水土流失重点预防区或者重点治理区的；

（二）水土流失防治责任范围增加30%以上的；

（三）开挖填筑土石方总量增加30%以上的；

（四）线型工程山区、丘陵区部分横向位移超过300米的长度累计达到该部分线路长度的20%以上的；

（五）施工道路或者伴行道路等长度增加20%以上的；

（六）桥梁改路堤或者隧道改路整累计长度20公里以上的。

第四条　水土保持方案实施过程中，水土保持措施发生下列重大变更之一的，生产建设单位应当补充或者修改水土保持方案，报水利部审批。

（一）表土剥离量减少30%以上的；

（二）植物措施总面积减少30%以上的；

（三）水土保持重要单位工程措施体系发生变化，可能导致水土保持功能显著降低或丧失的。

第五条　在水土保持方案确定的废弃砂、石、土、矸石、尾矿、废渣等专门存放地（以下简称"弃渣场"）外新设弃渣场的，或者需要提高弃渣场堆渣量达到20%以上的，生产建设单位应当在弃渣前编制水土保持方案（弃渣场补充）报告书，报水利部审批。

其中，新设弃渣场占地面积不足1公顷且最大堆渣高度不高于10米的，生产建设单位可先征得所在地县级人民政府水行政主管部门同意，并纳入验收管理。

渣场上述变化涉及稳定安全问题的，生产建设单位应组织开展相应的技术论证工作，按规定程序审查审批。

二、水土保持工作职责和分工

特高压交流输电线路工程深入贯彻和落实水土保持工作，在工程建设之初成立水土保持管理机构，制定水土保持管理办法，以保护生态环境为出发点，以防治新增水土流失为目标，建立水土保持措施工作体系，通过采取各种水土保持防治措施，在充分保护和合理利用当地水土资源和生态环境的前提下，减轻工程建设过程中造成的水土流失对周围环境可能带来的影响，达到预防和治理工程防治责任范围内水土流失的目的。各参建单位在工程建设的各阶段均承担相应的职责和义务，工程设计、施工、监理、监测和验收等参建单位相互配合开展水土保持相关工作，使项目在各环节和各阶段严格满足水土保持法律法规、技术标准和生态环境保护总体要求。

1. 设计阶段

随着水土保持工作从工程核准条件到开工条件的转变，特高压交流输电线路工程水土保持设计阶段也相应转变了工作流程，调整了工作模式。

在工程可行性研究阶段，工程可研设计单位在开展可行性研究过程中，设计报告需设水土保持专篇，水土保持方案编制单位启动方案编制工作。水土保持方案编制单位依据可研推荐路径开展水土保持制约性因素调查，校核水土保持措施、水土保持投资估算等内容的合理性，并将调查和校核结果反馈可研设计单位。

在工程初设阶段，工程主体设计单位开展初步设计过程中，设计报告应设水土保持专篇（专题），水土保持方案编制单位完成方案工作，并进行报批。工程主体设计单位是水土保持相关措施设计主体，本阶段应及时将线路路径、水保措施工程量、工程投资概算等向水土保持方案编制单位提资，满足水保方案审批要求。水土保持方案编制单位作为水土保持防治工作规划和顶层设计主体，其编制的方案是主体工程设计、施工、监理、监测等环节水土保持工作的技术依据，为此在方案编制过程中需切实做好收资调研工作，充分掌握工程具体情况，借鉴已建同类工程经验，因地制宜地采取综合防治措施，具实提出具有针对性且切实可行的治理方案，经与工程主体设计单位复核后合理确定水保措施工程量，依据工程建设实际情况确定植物措施的植物种类和植物数量，做好与具体工程的有效衔接和有机融合，使项目征占地的原有水土流失得到基本治理，新增水土流失得到有效控制，生态得到最大限度的保护，环境得到明显改善，水土保持设施安全有效。

在工程施工图设计阶段，工程设计单位在主体工程设计过程中应坚持"预防为主、保护优先"的原则，尽可能做到最小扰动，最大限度地控制工程建设占地，从源头上减少对地表的扰动和破坏，同时亦应完成水土保持专项设计卷册，紧密结合工程特点，采纳和落实水土保持方案中水土保持要求，将工程措施、植物措施和临时措施有机结合起来，形成完整的、科学的水土流失防治措施体系和总体布局，完成详尽的工程水土保持图纸，并向工程施工单位进行交底宣贯。水土保持方案编制单位对施工图水土保持专项设计中的相关措施及工程量进行复核，并参加工程施工图检查和会审。

借鉴已建特高压交流线路工程水土保持设计经验，主体工程设计专业可从以下几个重点方面开展水土保持相关工作：

（1）路径选择尽量避让水土流失严重、生态脆弱的地区，塔位尽量选择在地形平缓处。

（2）跨越林区可采用高跨设计方案，减少林木砍伐等造成的植被破坏。

（3）优先采用原状土基础，减少塔基施工用地面积，有效降低发生水土流失的可能性。

（4）丘陵、山地塔位全部采用全方位长短腿铁塔配合基础主柱加高的设计方案，最大程度地减少土方开挖，有效保护植被，达到防止水土流失的最佳效果。

（5）塔基合理设置工程措施和植物措施，并做好施工过程中的临时措施。工程措施中的浆砌石挡墙［见图 4-17-1（a）］和护坡应确保其稳定性和功效性；浆砌石排水沟［见图 4-17-1（b）］应做好与附近受纳水体或沟道的顺接，其端部应做好消能设计并将出水口引出塔位，防止积水或雨水集中冲刷边坡诱发塌方，造成水土流失；土地整治［见图 4-17-1（c）］应结合现场具体情况灵活开展，并与周边环境协调一致。

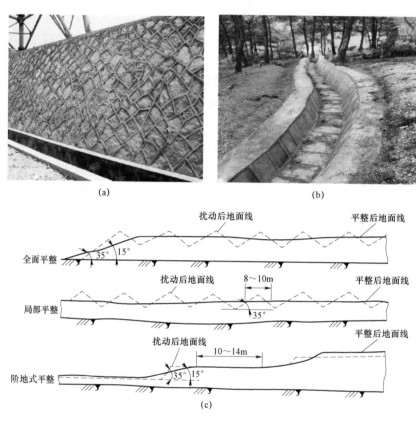

（a）   （b）

图 4-17-1　水土保持工程措施
（a）浆砌石挡墙；（b）浆砌石排水沟；（c）土地整治

（6）设计需在水土保持设计专项设计中明确工程措施相关施工组织和工艺要求，如现场施工时应尽量避免在暴雨、大风等恶劣天气下进行土方开挖；施工前做好现场表土剥离（见图 4-17-2）和周边保护，施工后做好表土回覆盖（见图 4-17-3）；施工期间临时堆放的土体周围，以及可能存在滑塌的弃土下方，采用编织袋装土挡护措施，土方表面采用彩条布苫盖方式，防止堆土产生新增的水土流失。

图 4-17-2　表土剥离及苫盖　　　　图 4-17-3　表土回覆

2. 建设施工阶段

工程建设施工阶段是水土措施和要求得以实施的关键时期。

建设单位组建业主项目部时，应配置水土保持管理人员。主体工程设备、施工招标时，应将水土保持要求纳入招标文件。工程施工前，建设单位应组织设计、施工、监理、监测等单位开展水土保持施工图卷册专项交底和会检。

施工单位是工程水土保持实施主体。工程施工前，施工单位应做好施工组织措施，在施工中做好塔基和临时占地等防治区域的水保措施，落实水土保持方案报告书及设计文件中规定的水土保持措施。特别是山地丘陵地区，开挖的土石方应尽可能直接堆至回填区域或指定的临时堆土场妥善堆放，做到随挖、随填、随夯，减少由于土石方中转造成的水土流失。施工进度安排坚持"保护优先、先挡后弃、及时跟进"的原则，弃土弃渣先采取拦挡措施，临建工程施工区完毕后，按原占地类型及时进行恢复，植物措施在整地的基础上尽快实施。

工程监理和水土保持监理、监测、自验收单位是工程水土保持专业指导主体，工程建设过程中应依据相关政策、法规和要求等做好事中监督和检查，及时暴露和发现问题，提出处理和解决措施，水保专业人员对工程施工中有关水土保持要求和措施，应进行必要的解释和澄清，并对施工时间和施工工艺等进行详细说明。

3. 运行验收阶段

以往工程项目主体工程完成前，由建设单位委托具备相应资质的水保验收咨询服务机构对项目进行评估并编制相应的报告文件。工程竣工投产并具备验收条件后，建设单位应向水行政主管部门申请项目水土保持设施验收（分期建设、分期投入生产或者使用的建设项目，按照相关规定分期进行水土保持设施验收），水行政主管部门组织召开验收会议后，建设单位及水保验收咨询服务机构应按审查要求做好现场整改及报告修编工作，及时将有关资料送交审批单位，并全程跟踪，直至取得项目水保验收批复。

2017年9月，《国务院关于取消一批行政许可事项的决定》（国发〔2017〕46号）取消了各级水行政主管部门实施的生产建设项目水土保持设施验收审批行政许可事项，转为生产建设单位按照有关要求自主开展水土保持设施验收。特高压交流线路工程在投运前，建设单位根据水土保持方案及其审批决定等，组织第三方机构编制水土保持设施验收报告，并组织水土保持设施验收工作，形成水土保持设施验收鉴定书，明确水土保持设施验收合格的结论。水土保持设施验收合格后，生产建设项目方可通过竣工验收和投产使用。当然，建设单位应及时向社会公开验收报告和验收意见，接收社会监督。

第二节　典　型　案　例

案例一　山地丘陵地区塔基余土处理

为确保生态环境得到保护，切实达到预防和治理防治责任范围内水土流失的目的，蒙西天津南工程在工程后期开展现场水土保持专项排查工作，尤其是针对山地丘陵地区塔位余土处理问题，进行了重点研究分析，提出了切实有效处理方法，具体如下：

（1）对山地丘陵地区塔基地形较缓的塔位，基础施工后可将放置在塔基外侧的余土恢复至塔基范围内并集中整治，并补充撒播草籽或增加栽植灌木等植物措施，如图4-17-4所示。

图4-17-4　植物措施实施效果

（2）对山地丘陵地区塔基地形较陡的塔位，重点采取撒播草籽或栽植灌木等植物措施。施工余土已集中堆放时，考虑治理效果、治理时间节点等因素，可对余土集中堆放区进行有效土地整治，并在合理位置设置浆砌石挡土墙（见图4-17-5）、浆砌石护坡等措施；施工余土较为分散时，可将余土恢复至塔基范围内并进行有效土地整治，合理设置工程措施。

图 4-17-5 浆砌石挡土墙实施效果

（3）对山地丘陵地区塔基地形陡峭的塔位，为确保工程安全和水土保持持久性，原则上采用余土外运的措施。施工单位按照水土保持批复意见的相关要求，签订综合利用协议，将余土运至指定位置综合利用，同时还需要按照相关要求完成塔基及其扰动范围的土地整治和植被恢复。同样，榆横潍坊工程某段线路塔位位于国有林场，基坑开挖后弃石（岩土类型为石灰岩）无法完全就地平整消纳，由于塔基地形陡峭，为避免就地处理带来的水土流失问题，综合考量外运距离和征地费用等情况，对于部分塔位的余土进行了外运处理，避免了因余土处理不得当带来的环境问题。

后期施工单位按设计方案开展了具体实施。蒙西天津南工程达到了水土流失防治效果，满足了水土保持综合防治要求，有效避免了水土流失的情况，工况水土保持实施效果如图4-17-6所示。

图 4-17-6 蒙西天津南工程水土保持实施效果

案例二　生态脆弱区塔基水土保持

锡盟胜利工程位于锡林郭勒盟境内，线路路径沿线主要地貌单元为平原区、风沙区和山地丘陵地区，生态环境总体较为脆弱。为此，根据水土保持相关工作要求，坚持"全面规划、综合治理"的原则，合理划分防治分区，针对工程不同地形、地貌分区，制定了适宜的防治措施，具体如下：

（1）针对草原区，因地表主要为牧草，在施工过程中首先按水土保持方案和水土保持专项设计做好保护工作，施工结束对扰动地区按工程地质情况开展有效的恢复工作：当塔基表层为土质时，采用撒播草籽的植物措施；当塔基表层为沙质时，应在沙质裸露面补充设置草方格等工程措施，减少沙化土风蚀移动，并采用撒播草籽的植物措施。实施撒播草籽的植物措施时，为保证植物成活率，可适当施用无公害肥料，并注重撒播的方式。草原区水土保持实施效果如图 4-17-7 所示。

图 4-17-7　草原区水土保持实施效果

（2）针对风沙地区，根据工程实际情况，当周边环境植被覆盖、塔基地形较陡、施工后形成了大型沙质边坡时，应对沙质边坡坡面全范围布置草方格或木质沙障措施固定（建议沙质坡面小于 25°时布置草方格，大于 25°时布置木质沙障），减少沙质边坡在风力和重力作用下移动外扩，同时使用灌草混播等植物措施恢复；当周边环境植被覆盖、塔基地形平缓、施工后形成沙质裸露面时，对沙质裸露面（包括塔基区及塔基周边的临时施工场地）采取设置草方格的工程措施，减少沙化土风蚀移动，并采用撒播草籽的植物措施。风沙地区水土保持实施效果如图 4-17-8 所示。

图4-17-8　风沙地区水土保持实施效果

草原生态比较脆弱，在线路施工中，只有从工程实际情况出发，对草原进行有效的水土保护和合理的植被恢复，才能达成工程建设与环境保护的和谐共处，从而实现经济建设与生态环境友好和谐共存的目的。锡盟胜利工程因地制宜并突出重点的配置了适宜的水土保持防治措施，工程达到了水土流失防治效果，有效避免了水土流失。

案例三　采动影响区塔基水土保持

榆横潍坊工程某线路设计包段个别塔位于山地采动影响区，基础设计方案采用了直柱板式基础＋整体防护大板的型式，工程施工过程中，塔基区因修建施工平台、施工道路及基坑开挖等原因，存在需集中处理的大量弃土。根据水土保持相关工作要求，针对塔位地形、地貌以及弃土量的具体情况，设置了水土保持设计专项方案，具体如下：

（1）水土保持措施以工程措施和植物措施相结合，综合考虑线路气象条件、塔基地形条件及周边生态环境，重视线路本体安全性，注重水土保持措施的可靠性和功效性。

（2）根据塔基具体情况，逐塔开展水土保持措施工程措施施工图设计，原则上，浆砌石排水沟应设置在塔位上坡位置，浆砌石挡土墙应设置在塔位下坡位置，确保浆砌石挡墙稳定性和功效性，做好浆砌石排水沟端部消能设计及与附近沟道的顺接。同时，在工程措施施工图设计中明确土地整治的相关要求，要求施工结束后应对现场进行全面整地，采取有效的迹地恢复措施，尽量恢复原有地貌。

（3）根据塔基地形坡度和现场余土具体情况，在水土保持施工图中逐塔明确余土处理措施，原则上应在塔基永久占地范围内并集中整治余土，地形坡度较陡且余土堆放区域在塔基区附近时，余土处理应尽量堆放在塔基永久占地区附近，减少占地，并在坡度合适位置设置低矮型浆砌石挡墙，保证挡渣拦土的效果，防止水土流失。

（4）合理设置植物措施，采用适生树种并配合撒播草籽；为保证植物成活率，需注重撒播方式和种植方法，并适当施用无公害肥料。

后期施工单位按设计要求的水土保持防治措施体系开展了具体实施，最终达到了水土流失防治效果。

案例四　黄土地区应用板式中型桩复合基础

黄土地区由于其自身特性，线路工程在该地区的基础型式一般采用开挖基础或掏挖基础。特高压交流输电线路基础承受荷载大，采用开挖基础则土方量巨大，施工困难，且混凝土及钢筋材料用量大；采用掏挖基础掏挖类土方量较大，掏挖深度较大，且存在施工安全隐患。

板式中型桩复合基础由桩与板式基础共同承担上部传来的荷载。与典型杆塔基础计算相比，板式中型桩基础基坑土方开方量大大减少，能够节省70%左右，符合水土保持理念，并具有良好的经济性。蒙西天津南工程的黄土地区路径段，首次在特高压交流输电线路中采用了该种基础型式，大大减少了基坑土方量和对植被的破坏，避免了大范围开挖回填所引起的塌陷、浸水软化等后期工程地质问题，绿色环保，经济效益、社会效益和生态效益明显。

案例五　山地丘陵地区应用中空大直径挖孔（掏挖）基础

山地丘陵地区线路应优先采用原状土基础，这类基础土方开挖量小，可有效减少对环境的不良影响，避免水土流失的隐患，具有较好的生态效益，但特高压交流输电线路工程基础承受荷载大，原状土挖孔基础的直径及埋深均需大幅度增大，削弱了其经济性和环保性。

榆横潍坊工程在某设计标段，将直径大和埋深深的挖孔（掏挖）基础设计成中空挖孔（掏挖）基础的型式，在基础的一定埋深内将基础内部设计为空心并采用弃土作为填充物。采用此种设计方案，在有效节省混凝土浇筑量的同时，可消纳约35%的施工余土，有效减少了施工弃土带来的水土流失问题。

第三节　小　　结

特高压线路工程距离长，点多面广，建设条件复杂多变，沿线水文、气象、土壤、地形地貌和植被等自然因素差异大，水土流失多样性。因此，据实合理的水土保持工作应建立在实地调查等工作的基础上，并充分利用现有资料，提出水土保持措施方案，使水土保持措施落到实处，从而达到控制水土流失，保障工程安全运行与周边生态环境协调发展的目的。

本章结合特高压交流工程具体典型案例，从实际工程水土保持工作的经验出发，介绍了山地丘陵地区塔基余土处理方案，生态脆弱区塔基水土保持设计方案，采动影响区塔基水土保持设计方案，黄土地区应用板式中型桩复合基础方案及山地丘陵地区应用中空大直径挖孔（掏挖）基础方案，为后续工程应用提供了借鉴和参考。